能源数智管理精品教材

能源大数据分析理论与实践

渐　令　王信敏　编著

U0217806

电子工业出版社
Publishing House of Electronics Industry
北京·BEIJING

内 容 简 介

本书介绍了能源大数据分析的理论知识与实践方法，主要内容包括大数据处理与分析理论、能源系统与能源大数据应用、能源大数据处理与分析实践三个部分。大数据处理与分析理论包括大数据的基本概念、应用流程、平台技术、采集与处理，还包括回归分析、分类分析、聚类分析和深度学习等机器学习的基本理论。能源系统与能源大数据应用介绍了能源系统的基本概念和能源大数据的典型应用，能源系统的基本概念包括能源分类、能源互联网、智慧能源等，能源大数据的典型应用选取能源经济与管理大数据应用、煤炭大数据应用、油气大数据应用和电力大数据应用进行了介绍。能源大数据处理与分析实践选取了 8 个具体案例对能源大数据的具体应用方法进行了编程实现和介绍。

本书可以作为高校信息管理与信息系统、能源经济与管理等相关专业能源大数据处理与分析课程的教材，也可以作为其他专业的本科生、研究生及能源领域相关应用和研究人员的参考书。

本书的读者需要具备统计学知识和程序设计（Python）能力。本书中案例的源代码可登录华信教育资源网免费下载（www.hxedu.com.cn）。

图书在版编目（CIP）数据

能源大数据分析理论与实践 / 渐令，王信敏编著.

北京 ： 电子工业出版社，2024. 6. -- ISBN 978-7-121-48385-1

Ⅰ．TK01

中国国家版本馆 CIP 数据核字第 20246J4L29 号

责任编辑：杜　军

印　　刷：北京雁林吉兆印刷有限公司

装　　订：北京雁林吉兆印刷有限公司

出版发行：电子工业出版社

　　　　　北京市海淀区万寿路 173 信箱　　　　邮编：100036

开　　本：787×1092　　1/16　　印张：15.75　　字数：424 千字

版　　次：2024 年 6 月第 1 版

印　　次：2024 年 6 月第 1 次印刷

定　　价：55.00 元

凡所购买电子工业出版社图书有缺损问题，请向购书书店调换。若书店售缺，请与本社发行部联系，联系及邮购电话：（010）88254888，88258888。

质量投诉请发邮件至 zlts@phei.com.cn，盗版侵权举报请发邮件至 dbqq@phei.com.cn。

本书咨询联系方式：dujun@phei.com.cn。

前　言

随着数据的不断累积和 IT 技术的快速迭代，大数据技术已经引起了各个领域的快速变革。1980 年，未来学家托夫勒就在他的著作《第三次浪潮》中预言了大数据的未来影响。2008 年 9 月，*Nature* 推出了杂志专刊——The next Google，第一次正式提出"大数据"概念，自此之后，大数据技术在各个领域的应用不断扩大，如教育、交通、医疗、能源、电商、金融等。大数据已经改变了人们的生活方式和工作方式，而且未来这种改变将持续深入地进行。

大数据对能源领域的影响不可避免，能源大数据应用的产生与发展是和大数据技术的产生与发展同步进行的。大数据技术广泛应用于能源的生产、输送、消费、转换、交易等全产业链，形成了能源与信息高度融合、互联互通、透明开放、互惠共享的新型能源体系。能源大数据在保障能源安全、促进能源可持续发展、提高能源利用效率等方面都具有重要作用。随着能源大数据技术的不断发展和应用，其作用和价值将进一步得到发挥和提升。能源大数据处理与分析是能源大数据应用的理论基础，也是能源领域研究和工作需要掌握的重要技术。

本书详细地介绍了能源大数据处理与分析技术的概念、原理、方法和应用实践。本书共包含三个部分，12 章内容。

第一部分为大数据处理与分析理论，共 6 章。第 1 章主要介绍大数据的基本概念与处理流程，还介绍了大数据平台技术的一些基础理论；第 2 章详细介绍了数据获取与预处理的技术方法，主要包括数据预处理的基本流程，数据清洗、数据集成、数据转换、数据归约的理论与方法，以及数据集构建中的数据集划分与重抽样方法；第 3 章介绍了回归分析理论，主要包括线性回归、非线性回归和分位数回归；第 4 章介绍了分类分析的概念、原理与方法，主要包括贝叶斯分类、Logistic 回归、KNN、支持向量机、决策树、集成学习，并介绍了分类器评估的方法；第 5 章介绍了聚类分析理论，主要包括基于代表的聚类、层次聚类，以及基于网格和密度的聚类；第 6 章介绍了深度学习理论，主要包括 BP 神经网络、卷积神经网络、循环神经网络、Word2Vec 和图神经网络的一些基本知识。

第二部分为能源系统与能源大数据应用，共 2 章。第 7 章介绍了能源、能源系统、能源互联网、智慧能源的概念、特征与技术，并介绍了煤炭、油气、电力等典型的能源系统的知识；第 8 章主要介绍了能源大数据的应用，包括能源经济与管理大数据应用、煤炭大数据应用、油气大数据应用和电力大数据应用，重点介绍了应用概况、体系架构与应用场景案例。

第三部分为能源大数据处理与分析实践，共 4 章，这部分主要介绍大数据处理与分析技术在能源领域的具体应用方法，共选取 8 个案例进行了基于 Python 的编程实现。第 9 章选取能源经济与管理领域的两个案例，主要针对大数据采集与处理、图神经网络技术的应用进行了介绍；第 10 章选取煤炭领域的两个案例，针对卷积神经网络和 Logistic 回归方法的应用进行了介绍；第 11 章选取油气领域的两个案例，介绍了回归分析和分类分析理论的应用方法；第 12 章选取电力领域的两个案例，重点介绍了 LSTM 方法和 Stacking 融合方法的应用。

本书由渐令负责内容的取材、组织、写作与审定。第 1 章～第 6 章由王信敏执笔，第 7

章～第 12 章由渐令执笔。博士研究生刘敏、邵凯、徐奥博，硕士研究生张轩、黄明宇、聂冉冉、许洋、谢宇威、杨玉玉、李光玉、刘庆鹏参与了资料的收集整理工作，在此表示感谢。

本书系山东省高等学校实验室——中国石油大学（华东）能源系统数智管理与政策仿真实验室成果。

由于编著者水平有限，书中难免有欠妥之处，欢迎广大读者和专家批评指正。

编著者

2024 年 6 月于中国石油大学（华东）

目　　录

第一部分　大数据处理与分析理论

第二部分　能源系统与能源大数据应用

第三部分　能源大数据处理与分析实践

大数据处理与分析理论

本部分主要介绍大数据概念、数据处理和机器学习的基本理论，包括大数据概述、数据获取与预处理、回归分析、分类分析、聚类分析和深度学习。本部分共包括6章，第1章为大数据概述，包括大数据的概念、大数据的处理流程、大数据平台的主要技术等；第2章为数据获取与预处理；第3章为回归分析，主要介绍了线性回归、非线性回归和分位数回归；第4章为分类分析，主要介绍了贝叶斯分类、Logistic回归、KNN、支持向量机、决策树、集成学习及分类器评估；第5章为聚类分析，主要介绍了聚类的特征提取、基于代表的聚类、层次聚类、基于网格和密度的聚类等知识；第6章为深度学习，包括BP神经网络、卷积神经网络、循环神经网络、Word2Vec和图神经网络等方面的一些基本知识。

第1章　大数据概述

互联网数据中心（IDC）的监测结果显示，人类产生的数据量正在呈指数级增长，大约每两年翻一番，人类两年产生的数据量相当于之前产生的全部数据量之和。与此同时，不同类型的数据大量出现，非结构化数据、半结构化数据爆发式增长，这些数据已经远远超越了目前人力所能处理的范畴，大数据时代已经来临。那么什么是大数据呢？本章将对大数据的基本知识进行介绍。

1.1　大数据概念

1.1.1　大数据定义与内涵

大数据（Big Data）是一种大规模的包括结构化数据和非结构化数据的复杂数据集合，大大超出了传统软件和工具的处理能力。Gartner 对大数据的定义为：大数据是一种海量、高增长率和多样化的信息资产，它需要新的处理模式才能具有更强的决策力、洞察发现力和流程优化能力。麦肯锡将大数据定义为：一种规模大到在获取、存储、管理、分析方面大大超出了传统数据库软件工具能力范围的数据集合，具有海量的数据规模、快速的数据流转、多样的数据类型和价值密度低四大特征。简单来说，大数据就是规模大、增长快、类型复杂且需要新的技术和工具进行处理的数据集合，是一种重要的信息资产。

例如，在能源行业，过去通常依靠传统的手工记录和有限的数据处理技术来管理能源资源。然而，随着科技的进步及各种自动化设备和传感器的广泛应用，能源产业所涉及的数据量呈指数级增长。智能电表能够实时记录用户的用电行为，智能传感器能够监测能源生产和输送的各个环节，这些数据产生的速度和数量都在急剧上升。这些庞大的数据集合被统称为能源大数据，在能源领域发挥着至关重要的作用。

大数据的核心价值在于通过分析海量数据可以获得巨大的价值，大数据技术就是指从各种类型的数据中快速获得有价值信息的方法和工具。为了更好地管理和利用大数据，人们需要使用各种工具和技术，包括分布式存储系统、分布式计算系统、数据挖掘技术、机器学习算法、人工智能技术等。这些工具和技术可以帮助人们从海量数据中提取出有价值的信息和知识，为决策和创新提供支持和指导。

大数据技术的应用为各行各业带来了巨大的变革和机遇。通过大数据分析，企业能够更好地了解市场需求、优化供应链、提高生产效率和质量、降低成本损耗和浪费。此外，大数据技术还推动了新技术的发展，使企业建设朝着更加智能、高效和可持续的方向发展。

1.1.2　大数据的特征

大数据的特征可以归纳为"5V"[1]，即 Volume（规模）、Velocity（速度）、Variety（多样性）、Veracity（质量）和 Value（价值），如图 1-1 所示。最初习惯上把大数据的特征总结为

"4V"，后来很多知名机构和企业（如 IBM）将 Veracity（质量）也作为大数据的重要特征。这些特征决定了大数据与传统数据的根本差异，传统数据处理工具和技术无法应用于大数据分析，因此需要引入适应这些特征的新的数据处理工具和技术。

图 1-1　大数据的特征

1）规模

大数据的首要特征是数据规模大。随着信息化技术的高速发展，数据开始爆发式增长，大数据中的数据不再以 GB 或 TB（太字节，1TB=1024GB）为单位来计量，而以 PB（拍字节，1PB=1024TB）、EB（艾字节，1EB=1024PB）或 ZB（泽字节，1ZB=1024EB）为计量单位。

2）速度

大数据的高速性特征是指数据增长速度快，也指数据处理速度快。在数据处理速度方面，有个著名的"1 秒定律"，即要在秒级时间范围内给出分析结果，超出这个时间，数据就失去了价值。大数据对处理数据的响应速度有严格要求，实时分析而非批量分析，数据输入、处理与丢弃立刻见效，几乎无延迟。数据的增长速度和处理速度是大数据高速性的体现。

3）多样性

大数据的多样性主要体现在数据来源多、数据类型多。随着互联网和物联网的发展，如社交网站或传感器等多种来源的数据越来越多。来自不同系统和设备的数据决定了大数据呈现多样性，大数据主要分为结构化数据、半结构化数据和非结构化数据。结构化数据包括传感器读数、数据库记录等，半结构化数据包括 HTML、XML 和 JSON 格式的数据，非结构化数据则包括专业文献、图像和视频等。

4）质量

数据质量是指数据的准确性和可信赖度。现有的所有大数据处理技术均依赖于数据质量，这是获得数据价值的关键基础。数据质量主要受到现实世界的不确定性影响，如测量误差、数据缺失、人类偏见、处理错误等。这种不确定性是难以避免的，因此需要使用合理的模型或技术来应对数据质量的问题。

5）价值

尽管拥有海量数据，但是发挥价值的仅是其中非常小的一部分。数据规模大，但是价值密度较低，是大数据的一大特征。如何挖掘出对未来趋势和行业发展有价值的数据，并通过强大的算法完成数据价值的深度分析，创造更大的价值，这是大数据分析需要解决的难题。

1.1.3 数据类型

大数据可以分为结构化数据、半结构化数据和非结构化数据，三种数据具有不同的特点和处理方式。

1）结构化数据

结构化数据是最常见的数据类型之一，它是以固定格式和结构存储的数据，通常以表格形式呈现，包含预定义的字段和特征。例如，在能源领域，结构化数据包括能源生产、输送和消费等各个环节的数据，如电力发电量、石油产量、能源消费量、能源价格等。这些数据可以轻松地存储在传统的关系型数据库中，并且易于使用 SQL 等查询语言进行检索和分析。

2）半结构化数据

半结构化数据是介于结构化数据和非结构化数据之间的一种数据类型，它具有一定的结构，但不像结构化数据那么规范。半结构化数据通常以 HTML、XML、JSON 等格式存在，其中数据元素的含义不是预定义的，而是由数据元素本身的标签来描述的。半结构化数据通常需要通过一些解析器或转换工具来将数据转换为结构化数据进行处理和分析。

3）非结构化数据

非结构化数据是最具挑战性的数据类型之一，这类数据没有预定义的结构和格式，通常以文本、图像、音频或视频等形式存在。例如，在能源领域，非结构化数据包括能源专业文献、能源科研报告、能源设备的监测图像和视频等。这些数据往往需要利用自然语言处理（NLP）和图像/视频分析等技术进行处理和挖掘，以获取有用的信息。

综上所述，结构化数据、半结构化数据和非结构化数据都是大数据处理中常见的数据类型，它们各自有不同的特点和处理方式。在实际的应用中，需要根据数据类型的不同选择合适的处理方式和工具，以便进行有效的数据存储、处理和分析。这些多样的数据类型为大数据的处理和分析带来了挑战，同时为各行业的数字化转型和创新提供了丰富的信息资源。

1.2 大数据的应用

大数据的应用范围广泛，它在许多其他行业中发挥着重要作用。以下是大数据的一些典型应用领域。

1）商业和市场分析

大数据在商业和市场分析中的应用非常普遍。通过分析消费者行为、购买习惯和趋势，企业可以更好地了解市场需求，优化产品设计和定价策略，提高销售业绩。大数据还能帮助企业进行市场细分，制定个性化营销计划，提升消费者满意度和忠诚度。

以沃尔玛的"蛋挞和飓风"为例，2004 年的一天，沃尔玛的一位数字统计员通过销售数据发现了一个有趣的相关关系，仔细研究后发现，在季节性飓风来临之前，不但手电筒的销量增加了，而且蛋挞的销量增加了。因此每当季节性飓风来临之前，沃尔玛就会把蛋挞与飓风用品摆放在一起，从而增加销量。另外，在美国，东海岸、中部、西海岸之间有两小时的时差，东海岸的沃尔玛营业两小时之后，中部地区才开始营业，沃尔玛就会把东海岸当天这两小时的相关数据传给中部地区，中部地区就会根据这些数据获得当天人们的购物喜好，决定货品怎么摆放，这给沃尔玛带来了很大的利润。

2）健康医疗

健康医疗大数据是指涉及人们生老病死等生命全周期所产生的有关生理、心理、疾病预防诊疗和健康管理等多领域数据的聚合。在健康医疗领域，大数据技术可以用于医疗记录的管理与分析，帮助医疗机构实现电子病历的数字化转型，提高医疗服务的效率和质量。大数据技术还可以用于医学研究和药物开发，加速新药物的研发和临床试验，促进医学科学的进步。

健康医疗大数据分为 4 种类型[2]：①临床大数据，主要包括电子健康档案、生物医学影像信息等可反映身体健康状况的数据；②健康大数据，如健康医疗可穿戴设备存储的长期、连续的健康信息数据，通过社交媒体平台等途径采集的与个人健康相关的行为和生活方式等信息数据；③生物大数据，通过临床试验、生物医学实验等获得的相关研究数据；④运营大数据，指各类医疗机构、医疗保险机构及药店等的运营数据。

3）交通与城市规划

在交通与城市规划领域，大数据可以用于交通流量监测和预测，优化交通信号控制，减少交通拥堵。同时，大数据可以帮助城市规划者更好地了解城市居民的需求和行为，推动城市规划的智能化和可持续发展。交通领域大数据的应用非常广泛，包括交通管理、交通安全、交通信息服务、交通运输规划等方面。例如，在交通信号控制方面，监控视频、卡口数据和其他智能传感设备能够产生丰富的路网状态数据，为路网交通状态控制系统提供了数据基础。在交通大数据平台上，利用路网数据，不断训练交通信号控制算法，辅以人工智能算法，可实现交通信号控制系统的自适应优化。进一步，通过大数据分析掌握路网交通流运行规律，结合平日、节假日、早晚高峰信息，优化一定区域路口红绿灯配时，可达到全面提升路网交通服务水平，提高通行效率的目的[3]。

城市规划领域的时空大数据种类较多，包括手机信令数据、移动互联网定位数据、智能卡数据、浮动车定位数据等。众多类型的时空大数据均来自随"人"或随"物"的感知设备。手机信令数据、移动互联网定位数据等来源于随身携带的移动通信设备，属于随"人"数据，反映个体人的活动记录。浮动车定位数据等来源于车辆等交通工具，属于随"物"数据，反映个体物的活动记录。由于同时具有时间维、空间维，时空大数据能记录个体的时间、空间移动信息。从微观个体视角，时空大数据是个体行为轨迹的记录，表达了空间中的个体行为特征，可用于从个体行为来认识空间；从宏观总体视角，时空大数据是城市活动的记录，大量个体行为反映了城市活动总体特征，表达了城市空间中发生的城市活动，可用于从城市活动变化来认识城市空间[4]。

4）金融与风险管理

金融机构在经营过程中与社会各行业构成了巨大的交织网络，沉淀了大量数据，包括各类金融交易、客户信息、市场分析、风险控制、投资顾问等。金融科技可以利用这些数据更好地挖掘需求、发现价值和识别风险，推动金融机构经营模式和风险管理模式转型升级，监管科技可以利用这些数据使监管部门了解行业全貌，洞悉行业运行规律，从而有效防范系统性风险[5]。

在当前大数据时代，相关金融企业充分利用大数据分析技术，有效提高金融服务效率，防止客户流失。从整体上来看，在金融市场中应用金融大数据和大数据分析技术，可以促进现代金融市场环境的显著改善。典型的应用场景[6]包括：①维护金融客户。采用数据挖掘技术发现金融客户的行为规律，确定金融客户的兴趣爱好及消费趋势，分析金融客户的历史行为，获取相应的客户维护策略。②分析金融市场。应用数据挖掘技术，可以对积累的金融数据进行总结、分类、聚类、关联分析等处理，获取金融资产交易中利率、汇率及各种证券价格的规律。在金融管理者的决策控制过程中，采用数据挖掘技术，可以有效观测现代金融市场未来的波动与走向，从而提出有针对性的参考意见，为现代金融市场中客户的金融规划提供支持。③评级金融信用。大量的金融数据可以为客户和金融管理者提供更加稳定的风险评估参考，通过应用数据挖掘、计算与分析技术，金融行业市场参与者及金融企业可以获得更加先进的金融风险评估方法。通过确定业务对象，定义业务问题，金融企业可以对数据挖掘结果的最终有效性和可靠性进行评估，达到金融信用评级的目的。

5）社交媒体和舆情分析

大数据分析在社交媒体和舆情分析中发挥着重要作用。通过对社交媒体平台上的大量数据进行挖掘和分析，企业和政府可以了解公众对产品、服务、政策等的看法和反馈，及时回应和调整相应策略。在社交网络舆情分析中，公众产生的海量社交媒体信息通过计算机进行自动识别、处理，从而实现对社交网络舆情生态的监测和评价。使用自然语言处理技术，可以从海量社交媒体信息中过滤出公众情感倾向及文本内容负面比例等重要的数据，从而分析舆情的演变。

6）科学研究与探索

大数据技术在科学研究中扮演着重要角色。大数据技术不但深刻重构了我们的生产和生活方式，而且已经对当代科学知识生产活动产生了革命性影响。基于大数据的科学知识生产不再追求事物之间严格的因果关系，而是通过对全样本的海量数据进行统计分析以探寻事物之间的相关关系，甚至允许相关性以模糊而非精确的状态出现，这已经被视为科学发现的一个新的逻辑通道[7]。

在大数据技术背景下，知识生产的目标对象、知识生产的组织模式、科学知识的增长模式、科学知识的产品形式等方面均发生了巨大变化。知识生产的目标对象已经从个体数据转变为海量数据，大数据知识生产的目标对象已经从之前实验室中单一设备采集的个体数据转变为通过广泛分布的传感器、摄像头等设备采集的海量数据。海量数据成为科学研究的直接对象，通过统计、分析、比较和计算客观数据之间的变化关系，建立事物（或要素）之间抽象隐蔽的相关关系，从而实现"让数据发声"，这是大数据知识生产的主要思路[7]。例如，Eric 和 William[8]通过实时收集上千个神经元的同步活动，并对其进行大数据分析，研究了大脑的全部工作过程。传统的研究只能掌握神经元通过突触传递信息的作用机理，对整个大脑的研究则无法实现。

除上述应用领域之外，能源领域的大数据应用也非常广泛。例如，在能源生产优化方面，通过实时监测传感器数据和设备状态，能源企业可以实现设备智能化维护，缩短停机时间，并预测潜在故障，从而提高生产效率和资源利用效率；在节能与减排优化方面，通过分析能源生产和消费的数据，能源企业可以找到节能的潜力和优化方案，还可以帮助评估和监控减排措施的效果，推动能源企业向低碳和可持续发展方向转型；在能源市场预测方面，通过分析历史市场数据、经济指标等，能源企业可以预测未来的能源需求和价格趋势，做出相应的资源配置和市场决策。

以上是大数据在一些典型领域的应用，大数据的广泛应用为各行各业带来了巨大的机遇和挑战，推动了社会的数字化转型和创新发展。总之，大数据可以帮助企业和组织了解并利用数据，从而制定更好的战略和决策，并提高效率和效果。大数据的应用范围还在不断扩大和深化，未来将有更多新的应用领域出现。

1.3　大数据的处理流程

1.3.1　大数据处理的基本流程

通过有效地采集、处理和应用大数据，企业和组织可以从复杂的数据来源中提取有价值的信息，进行统计分析和挖掘，从而服务于决策分析。大数据处理的基本流程（见图 1-2）涵盖了从数据采集到数据可视化的全过程，包括四个主要步骤：数据采集、数据预处理、数据统计分析和数据挖掘、数据可视化。数据预处理包括数据清洗、数据转换和数据存储三个步骤。

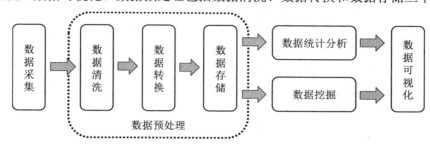

图 1-2　大数据处理的基本流程

数据采集是大数据分析的第一步。数据来源较为复杂，包括传感器、社交网络、网站、移动应用程序、物联网设备等。数据采集的方式包括爬虫技术、API 技术、传感器技术等。数据采集需要针对不同的数据来源选择不同的工具和技术，确保数据的准确性和完整性。

采集完数据后，第二步是对这些数据进行清洗、转换和存储，这个环节称为数据预处理。由于采集的数据类型多样，而且有些数据质量较差，存在无用数据、缺失数据或数据无法处理的情况，所以数据清洗变得非常重要。数据清洗是指去除无用数据、缺失数据和错误数据等。数据转换是将数据从一种格式或结构转换为另一种格式或结构的过程，对于数据集成和数据管理等活动较为重要。数据清洗和转换后需要进行数据存储，存储数据的方式有很多选择，包括关系型数据库、非关系型数据库、文件系统等。

数据预处理完成后，接下来就是数据统计分析和数据挖掘过程。数据统计分析是指将预处理完的数据按需求进行分析，找出其中相关的信息和规律。数据挖掘是指利用一些高级算法和技术，如机器学习、深度学习、自然语言处理等，对数据包含的信息进行深度分析。

最后一步是数据可视化，数据可视化是指数据分析结果的呈现，以图形的方式呈现数据，可以使人们直观地理解数据分析结果。数据可视化既能让信息的传递变得更为直观，又可以帮助人们更深层次地了解数据。数据可视化可以为后续的决策和管理提供支持。

1.3.2　数据采集

数据采集（Data Acquisition，DAQ）又称数据获取，是指从传感器和其他测量设备等模拟和数字被测单元中自动采集信息的过程。在大数据时代，数据类型较多，根据产生来源不同可以将数据分为交易数据、人为数据、移动数据、机器和传感器数据等。交易数据不仅包括终端销售（Point Of Sale，POS）或电子商务购物数据，还包括行为交易数据，如 Web 服务器记录的互联网点击流数据日志；人为数据广泛存在于电子邮件、文档、图片、音频、视频，以及通过博客、维基，尤其是社交媒体产生的数据；移动数据是人们使用智能终端所产生的数据；机器和传感器数据包括呼叫记录、智能仪表读数、工业设备传感器数据、设备日志等。由于数据的来源不同，数据采集方式具有很大的不同。

1.3.3 数据预处理

数据预处理包括数据清洗、数据转换和数据存储。数据清洗涉及将采集到的原始数据导入处理平台，并进行数据质量改善，以确保数据的准确性和完整性。数据清洗是整个数据分析过程中提升数据质量不可缺少的环节，而数据质量直接关系到模型效果。在实际操作中，数据清洗通常会占据数据分析过程 50%～80%的时间。

数据清洗解决数据质量问题，主要包括：①数据的完整性，如人的特征中缺少姓名、性别等；②数据的唯一性，如不同来源的数据出现重复的情况；③数据的权威性，如同一个指标出现多个来源的数据，且数值不同；④数据的合法性，如获取的数据与常识不符，人的特征中年龄大于 180 岁；⑤数据的一致性，如不同来源的不同指标，实际内涵是一样的，或者同一指标内涵不一致。

数据转换就是将数据进行转换或归并，从而构成一种适合数据处理的描述形式，其目的是让数据更适合进行挖掘、展示、分析。数据转换包括：①数据集成，包括数据整合、数据匹配、冲突解决、数据质量控制、元数据管理和数据安全等方面；②数据变换，包括数据规范化、数据离散化、数据泛化和数据脱敏等；③数据归约，其目的是在保持数据原貌的前提下，最大限度地精简数据量，数据归约可以分为维归约和数值归约。

数据存储是指将巨量的结构化数据和非结构化数据存储到集群中，并以可扩展、高可用性及高容错性的形式安全存储、处理和管理数据。大数据存储的概念实质上是基于数据的存储，即多个用户可以同时从不同的位置访问一个大型的存储库，而不需要关心底层数据位置。大数据存储支持分组存储、共享部署、海量存储空间和可扩展伸缩，主要用于存储大量的数据，如日志文件、图像、视频等，这些内容可被集中管理和可持续使用。与传统存储不同，大数据存储支持海量的数据，其客户端可以连接到更多设备，压缩客户端资源消耗。

1.3.4 数据统计分析和数据挖掘

数据统计分析是大数据处理流程中的关键步骤之一，它涉及对采集和清洗后的数据进行分析和总结，以获得对数据的基本描述和洞察。数据统计分析可以帮助发现数据的分布、趋势、相关性和异常情况，为后续的数据挖掘和深入分析提供基础。传统数据统计分析的重点是参数估计和假设检验，但是在大数据处理中，参数估计和假设检验通常不是重点，因为其数据规模很大，可能使得传统的统计推断方法变得不太实用。在大数据处理中，主要关注的是描述性统计和探索性数据分析，以及基于机器学习和数据挖掘的非参数方法、时间序列分析。用于大数据统计分析的方法主要如下。

1）描述性统计

大数据中通常包含大量的观测值，因此描述性统计（如均值、中位数、标准差等）仍然有意义，可以帮助了解数据的分布和集中趋势。

2）探索性数据分析

大数据的可视化分析非常有意义。通过绘制散点图、直方图、箱形图等可视化图表，可以对数据进行更全面的探索，揭示数据中的规律和异常。

3）非参数方法

在大数据处理中，非参数方法较受欢迎，因为它们不需要对数据的分布进行假设，更加灵活。例如，K-Means、决策树、随机森林等非参数方法在大数据上通常表现良好。

4）时间序列分析

大数据中的时间序列分析可以帮助人们发现数据中的趋势、周期性和季节性，对于预测和决策支持非常有用。

总体而言，大数据处理强调更加实用和高效的统计方法，以便在海量数据中提取有价值的信息和知识。探索性数据分析和非参数方法在大数据处理中发挥着重要作用，帮助挖掘数据中的规律、模式和趋势。

数据挖掘是指从大量的、不完全的、有噪声的、模糊的、随机的实际应用数据中，提取隐含在其中的、人们事先不知道的、潜在有用的信息和知识，它是从大数据中发现隐藏模式和关联的技术。数据挖掘的重点是从数据中发现"知识规则"，得出的结论是机器从学习集（或训练集、样本集）中发现的"知识规则"。

数据挖掘的主要任务包括关联分析、聚类分析、分类分析、异常分析、特异群组分析和演变分析等。数据的类型可以是结构化的、半结构化的，甚至是异构的。数据挖掘的对象可以是任何类型的数据源，可以是关系型数据库，也可以是数据仓库、文本、多媒体数据、空间数据、时序数据、Web 数据。发现"知识规则"的方法可以是数字的、非数字的，也可以是归纳的[9]。

数据挖掘分为有指导的数据挖掘和无指导的数据挖掘。有指导的数据挖掘是指利用可用的数据建立模型，这个模型是对一个特定特征的描述。无指导的数据挖掘是指在所有的特征中寻找某种关系。具体而言，分类和预测属于有指导的数据挖掘，相关性分组和聚类属于无指导的数据挖掘[10]。数据挖掘技术可以分为以下几类。

（1）分类。采集数据并形成分好类的训练集，在训练集上运用分类模型进行训练后，将模型训练结果用于对未分类数据进行分类。

（2）预测。通过分类或回归方法来进行预测，首先使用分类或回归分析模型训练数据，然后将该模型训练结果用于对新样本的未知变量的预测。

（3）相关性分组（或关联规则）。其目的是发现哪些事件或现象总会一起发生。

（4）聚类。聚类是自动寻找并建立分组规则的方法，它通过判断样本之间的相似性，把相似样本划分在同一个组中。

机器学习是数据挖掘的一种手段。数据统计分析和数据挖掘技术是机器学习和数据存取技术的结合，利用机器学习提供的统计分析、知识发现等手段分析海量数据，同时利用数据存取技术实现数据的高效读写。机器学习在数据统计分析和数据挖掘领域中拥有无可取代的地位。机器学习是一个多学科交叉专业，涵盖概率论知识、统计学知识、近似理论知识和复杂算法知识，使用计算机作为工具并致力于真实实时的模拟人类学习方式，将现有内容进行知识结构划分来有效提高学习效率[11]。

传统机器学习的研究方向主要包括决策树、随机森林、人工神经网络、贝叶斯学习等，这些是数据挖掘的重要技术工具。大数据环境下的机器学习采用分布式和并行计算的方式进行分治策略的实施，可以规避噪声和冗余数据带来的干扰，降低存储耗费，同时提高算法的运行效率。

机器学习的方法种类很多，根据强调侧面的不同，可以有多种分类方法。基于学习策略的不同，机器学习可以分为模拟人脑的机器学习、直接采用数学方法的机器学习（也称为统计机器学习）；基于学习方法的不同，机器学习可以分为归纳学习、演绎学习、类比学习和分析学习；基于学习方式的不同，机器学习可以分为监督学习、无监督学习、强化学习（或增强学习）。

1.3.5　数据可视化

数据可视化是指以图形、图表的形式将原始的信息和数据表示出来。通过使用图形、图表等可视化元素，可以提供一种便于观察和理解数据内在的异常、趋势、规律，甚至是模式的方法。因此，数据可视化就是通过对数据进行采集、清洗、分析，将所示分析结果通过图形、图表等形式展示出来的一个过程。

传统的数据可视化方法包括表格、直方图、散点图、折线图、柱状图、饼图、面积图、流程图等，图表的多个数据系列或组合也较为常用，如时间线、维恩图、数据流图、实体关系图等。此外，数据可视化方法还包括平行坐标系、树状图和语义网络等。

数据可视化并非仅包括静态形式，还包括动态（交互）形式。交互式数据可视化可以通过缩放等方法进行细节概述，可以根据用户的兴趣选择数据实体或完整的数据集，还可以帮助用户调节显示的信息量，减少信息量并且专注于用户感兴趣的信息。交互式数据可视化比静态数据可视化能够更好地进行可视化工作，为大数据带来了无限前景。基于 Web 的交互式数据可视化可以及时获取动态数据并实现实时可视化，目前使用较为广泛。

当前已经具有了较多的数据可视化工具，如 Tableau、Microsoft Power BI 等商业软件。Tableau 是一款功能强大且易于使用的数据可视化软件，提供了丰富的图表类型和交互功能，支持多种数据源，并具有直观的用户界面和可视化设计工具。Microsoft Power BI 是微软推出的商业智能工具，可用于创建交互式仪表板和报表，它与其他微软产品和服务集成良好，并提供了强大的数据分析和可视化功能。

除商业软件外，编程工具也对数据可视化提供了较好的支持。Python 是一种非常适合数据可视化的编程语言，有许多库和工具可以实现数据可视化，主要的库包括：①Matplotlib，Matplotlib 是一个广泛使用的 Python 绘图库，可以用于绘制各种类型的图表，包括线图、散点图、柱状图、饼图等；②Seaborn，Seaborn 是基于 Matplotlib 进行高级封装的可视化库，它支持交互式界面，可以画出丰富多样的统计图表；③Plotly 和 Bokeh，Plotly 和 Bokeh 都是交互式数据可视化库，可以在 Web 浏览器中绘制各种类型的图表；④Pyecharts，Pyecharts 是一个生成 ECharts 的库，其生成的 ECharts 凭借良好的交互性、精巧的设计得到了众多开发者的认可；⑤ggplot，ggplot 是基于 Matplotlib 并旨在以简单方式提高 Matplotlib 可视化感染力的库，它采用叠加图层的形式绘制图形；⑥Pygal，Pygal 是一个可缩放矢量图表库，用于生成可在 Web 浏览器中打开的 SVG 格式的图表，这种图表能够在不同比例的屏幕上自动缩放，方便用户交互。

在网站开发中，交互式数据可视化效果非常重要，基于 JavaScript 的开源数据可视化较为流行，如 ECharts.js 和 D3.js。二者都是基于 JavaScript 的开源数据可视化库，能够提供灵活的绘图功能，可以创建各种自定义的交互式数据可视化效果。ECharts.js 通过 Canvas 来绘制图形，D3.js 则通过 SVG 来绘制图形，使用时需要先创建画布（SVG 元素），再进行图形绘制。

1.4　大数据平台技术

1.4.1　大数据系统生态

大数据的 "5V" 特征决定了大数据不是一种技术或一个软件就能完成的，必须是一个生态圈，各组件共同完成其存储、计算、分析等任务。大数据生态圈是指由各种相关技术、组织和产业构成的复杂生态系统，用于支持大数据的处理、分析和应用。这个生态圈涵盖了各种不同的组成部分，涉及数据采集、存储、处理、分析、可视化、安全和隐私等方面。在这个生态圈中，各个组成部分相互连接，共同协作，形成了一个完整的大数据处理和应用的生态系统。

第一代大数据生态圈是 Hadoop，Hadoop 起源于 Apache Nutch 项目。2004 年，Google 在"操作系统设计与实现"会议上公开发表 MapReduce 论文后，Doug Cutting 等人开始将 MapReduce 计算框架和 NDFS（Nutch Distributed File System）相结合，作为支持 Nutch 引擎的主要算法。由于 MapReduce 和 NDFS 在 Nutch 引擎中应用效果很好，所以它们于 2006 年 2 月被分离出来，成为一套完整而独立的软件，并被命名为 Hadoop[12]。

Hadoop 是一种分布式计算框架，其核心包含 HDFS（Hadoop Distributed File System）和 MapReduce[13]。HDFS 为海量的数据提供了存储功能，MapReduce 则为海量的数据提供了计算功能。Hadoop 作为分布式软件框架具有可靠性高、扩展性高、效率高、容错性高和成本低等优点。

从 2008 年开始，Hadoop 逐渐成为 Apache 的顶级项目，在互联网领域得到广泛的应用。例如，Yahoo 使用 4000 个节点的 Hadoop 集群来支持广告系统和 Web 搜索的研究；Facebook 使用 1000 个节点的集群运行 Hadoop，存储日志数据，支持其上的数据分析和机器学习；百度用 Hadoop 处理每周 200TB 的数据，从而进行搜索日志分析和网页数据挖掘工作；中国移动基于 Hadoop 开发了"大云"（Big Cloud）系统，不仅用于相关数据分析，还对外提供服务；淘宝的 Hadoop 系统用于存储并处理电子商务交易的相关数据。除上述大型公司外，一些提供 Hadoop 解决方案的商业型公司也纷纷跟进，利用自身技术对 Hadoop 进行优化、改进、二次开发等，并以公司自有产品形式对外提供 Hadoop 的商业服务，如创办于 2008 年的 Cloudera 公司，越来越多的公司将 Hadoop 技术作为进入大数据领域的必备技术[14]。

Spark 是加州大学伯克利分校的 AMP 实验室所开源的并行框架，它与 MapReduce 非常相似，但是两者之间存在一些不同之处，Spark 启用了内存分布数据集，除能够提供交互式查询功能外，还可以优化迭代工作负载。

Hadoop 和 Spark 在大数据生态圈中相互补充（见图 1-3），它们可以一起使用，也可以单独使用，取决于具体的应用场景和需求。当需要处理大规模的静态数据集时，特别是对于离线批处理任务，Hadoop 的 MapReduce 是一个很好的选择。HDFS 提供了高可靠性和容错性，确保数据在分布式环境下安全存储。对于需要更快速的数据处理和更多的交互性的应用场景，Spark 是更优的选择。Spark 的 RDD 在内存中保留了数据，从而避免了频繁的磁盘读写，提供了更快的数据处理速度。Spark 还支持流处理，因此在需要实时数据处理的场景下，如实时监控和实时数据分析，Spark 比 Hadoop 更为适用。总之，Hadoop 和 Spark 作为大数据生态圈中的两个重要组件，各自有着不同的优势和应用场景，它们共同构建了一个完整而多样化的大数据处理和分析生态系统。

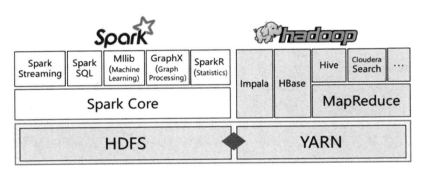

图 1-3　Hadoop 与 Spark 框架

1.4.2　大数据存储与管理

在大数据处理与分析中，数据存储与管理是非常重要的，主要涉及数据库、数据仓库、数据湖等概念，以及分布式文件系统和 HDFS 等技术。

1）数据库、数据仓库与数据湖

数据库是按照数据结构来组织、存储和管理数据的仓库，是一个长期存储在计算机内的、有组织的、可共享的、统一管理的大量数据的集合。数据库可以分为关系型数据库与非关系型数据库。关系型数据库是指采用了关系模型来组织数据的数据库，简单来说，关系模型就是二维表格模型。关系型数据库的最大优点就是事务的一致性，这个特点使得关系型数据库可以适用于一切对一致性要求比较高的系统中。常见的关系型数据库有 Oracle、SQL Server、MySQL 等。但是在 Web 应用中，对这种一致性的要求不是那么的严格，允许有一定的时间间隔，所以关系型数据库的这个特点有时会导致付出的代价较大。像微博、Facebook 这类应用，对于并发读写性能要求极高，关系型数据库已经无法满足其需求，所以必须用非关系型数据库来替代关系型数据库。非关系型数据库是以对象为单位的数据结构，其中的数据以对象的形式存储在数据库中，而对象之间的关系通过每个对象自身的特征来决定。常见的非关系型数据库有 HBase、Redis、MongoDB、Neo4j 等。

关系型数据库和非关系型数据库的区别主要在于三个方面。

第一，数据存储方式不同。关系型数据天然就是表格式的，因此存储在数据表的行和列中，进行结构化存储。非关系型数据通常存储在数据集中，如文档、键值对、列存储、图结构。

第二，扩展方式不同。在基于 Web 的结构中，关系型数据库是难以横向扩展的，当一个应用系统的用户量和访问量与日俱增的时候，关系型数据库没有办法像 Web Server 那样简单地通过添加更多的硬件和服务节点来扩展性能和负载能力。而非关系型数据库天然就是分布式的，NoSQL 数据库是横向扩展的，可以通过给资源池添加更多普通的数据库服务器（节点）来分担负载。

第三，对事务性的支持不同。如果数据操作需要高事务性或复杂数据查询需要控制执行计划，那么从性能和稳定性方面考虑，传统的关系型数据库是最佳选择。而非关系型数据库具有极高的并发读写性能，其真正闪亮的价值在于操作的扩展性和大数据量处理方面。

企业往往会结合关系型数据库和非关系型数据库的优点，将二者结合使用。随着业务系统产生的数据量越来越大，业务数据库会产生一定的负载，导致业务系统的运行速度变慢。这些数据中有很大一部分是冷数据，有些数据（如当天或一周内的数据）调用比较频繁，而有些数据调用的频率很低。由于数据驱动业务概念的兴起，各业务部门需要将业务系统的业务数据提取出来进行分析，以便更好地进行辅助决策，这就需要根据特定业务进行数据提取。

为了避免冷数据与历史数据收集对业务数据库产生影响，就需要使用数据仓库。数据仓库（Data Warehouse）是为企业所有级别的决策制定过程提供所有类型数据支持的战略集合。数据仓库是一个面向主题的、集成的、相对稳定的、反映历史变化的数据集合，用于支持管理决策。

数据仓库中的数据可以来自各种不同的数据源，如关系型数据库、文件系统、数据采集工具等。在数据仓库中，数据通常是按照一定时间范围或业务主题划分的，并且是经过清洗、整合和转换后的数据。这些数据会被保存在数据仓库的主数据库管理系统（DBMS）中，主数据库管理系统通常使用 SQL Server、Oracle、MySQL 等关系型数据库管理系统（RDBMS）。

数据仓库的架构一般分为三层：数据源层、数据仓库层和数据应用层。数据源层是指从各种数据源中获取数据的过程，ETL（Extract Transform Load）工具会将数据转换为规范格式和结构，然后加载到数据仓库层。数据仓库层是中央存储数据的地方，也是 OLAP 查询的目标区域。数据应用层则是指企业内部或外部用户使用的各种报表和分析工具。

数据仓库相对于传统的关系型数据库管理系统具有更强的数据分析和决策支持能力。数据仓库中的数据是按照主题或业务过程划分的，并且是历史数据，这使得数据分析更加灵活和方便。数据仓库还提供了多维数据分析、数据切片、数据透视表等功能，可以更好地支持大规模数据分析和挖掘。

数据湖（Data Lake）最早是 2010 年在业界由 Dixon 提出的一个模拟自然湖泊的概念。数据湖作为一个原始的大型数据集，处理不同来源的原始数据，并支持不同的用户需求。数据湖是一种数据存储架构，它可以容纳大量不同类型和格式的数据，包括结构化数据、半结构化数据和非结构化数据，并支持用于数据分析和机器学习的高级查询和处理。与传统的数据仓库不同，数据湖不需要预定义数据结构或数据模型。数据湖采用扁平化的数据模型，将所有数据都存储为原始格式，并允许用户在需要时按需转换和处理数据。数据湖通常使用分布式存储和处理技术，如 Hadoop、Spark 等。

2）分布式文件系统与 HDFS

分布式文件系统（Distributed File System，DFS）是指文件系统管理的物理存储资源不一定直接连接在本地节点上，而是通过计算机网络与节点相连，或者是若干不同的逻辑磁盘分区或卷标组合在一起而形成的完整的、有层次的文件系统。

分布式文件系统是一种特殊的文件系统，它将数据切分成多个数据块，并将这些数据块分布存储在多个节点上。这样的设计使得分布式文件系统能够同时从多个节点读取数据，从而提高数据的读取性能。分布式文件系统是大数据处理中的一个关键组件，它为大数据存储和管理提供了强大的支持。在大数据处理中，传统的单机文件系统和数据库往往无法满足海量数据的存储和处理需求，分布式文件系统应运而生。分布式文件系统建立在多台服务器上，并对多个节点上的文件进行统一管理，为用户提供单一文件视图和文件访问结构。目前流行的分布式文件系统是建立在互联网环境上，基于节点自身的文件系统而实现的面向海量数据管理的文件系统，如 HDFS（Hadoop Distributed File System）。

HDFS 是 Hadoop 生态系统中的一部分，是一个开源的分布式文件系统，用于存储和管理大规模数据。HDFS 支持大数据处理，能够有效处理海量数据的存储和访问，是大数据处理中最重要的分布式文件系统之一。

HDFS 将每一个文件切分成多个数据块进行存储，将切分后的数据块分散存储到多台机器上。HDFS 中的文件在物理上是分块存储的，HDFS 的数据块比磁盘的数据块大，其目的是最小化寻址开销。数据块的大小可以通过配置参数来规定，默认大小在 Hadoop1.x 版本中是 64MB，在 Hadoop2.x 版本中是 128MB。例如，一个文件大小为 300MB，那么在 Hadoop2.x 版本中其会被切分成三个数据块（128MB、128MB、44MB），三个数据块都是独立的，它们会被存储在不同的机器上。这样做的好处是不会有超大文件的影响，最大的数据块只有 128MB，对机器性能要求不高。HDFS 可以部署在廉价的机器上，但会存在机器损坏所带来的数据丢失问题，因此 HDFS 提供了容错功能。这种功能的实现采用的是副本机制，对切分后的数据块进行备份，副本数默认为三个。三个副本一个在本地机架节点上，一个在同一机架不同节点上，一个在不同机架的节点上。HDFS 的存储机制如图 1-4 所示。

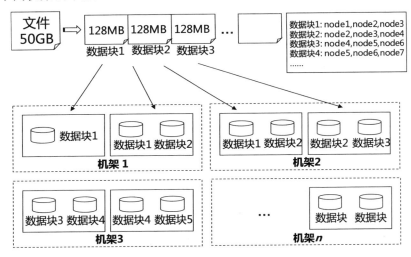

图 1-4　HDFS 的存储机制

HDFS 的架构[15]如图 1-5 所示，其主要由四个部分组成，分别为 Client、NameNode、DataNode 和 Secondary NameNode。

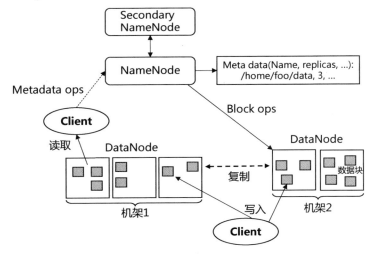

图 1-5　HDFS 的架构

Client 就是客户端，一般是编写的代码或 Hadoop API，其主要功能包括文件切分（将文件切分成数据块）、与 NameNode 交互（获取文件的位置信息）、与 DataNode 交互（读取或写入数据）、管理 HDFS（如访问、启动或关闭 HDFS）。

NameNode 就是 Master，它是一个管理者，也叫 HDFS 的元数据节点。集群中只能有一个活动的 NameNode 对外提供服务。NameNode 管理 HDFS 的命名空间（文件目录树）、管理数据块（Block）的映射信息及副本信息，以及处理 Client 的读写请求。DataNode 是 Slave，是实际存储数据块的节点，DataNode 根据 NameNode 下达的命令执行实际的操作。

在 HDFS 的主从架构中，NameNode 作为主节点负责管理整个文件系统的元数据和命名空间，而 DataNode 作为从节点负责存储实际的数据块，并定期向 NameNode 汇报节点状态。通过这样的设计，HDFS 实现了高可用性、高可靠性和高扩展性，为大数据处理提供强大的支持。

Secondary NameNode 是针对元数据设计的，它维护了两种文件：Fsimage 文件和 Edits 文件。Fsimage 文件是镜像文件，是元数据在某个时间段内的快照，Edits 文件则记录了生成快照之后的一系列操作。当 HDFS 运行一段时间后，需要重启时，需要将 Fsimage 文件加载到内存中，并把 Edits 文件中的操作执行一遍，从而形成完整的元数据信息。假如操作比较频繁或长时间没有重启过，Edits 文件会很大，导致重启时合并 Fsimage 文件和 Edits 文件的操作非常耗时，从而增加了重启时间。Secondary NameNode 就是为了解决这个问题而设计的，它是一个独立的进程，定期（满足一定条件）会将 Fsimage 文件和 Edits 文件合并成一个新的 Fsimage 文件，从而缩短 HDFS 的重启时间。

1.4.3 大数据计算与处理

大数据计算与处理涉及利用不同计算框架和技术对庞大、复杂的数据进行高效、精确的计算和分析。

1）云计算

云计算是一种通过互联网提供计算资源和服务的模式，为用户提供了灵活、高效、富有弹性和成本效益的解决方案。云计算通过将计算资源集中在一个资源池中，使用户能够根据需求随时获取和释放计算资源，从而实现了按需自助服务。云计算与大数据的关系是什么呢？云计算是基础，没有云计算，就无法实现大数据存储与计算；大数据是应用，没有大数据，云计算就缺少了目标与价值。

云计算提供的服务模型可分为三种：①基础设施即服务（Infrastructure as a Service，IaaS），提供基础的计算资源，如虚拟机、存储和网络，用户可以通过云平台控制这些资源，并在其上部署和运行应用程序；②平台即服务（Platform as a Service，PaaS），在 IaaS 的基础上，进一步提供应用程序开发和部署的平台，用户不用关注底层基础设施，只需专注于应用程序的开发和运行；③软件即服务（Software as a Service，SaaS），提供已经构建好的应用程序，用户通过互联网进行访问和使用，不用关注底层基础设施和应用程序的细节。

云计算的优势在于用户可以根据需求快速获得所需计算资源，无须事先投资和购买硬件设施，也不用担心资源的浪费；同时，提供高度自动化的资源管理和配置，资源调配更加高效和智能，用户可以根据需求快速扩展或缩减计算资源，以适应不断变化的工作负载，实现资源的弹性伸缩。由于云计算是按需付费的，因此用户只需根据实际使用的资源量付费，可以大大降低成本。总体而言，云计算作为一种先进的计算模式和服务模型，为各行业提供了高效、灵活和弹性的数据处理和分析能力。在大数据处理与分析中，云计算解决了处理大规模数据和复杂分析任务的挑战，实现了高效、智能的数据处理与应用。

2）批处理与 MapReduce 框架

批处理（Batch Processing）是指将一系列命令或程序按顺序组合在一起，在一个批处理文件中批量执行。批处理是一种数据处理模式，适用于对静态数据集进行处理和分析。在大数据处理中，批处理是处理大规模历史数据的常用方法，它可以在离线状态下进行计算，以获得全面的数据分析和洞察。

目前，使用较多的批处理计算引擎有 MapReduce 和 Spark，它们能够运行在由上千台商用机器组成的大型集群上，并以一种可靠容错的方式并行处理 TB 级的数据集。MapReduce 是 Google 于 2004 年提出的一个批处理计算引擎，是一种用于大规模数据处理的编程模型和计算框架。MapReduce 是最早的批处理计算引擎，可以有效解决海量数据的计算问题。由于 MapReduce 在处理效率上的一系列问题，Spark 应运而生，Spark 针对 MapReduce 2.0 存在的问题，对 MapReduce 做了大量优化。

每个 MapReduce 任务都包含两个过程：Map 过程和 Reduce 过程。一个 MapReduce 作业（Job）通常会把输入的数据集切分为若干独立的数据块，由 Map 任务（Task）以完全并行的方式处理它们。MapReduce 框架会先对 Map 任务的输出进行排序，然后把结果输入 Reduce 任务。通常 MapReduce 作业的输入和输出都会被存储在文件系统中。整个 MapReduce 框架负责任务的调度和监控，以及重新执行已经失败的任务。MapReduce 的计算过程如图 1-6 所示。以词频统计为例，在 Map 阶段，多台机器同时读取一个文件的各个部分，分别统计词频，产生多个 Map 集合；在 Reduce 阶段，接收所对应的 Map 集合结果，将相同键的集合汇总，进而得到整个文件的词频结果，计算过程如图 1-7 所示。

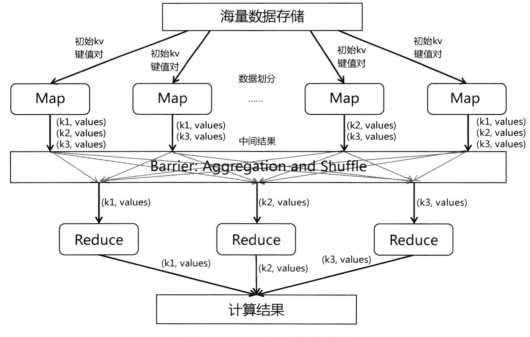

图 1-6　MapReduce 的计算过程

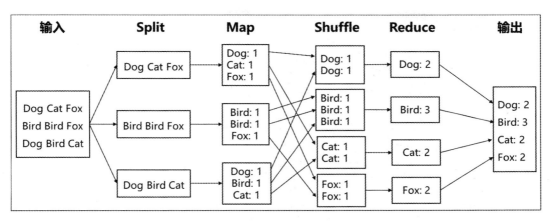

图 1-7　词频统计的计算过程

通常，MapReduce 框架和分布式文件系统是运行在一组相同的节点上的，也就是说，计算节点和存储节点通常在一起。这种配置允许 MapReduce 框架在那些已经存好数据的节点上高效调度任务，这可以使整个集群的网络带宽被高效利用。MapReduce 框架由一个单独的 Master JobTracker 和每个集群节点的 Slave TaskTracker 共同组成。Master JobTracker 负责调度构成一个 MapReduce 作业的所有任务，这些任务分布在不同的 Slave TaskTracker 上，Master JobTracker 监控它们的执行，并且重新执行已经失败的任务，而 Slave TaskTracker 仅负责执行由 Master JobTracker 指派的任务。

3）流处理

批处理适用于对大规模历史数据进行统计分析、数据挖掘、机器学习和模型训练等复杂计算任务。由于批处理是在离线状态下进行的，不需要实时响应，因此可以在计算资源充足的时候进行，减小了实时数据处理的压力。但是，批处理的一个主要局限是无法满足实时数据处理的需求。如果需要快速响应实时数据，并进行实时决策，则批处理不适用。对于一些业务场景，需要更加及时地获取数据分析结果，这时候就可以选择流处理来实现。

流处理是一种对实时数据流进行即时处理和分析的方式。与批处理不同，流处理能够实现对数据的实时处理和响应，适用于需要快速获取实时数据洞察和做出实时决策的场景。Spark 的 Spark Streaming 和 Storm 是比较早的流处理框架。

Storm 是 Twitter 开源的分布式实时大数据处理框架，从一端读取实时数据的原始流，将其传递通过一系列小处理单元，并在另一端输出处理后的、有用的信息。Storm 是一个分布式实时计算系统，采用了类似 MapReduce 的拓扑结构。在 Storm 中，需要先设计一个实时计算结构，也就是拓扑（Topology）结构。这个拓扑结构会被提交给集群，其中主节点（Master Node）负责给工作节点（Worker Node）分配代码，工作节点负责执行代码。在一个拓扑结构中，包含 Spout 和 Bolt 两种角色。数据在 Spout 之间传递，这些 Spout 将数据流以 Tuple 元组的形式发送，Bolt 则负责转换数据流。总之，Storm 是一种侧重于低延迟的流处理框架，以近实时方式处理源源不断的数据流，Storm 的数据处理延迟可以达到亚秒级。

Spark Streaming 属于 Spark 的一个组件，是基于批的流式计算框架，支持 Kafka、Flume 及简单的 TCP 套接字等多种数据输入源，输入流接收器（Receiver）负责接入数据。Spark Streaming 不像 Storm 那样一次处理一个数据流。相反，它在处理数据流之前，会按照时间间隔对数据流进行分段切分。

随着大数据的进一步发展，单纯的批处理与单纯的流处理，其实都不能完全满足企业的需求，因此经常采用"批处理+流处理"的混合处理模式。Spark 则是"批处理+流处理"的典型代表框架。Spark 是对 MapReduce 计算模型的优化，其通过内存计算模型和执行优化大幅提高了对数据的处理能力，而 Spark 的流处理能力是由 Spark Streaming 模块提供的。

4）HBase

HBase 是一种开源的分布式列式存储数据库，它适用于大规模数据的存储和查询，可以以低成本来存储海量的数据并且支持高并发的随机写和实时查询。HBase 是 Hadoop 项目的子项目，不同于一般的关系型数据库，它是一个适合于非结构化数据存储的数据库，同时基于列而不是基于行的模式。

HBase 的架构[16]如图 1-8 所示。Client 提供了访问 HBase 的接口，并且维护了对应的 Cache 来加速 HBase 的访问。Zookeeper 存储 HBase 的元数据（Meta 表），无论是读取还是写入数据，都需要 Zookeeper 读取 Meta 元数据并发送给 Client，从而 Client 获得读写数据的机器信息。HRegion Server 处理 Client 的读写请求，负责与 HDFS 底层交互。HBase 中的每个表都按照一定的范围被分割成多个子表（HRegion），默认一个 HRegion 超过 256MB 就要被分割成两个，由 HRegion Server 管理，管理哪些 HRegion 由 HMaster 分配。HBase 表在行的方向上分割为多个 HRegion，HRegion 是 HBase 中分布式存储和负载均衡的最小单元。每一个 HRegion 由一个或多个 Store 组成（至少是一个 Store），HBase 会把一起访问的数据放在一个 Store 里面。一个 Store 由一个 Mem Store 和零个或多个 StoreFile 组成。Store 的大小被 HBase 用来判断是否需要切分 HRegion。Mem Store 内存中的数据写到文件中后就是 StoreFile，StoreFile 底层以 HFile 的格式保存。HLog 记录数据的所有变更，可以用来恢复文件，一旦 HRegion Server 宕机，就可以从 HLog 中进行恢复。

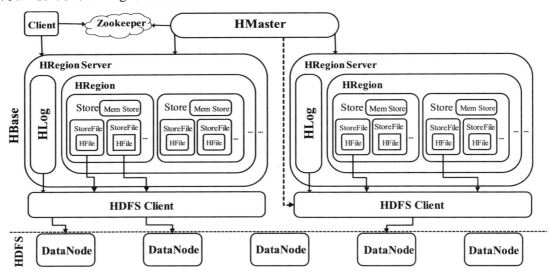

图 1-8　HBase 的架构

HBase 交互式分析是指通过 HBase 进行数据查询和分析，并实时获取结果。当进行 HBase 交互式分析的业务流程时，首先需要将原始数据导入 HBase。这些数据可以通过批量或实时流的方法进行导入。HBase 支持多种数据格式，如 CSV、JSON 等。用户需要根据数据的类型和格式选择合适的导入方法。一旦数据成功导入 HBase，用户就可以开始进行数据查询。HBase 提供了丰富的查询功能，如单行查询、范围查询和条件查询等，用户可以根据具体需求构建查询语句，并从 HBase 中查询所需的数据。在交互式分析过程中，可能需要对 HBase 中的数据进行更新和修改，以保持数据的实时准确性。用户可以使用 HBase 的 API 进行数据更新操作，包括添加新数据、更新已有数据和删除不再需要的数据。如果数据不再需要，则可以从 HBase 中删除它们，以释放存储空间并确保数据库的整洁和高效。用户可以根据数据的标识或其他特定条件删除指定的数据，也可以进行批量删除操作。HBase 交互式分析通常通过命令行界面或图形界面实现交互式查询，用户可以输入查询语句或选择查询条件进行查询，并从 HBase 中实时获取查询结果。为了更好地理解和分析查询结果，用户可以将 HBase 交互式分析的结果进行可视化展示。

通过上述业务流程，用户可以通过 HBase 交互式分析从大规模的数据中快速提取所需信息，实现实时决策和优化。HBase 作为一种高性能、高可靠性的存储解决方案，为大数据行业提供了强大的数据查询和分析能力，帮助实现高效、智能的数据处理与应用。

思考题

1．阐述大数据的五大基本特征。
2．大数据时代的数据类型包含哪些？
3．大数据处理的基本流程是什么？
4．大数据平台 Hadoop 和 Spark 的区别和联系有哪些？
5．什么是数据库、数据仓库与数据湖？三者的区别与联系是什么？
6．HDFS 是一种分布式文件系统，其架构和数据存储机制是什么？
7．什么是 MapReduce？请给出一个例子并描述其计算过程。

本章参考文献

[1] VISHNU PENDYALA. Veracity of Big Data: Machine Learning and Other Approaches to Verifying Truthfulness[M]. California: Apress, 2018.

[2] 叶清，刘迅，周晓梅，等. 健康医疗大数据应用存在的问题及对策探讨[J]. 中国医院管理，2022，42(01): 83-85.

[3] 胡庆勇，李淦山，裴钟哲. 大数据在交通强国建设中的应用[J]. 科技导报. 2020，38(09): 39-46.

[4] 钮心毅，林诗佳. 城市规划研究中的时空大数据：技术演进、研究议题与前沿趋势[J]. 城市规划学刊，2022(06): 50-57.

[5] 吴晓光，王振. 金融大数据战略的关键[J]. 中国金融，2018(07): 58-59.

[6] 陈云. 金融大数据[M]. 上海：上海科学技术出版社，2015.

[7] 丁大尉. 大数据时代的科学知识共生产：内涵、特征与争议[J]. 科学学研究，2022，40(03): 393-400.

[8] ERIC H, WILLIAM K. Toward a computational microscope for neurobiology[C]. The Fourth Paradigm: Data - intensive Scientific Discovery, Redmond: Microsoft Research, 2009: 83-90.

[9] 刘军，阎芳，杨玺. 物联网与物流管控一体化[M]. 北京：中国财富出版社，2017.

[10] 张曾莲. 基于非营利性、数据挖掘和科学管理的高校财务分析、评价与管理研究[M]. 北京：首都经济贸易大学出版社，2014.

[11] 陈海虹，黄彪，刘峰，等. 机器学习原理及应用[M]. 成都：电子科技大学出版社，2017.

[12] 饶文碧. Hadoop 核心技术与实验[M]. 武汉：武汉大学出版社，2017.

[13] HAYES B. Cloud computing[J]. Communications of the ACM, 2008, 51(7): 9-11.

[14] 陶皖. 云计算与大数据[M]. 西安：西安电子科技大学出版社，2017.

[15] Apache. HDFS Architecture Guide[EB/OL]. [2022-05-18]. http://hadoop.apache.org/docs/r1.0.4/hdfs_design.html.

[16] Apache. Apache HBase Reference Guide[EB/OL]. [2020-07-13]. https://hbase.apache.org/book.html.

第 2 章　数据获取与预处理

数据获取是指利用设备或工具获取各种数据源的数据的过程。数据获取含义很广，包括对各类物理量的获取，也包括对图形或图像进行数字化的过程等。数据获取是大数据分析的第一步，数据获取的质量对数据分析结果影响较大。数据预处理是指从大量的、杂乱无章的、难以理解的数据中获取并推导出有价值、有意义的数据，以便后续的数据分析。本章针对数据获取与预处理进行介绍，数据获取部分主要介绍数据的理论和网络获取方法，数据预处理部分主要介绍数据清洗、集成、转换和归约的方法。

2.1　数据获取与预处理概述

数据获取后要建立一个数据仓库，把来自多个异构源系统的数据集成在一起，放置于一个集中的位置进行数据分析。在现实应用中，多个源系统的数据兼容性较差，因此需要对获取的异构数据进行处理。ETL 方法提供了一个数据获取与预处理的标准流程和技术工具。ETL 就是数据获取（Extract）、转换（Transform）、加载（Load）的过程，是构建数据仓库的重要一环，目的是将分散、零乱、标准不统一的数据整合到一起，为决策提供分析依据。用户从数据源中获取所需的数据，经过数据清洗，最终按照预先定义好的数据仓库模型，将数据加载到数据仓库中去。ETL 整合了分布异构数据源数据获取、数据清洗、数据重构的流程和将数据加载到目的端数据库、数据仓库的流程，ETL 是构建数据仓库系统的关键。

在决策支持系统（DSS）、商务智能（BI）项目、经营分析系统等开发应用的过程中，数据预处理主要采用 ETL 技术。在通常情况下，BI 项目中的 ETL 会花掉整个项目至少 1/3 的时间，ETL 设计的好坏直接关系到 BI 项目的成败。

2.1.1　数据获取

数据获取又称数据采集（DAQ），是指从各种相关数据源获取数据的过程，也指 ETL 的数据获取环节。数据获取方式包括传感器、手工问卷、网络爬虫等，获取的数据会被存储在数据库或数据仓库中。数据获取是数据分析与挖掘的基础，数据分析结果很大程度上取决于拥有多少数据源、多少数据量，以及数据质量。

传统数据获取具有数据源单一、数据量相对较小、数据结构单一的特征。传统数据获取和大数据获取有如下不同。

（1）从数据源方面来看，传统数据获取的数据源单一，就是从传统企业的客户关系管理系统、企业资源计划系统及相关业务系统中获取数据，而大数据获取系统还需要从社交系统、互联网系统及各种类型的机器设备上获取数据。

（2）从数据量方面来看，互联网系统和机器系统产生的数据量要远远大于企业系统产生的数据量。

（3）从数据结构方面来看，传统数据获取系统获取的数据都是结构化数据，而大数据获取系统需要获取大量的视频、音频、照片等非结构化数据，以及网页、博客、日志等半结构化数据。

（4）从数据产生速度来看，传统数据获取系统获取的数据几乎都是由人操作生成的，远远慢于机器生成数据的速度。

数据获取是指从各个不同的数据源系统获取数据到 ODS（Operational Data Store，操作型数据存储）中给后续的数据仓库环境使用，这是 ETL 处理的第一步，也是最重要的一步。数据被成功获取后，才可以进行转换并加载到数据仓库中。能否正确地获取数据直接关系到后续步骤的成败。数据仓库典型的源系统是事务处理应用。例如，一个销售分析数据仓库的源系统，可能是一个订单录入系统，其中包含当前销售订单相关操作的全部记录。设计和建立数据获取过程，在 ETL 处理乃至整个数据仓库处理过程中，一般是较为耗时的任务，源系统可能非常复杂且缺少相应的文档，因此只是决定需要获取哪些数据可能就已经非常困难了。通常数据都不只获取一次，而是需要以一定的时间间隔反复获取，通过这样的方式把数据的所有变化提供给数据仓库，并保持数据的及时性。除此之外，源系统一般不允许外部系统对它进行修改，也不允许外部系统对它的性能和可用性产生影响，数据仓库的数据获取过程要能适应这样的需求。

2.1.2　数据清洗与数据转换

在一般情况下，数据仓库分为 ODS、DW 两个部分。ODS 是数据库到数据仓库的一种过渡，数据结构一般与数据源保持一致，便于降低 ETL 的工作复杂度，而且 ODS 的数据周期一般比较短。ODS 的数据最终流入 DW，DW 是数据的归宿，这里保存着所有从 ODS 到来的数据，而且这些数据不会被修改。除上述一般部分外，有的数据仓库还有 DM（Data Mart，数据集市），DM 是为了特定的应用目的或应用范围而从数据仓库中独立出来的一部分，其中的数据称为部门数据或主题数据，是面向应用的数据。

数据转换是在 ODS 到 DW 的过程中进行的，将数据转换为适用于查询和分析的形式和结构。数据从操作型源系统获取后，需要进行多种转换操作，如统一数据类型、处理拼写错误、消除数据歧义、解析为标准格式等。数据转换通常是最复杂的部分，也是 ETL 处理中用时最长的一步。在数据转换阶段，为了能够最终将数据加载到数据仓库中，需要在已经获取的数据上应用一系列的规则和函数。有些数据可能不需要转换就能直接导入数据仓库。

数据转换一个最重要的功能是数据清洗，因为只有"合规"的数据才能进入目标数据仓库。这步操作在不同系统间交互和通信时是非常必要的。例如，一个系统中的字符集在另一个系统中可能是无效的。此外，由于某些业务和技术的需要，也需要进行多种数据转换。

2.1.3　数据加载

数据加载就是将转换后的数据导入目标数据仓库。这步操作需要重点考虑两个问题，一是数据加载的效率，二是一旦加载过程中失败了，如何再次执行加载过程。

即使经过了转换、过滤和清洗，去掉了部分噪声数据，需要加载的数据量仍然很大。执行一次数据加载可能需要几个小时，同时需要占用大量的系统资源。要提高数据加载的效率，加快加载速度，可以采用如下两种做法。

（1）保证足够的系统资源。数据仓库存储的都是海量数据，所以要配置高性能的服务器，并且要独占资源，不与别的系统共用。

（2）在进行数据加载时，禁用数据库约束（唯一性、非空性、检查约束等）和索引，当加载过程完全结束后，再启用这些约束，重建索引，这种方法会大大提高加载速度。在数据仓库环境中，一般不使用数据库来保证数据的参考完整性，即不使用数据库的外键约束，它应该由 ETL 工具或程序来维护。

加载到数据仓库中的数据，经过汇总、聚合等处理后交付给多维立方体（Cube）或数据可视化、仪表盘等报表工具、BI 工具做进一步的数据分析。ETL 系统一般会从多个应用系统中整合数据，典型的情况是这些应用系统运行在不同的软硬件平台上，由不同的厂商支持，各个应用系统的开发团队是彼此独立的，随之而来的数据多样性增加了 ETL 系统的复杂性。

ETL 的常用实现方法有三种：借助 ETL 工具、采用 SQL 方式、ETL 工具和 SQL 方式相结合。前两种方法各有各的优缺点，借助 ETL 工具可以快速建立起 ETL 工程，屏蔽了复杂的编码任务，提高了速度，降低了难度，但是缺少灵活性。采用 SQL 方式的优点是灵活性较高，提高了 ETL 系统的运行效率，但是编码复杂，对技术要求比较高。第三种方法综合了前面两种方法的优点，可以极大地提高 ETL 系统的开发速度和效率。如果遇到特殊需求或特别复杂的情况，可能仍然需要使用 Shell、Java、Python 等编程语言开发自己的应用程序。

ETL 过程要面对大量的数据，因此需要较长的处理时间。为了提高 ETL 处理的效率，通常数据获取、数据转换、数据加载操作会并行执行。当数据被获取时，转换进程同时处理已经收到的数据。一旦某些数据被转换进程处理完，加载进程就会将这些数据导入目标数据仓库，而不会等到前一步工作执行完才开始。ETL 面对的数据量巨大并且数据是同步的，不是一次性的活动，而是经常性的活动，按照固定周期运行。目前已经有人提出了实时 ETL 的概念，实时 ETL 具有高可用性、低延迟和横向可扩展三个关键特性[2]，Santos 等[3]提出了基于 Spark 的 ETL 平台，Diouf 等[4]设计了基于云计算技术的实时 ETL 系统。

2.2　数据获取技术

2.2.1　数据获取技术概述

数据获取需要在调研阶段做大量的工作，首先要搞清楚数据是从哪些业务系统中来的，各个业务系统的数据库服务器运行何种 DBMS、是否存在手工数据、手工数据量有多大、是否存在非结构化数据等，当收集完这些信息之后才可以进行数据获取策略的设计。

如果已经明确了需要获取的数据，下一步就该考虑从源系统获取数据的方法了。数据获取方法的选择高度依赖于源系统和目标数据仓库环境的业务需要。在一般情况下，不可能因为需要提升数据获取的性能，而在源系统中添加额外的逻辑，也不能增加这些源系统的工作负载。有时，用户甚至都不允许增加任何"开箱即用"的外部应用系统，这叫作对源系统具有侵入性。

随着大数据的蓬勃发展，数据获取的来源广泛且数据量巨大，数据类型丰富，包括结构化数据、半结构化数据、非结构化数据，它们大多存在于分布式数据库。目前大数据获取主要方法如下。

1）数据库获取

传统企业会使用传统的关系型数据库 MySQL 和 Oracle 等来存储数据。随着大数据时代的到来，Redis、MongoDB 和 HBase 等 NoSQL 数据库也常用于大数据获取。企业通过在数据获取端部署大量数据库，并在这些数据库之间进行负载均衡和分片，来完成大数据获取工作。

2）系统日志获取

系统日志获取主要是指获取企业业务平台日常产生的大量日志数据，供离线和在线的大数据分析系统使用。高可用性、高可靠性、可扩展性是日志收集系统所具有的基本特征。系统日志获取工具均采用分布式架构，能够满足每秒数百兆字节的日志数据获取和传输需求。很多互联网企业都开发了数据获取工具，并应用于系统日志获取，如 Hadoop 的 Chukwa、Cloudera 的 Flume、Facebook 的 Scribe 等。

3）网络数据获取

网络数据获取是指通过网络爬虫或网站公开 API 等方式从网站上获取数据信息的过程。网络爬虫会从一个或多个初始网页的 URL 开始，获得各个网页上的内容，并且在爬取网页的过程中，不断从当前网页上获得新的 URL 放入队列，直到满足设置的停止条件为止。这样可将非结构化数据、半结构化数据从网页中提取出来，存储在本地的存储系统中。

4）感知设备数据获取

感知设备数据获取是指通过传感器、摄像头和其他智能终端自动获取信号、图片或录像来获取数据。大数据智能感知系统需要实现对结构化、半结构化、非结构化的海量数据的智能化识别、定位、跟踪、接入、传输、转换、监控、初步处理和管理等。其关键技术包括针对大数据源的智能识别、感知、适配、传输、接入等。

此外，针对软件系统的数据获取，有如下三种方式。

（1）接口对接方式。

各个软件厂商提供数据接口，实现数据汇集，为用户构建出自己的业务大数据平台。

（2）开放数据库方式。

为实现数据的获取和汇聚，开放数据库是最直接的一种方式。在一般情况下，来自不同企业的系统不会主动开放自己的数据库给对方连接，因为这样会有安全问题。

（3）基于底层数据交换的数据直接获取方式。

通过获取软件系统的底层数据交换、软件客户端和数据库之间的网络流量包，进行包流量分析获取应用数据，同时可以利用仿真技术模拟客户端请求，实现数据的自动写入。

2.2.2　网络爬虫

互联网中的数据是海量的，如何自动高效地获取互联网中的数据是一个重要的问题，爬虫技术就是为了解决这个问题而生的。网络爬虫又称网络蜘蛛、网络蚂蚁、网络机器人等，可以按照我们制定的规则自动浏览网络中的数据，这些规则称为网络爬虫算法。使用 Python 可以很方便地编写出爬虫程序，进行互联网信息的自动化检索。

网络爬虫由控制节点、爬虫节点、资源库构成。控制节点也称为爬虫的中央控制器，主要负责根据 URL 分配线程，并调用爬虫节点进行具体的爬取；爬虫节点会按照相关的算法，对网页进行具体的爬取，主要包括下载网页及对网页文本进行处理，爬取后会将爬取结果存储到对应的资源库中。

由图 2-1 可以看出，网络爬虫中可以有多个控制节点，每个控制节点下可以有多个爬虫节点，控制节点之间可以互相通信，控制节点和其下的各爬虫节点之间也可以互相通信，同时位于同一个控制节点下的各爬虫节点之间可以互相通信。

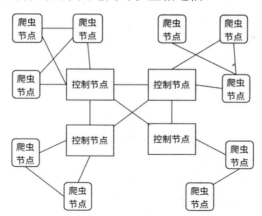

图 2-1　网络爬虫的节点

在网络中获取数据时，有时需要爬取互联网中的所有网站，如为门户网站搜索引擎获取数据；有时要爬取某一垂直领域的数据或有明确的检索需求，此时需要过滤掉一些无用信息。前者采用的网络爬虫称为通用网络爬虫，后者采用的网络爬虫称为聚焦网络爬虫。除这两类网络爬虫外，网络爬虫还有增量式网络爬虫、深层网络爬虫等类型。实际的网络爬虫通常是这几类网络爬虫的组合体。

1）通用网络爬虫

通用网络爬虫又叫全网爬虫，爬取目标是整个互联网上的所有网页。通用网络爬虫主要由初始 URL 集合、URL 队列、网页爬取模块、网页分析模块、网页数据库、链接过滤模块等构成。它会先从一个或多个初始 URL 开始，获得初始 URL 对应的网页数据，并不断从该网页数据中获得新的 URL 放到队列中，直至满足一定的条件后停止，需要注意的是，如果没有设置停止条件，则通用网络爬虫会一直爬取下去，直到没有可以爬取的新 URL 为止。通用网络爬虫的工作原理如图 2-2 所示。

通用网络爬虫在爬取的时候会采取一定的爬取策略，也就是爬取 URL 的排队策略，主要有深度优先策略和广度优先策略。

（1）深度优先策略。深度优先策略是指网络爬虫会从起始页开始，逐个链接逐个链接地追踪下去，处理完这条线路之后再转入下一个起始页，继续追踪链接。依据深度优先遍历原理，对每一个可能的分支路径深入到不能再深入为止，而且每个节点只能访问一次。按照深度优先策略，图 2-3 中链接的爬取顺序是 *A-B-D-E-I-C-F-G-H*。

（2）广度优先策略。广度优先也叫宽度优先，是指将新下载网页发现的链接直接插入待爬取 URL 队列的末尾，也就是指网络爬虫会先爬取起始页中的所有网页，再选择其中的一个链接网页，继续爬取在此网页中链接的所有网页。依据广度优先遍历原理，从上往下对每一层依次访问，在每一层中，从左往右（也可以从右往左）访问节点，访问完一层就进入下一层，直到没有节点可以访问为止。按照广度优先策略，图 2-3 中链接的爬取顺序是 *A-B-C-D-E-F-G-H-I*。

通用网络爬虫所爬取的目标数据量是巨大的，爬取的范围也是非常大的，正是由于其爬取的数据是海量数据，故而对于这类网络爬虫来说，其爬取的性能要求是非常高的。这类网络爬虫主要应用于大型搜索引擎，有非常高的应用价值。

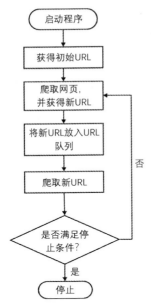

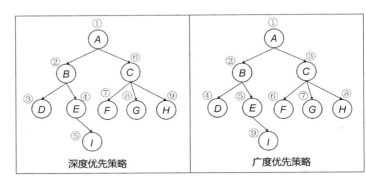

图 2-2　通用网络爬虫的工作原理　　　　　图 2-3　不同爬取策略的爬取顺序

2）聚焦网络爬虫

聚焦网络爬虫（Focused Crawler）也叫主题网络爬虫，是按照预先定义好的主题有选择地进行网页爬取的一种爬虫。聚焦网络爬虫不像通用网络爬虫一样将目标资源定位在整个互联网中，而是将爬取的目标资源定位在与主题有关的网页中。聚焦网络爬虫会根据一定的网页分析算法对网页进行筛选，保留与主题有关的网页链接，舍弃与主题无关的网页链接，这样可以大大节省爬虫爬取时所需的带宽资源和服务器资源。

聚焦网络爬虫应用在对特定信息的爬取中，主要为某一类特定的人群提供服务。聚焦网络爬虫主要由初始 URL 集合、URL 队列、网页爬取模块、网页分析模块、网页数据库、链接过滤模块、内容评价模块、链接评价模块等构成。内容评价模块可以评价内容的重要性，同理，链接评价模块可以评价链接的重要性。根据链接和内容的重要性，可以确定哪些网页优先爬取。聚焦网络爬虫的工作原理如图 2-4 所示。

聚焦网络爬虫的爬取策略主要有四种，即基于内容评价的爬取策略、基于链接评价的爬取策略、基于强化学习的爬取策略和基于语境图的爬取策略。

（1）基于内容评价的爬取策略：该策略将用户输入的查询词作为主题，包含查询词的网页被视为与主题有关的网页。其缺点是它仅包含查询词，无法评价网页与主题的相关性。

（2）基于链接评价的爬取策略：该策略将包含很多结构信息的半结构化文档网页用来评价链接的重要性，其中，一种广泛使用的算法为 PageRank 算法，该算法可用于排序搜索引擎中的页面，也可用于评价链接的重要性，其每次选择 PageRank 值较大网页中的链接进行访问。

（3）基于强化学习的爬取策略：该策略将强化学习引入聚焦网络爬虫，利用贝叶斯分类器基于整个网页文本和链接文本来对链接进行分类，计算每个链接的重要性，按照重要性决定链接的爬取顺序。

（4）基于语境图的爬取策略：该策略通过建立语境图来学习网页之间的相关度，具体方法是计算当前网页到相关网页的距离，距离越近的网页中的链接越优先爬取。

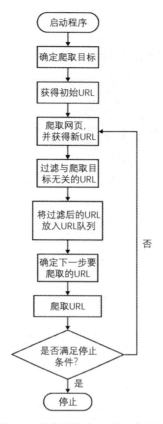

图 2-4　聚焦网络爬虫的工作原理

3）增量式网络爬虫

增量式更新指的是在更新的时候只更新改变的地方，未改变的地方则不更新，所以增量式网络爬虫（Incremental Web Crawler）只爬取内容发生变化的网页或新产生的网页，对于未发生内容变化的网页则不会爬取。增量式网络爬虫的工作步骤如图 2-5 所示。比较典型的增量式网络爬虫系统有 BM Almaden 研究中心开发的 Web Fountain Crawler[5]、北京大学开发的天网增量式搜集系统[6]。

4）深层网络爬虫

在互联网中，按存在方式分类，网页可以分为表层网页和深层网页。所谓的表层网页，指的是不需要提交表单，使用静态的链接就能够到达的静态网页；深层网页则隐藏在表单后面，不能通过静态链接直接获取，是需要提交一定的关键词之后才能够到达的网页[7]。

在互联网中，深层网页的数量往往比表层网页的数量要多很多，因此需要深层网络爬虫（Deep Web Crawler）。深层网络爬虫在爬取深层网页时需要自动填写好对应的表单，因此最重要的部分即表单填写部分。深层网络爬虫的表单填写方式有两种：第一种是基于领域知识的表单填写，建立一个填写表单的关键词库，在需要填写的时候，根据语义分析选择对应的关键词进行填写；第二种是基于网页结构分析的表单填写，这种填写方式一般在领域知识有限的情况下使用，它会对网页结构进行分析，自动地填写表单。当前，大部分的深层网络爬虫主要针对表单填写的情况，随着技术的发展，深层网络爬虫将拓展到 JavaScript 脚本代码、

27

AJAX、多媒体、P2P 网络等领域。

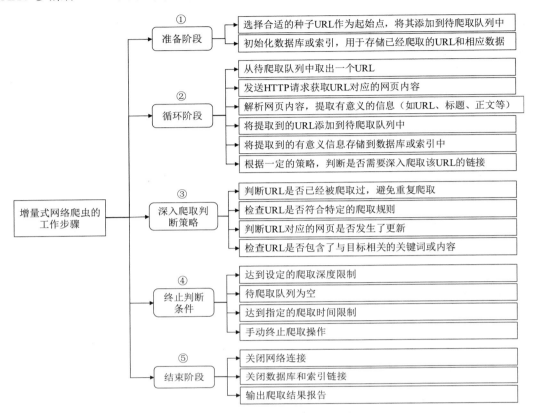

图 2-5　增量式网络爬虫的工作步骤

2.3　数据预处理

　　数据预处理的主要目的是提高数据质量，为后续数据分析结果的可靠性提供保障。数据预处理包括数据清洗、数据集成、数据转换和数据归约四个方面。

2.3.1　数据质量

　　数据质量是指数据在特定应用环境中是否满足预期的要求。从用户层级来讲，数据质量就是满足特定用户预期要求的一种程度；从数据处理过程来看，数据质量需要从数据能被正确使用、存储、传输等方面来定义。

　　数据质量包括以下几个方面。

　　（1）准确性：数据的准确性是指数据与实际情况的符合程度，数据值与实际值的一致性高低。

　　（2）完整性：数据的完整性是指数据是否包含了需要的全部信息，有无遗漏或缺失。

　　（3）一致性：数据的一致性是指数据在不同的数据源、数据记录、数据字段等方面是否保持一致，数据之间有无冲突或矛盾。

　　（4）及时性：数据的及时性是指数据是否及时地进行采集、处理、传输和更新，以保证数据的实效性和时效性。

（5）可理解性：数据的可理解性是指数据是否易于被理解和解释，数据的结构和格式是否清晰、简洁，数据字段和数据值是否具有明确的含义。

（6）可靠性：数据的可靠性是指数据是否可信、可靠，其产生的过程和来源是否可靠，数据是否经过验证和核实。

（7）可用性：数据的可用性是指数据是否易于访问、检索和使用，数据存储和管理系统的性能是否足够高效。

保证数据质量对于数据的有效管理和应用具有重要意义，但是数据质量问题总是切实存在的，为了更好地识别和解决数据质量问题，可以对数据从被采集到使用的全流程进行逐个环节分析，找到可能造成数据质量问题的原因。导致数据质量不高的原因主要如下。

（1）数据采集问题：如果数据的采集过程存在错误、遗漏或偏差，那么采集到的数据就可能存在质量问题。例如，人为输入错误、设备故障导致数据丢失等。

（2）数据存储问题：如果数据存储方式不合理或存储过程中存在问题，那么存储的数据就可能存在质量问题。例如，存储设备故障导致数据损坏、存储结构不合理导致数据难以访问等。

（3）数据处理问题：在数据处理过程中，可能存在数据转换、清洗、合并等操作，如果这些操作不正确或不完整，就会导致数据质量问题。例如，数据转换时单位错误、数据清洗时丢失关键信息等。

（4）数据管理问题：数据管理包括数据的安全、备份、维护和更新等方面，如果这些过程不规范或不完善，就会导致数据质量问题。例如，数据丢失或被篡改、没有及时备份导致数据恢复困难等。

（5）数据使用问题：数据在不同的应用环境中被使用，如果使用过程中存在错误、误解或误用，就会导致数据质量问题。例如，数据分析时使用错误的算法、数据报表中存在错误的解释等。

2.3.2　数据清洗

数据清洗（Data Cleaning）是对数据进行重新审查和校验的过程，目的在于删除重复信息、纠正存在的错误，并提供数据一致性。数据清洗是数据预处理的第一步，也是保证后续结果正确的重要一环，若不能保证数据的正确性，则可能得到错误的结果，如小数点错误而造成数据放大或缩小十倍、百倍甚至更大倍数等。在数据量较大的项目中，数据清洗时间可达整个数据分析过程时间的一半或以上，而在数据清洗过程中最常遇到的就是数据缺失问题及噪声数据干扰。

1）缺失数据处理

在处理缺失数据时，可以采取以下几种常用的方法。

（1）删除缺失数据：当缺失数据的样本数量较少且缺失数据对整体分析结果影响较小时，可以选择删除缺失数据的样本。但需要注意，删除数据可能会引入样本选择偏差，因此需要慎重考虑。

（2）插补缺失数据：当缺失数据的样本数量较多或缺失数据对整体分析结果影响较大时，可以选择插补缺失数据。插补缺失数据的方法有三种：第一种是均值插补，使用该变量的均值或中位数来插补缺失值；第二种是回归插补，使用其他变量的值建立回归模型，根据其他变量的值来预测缺失变量的值；第三种是多重插补，使用多个回归模型对缺失值进行多次模拟，生成多组插补的数据。

（3）创建指示变量：对于分类变量的缺失数据，可以将其创建为一个额外的指示变量，用 0 和 1 表示缺失和非缺失。这样可以保留缺失数据的信息，同时避免插补带来的误差。

还有其他一些特定的处理缺失数据的方法，如使用聚类方法进行插补、建立专门的模型来处理缺失数据、使用专门的软件包进行处理等。选择什么样的处理方法需要根据具体情况和问题的特点进行判断。

处理缺失数据需要根据具体情况选择合适的方法，并注意数据的完整性和结果的评估。在处理缺失数据时，还需要注意以下三个问题。①缺失数据的模式：需要了解缺失数据的发生模式，判断是否随机缺失、非随机缺失或有意缺失，这会影响选择的缺失数据处理方法。②数据的完整性：在进行缺失数据处理之前，需要考虑数据的完整性，确保没有其他数据质量问题存在。③插补方法的合理性：选择插补方法需要结合数据的特点、缺失数据的性质和实际应用需求进行合理判断。

2）噪声数据处理

噪声数据是指数据中存在错误或异常（偏离期望值）的数据，即测量变量中存在随机误差或方差。引起噪声数据的原因是多方面的，包括硬件故障、编程错误、序列识别错误等。例如，手机信号电磁波在不同的区域强弱是有差异的，这就造成手机接收到的信号数据产生错误或误差，从而形成噪声数据。噪声数据会对数据分析造成干扰，如机器学习算法常常通过迭代来进行训练，如果数据中含有大量的噪声数据，则会大大影响算法的收敛速度，甚至会影响训练结果的准确性。

处理噪声数据的方法包括分箱、聚类、回归等。

（1）分箱：分箱方法是一种简单常用的数据预处理方法，通过考察相邻数据来确定最终值。所谓分箱，实际上就是按照特征值划分子区间，如果一个特征值处于某个子区间范围内，就称把该特征值放进这个子区间所代表的"箱子"内。把待处理的数据（某列特征值）按照一定的规则放进一些"箱子"中，考察每一个"箱子"中的数据，采用某种方法分别对各个"箱子"中的数据进行处理。分箱的方法有四种：等深分箱法、等宽分箱法、用户自定义区间法和最小熵法。在分箱之后，要对每个"箱子"中的数据进行平滑处理：第一种方法是按均值进行平滑处理，对同一"箱子"中的数据求均值，用均值代替"箱子"中的所有数据；第二种方法是按中位数进行平滑处理，取"箱子"中所有数据的中位数，用中位数代替"箱子"中的所有数据；第三种方法是按边界值进行平滑处理，对"箱子"中的每个数据，使用离边界距离较小的边界值代替"箱子"中的所有数据。

（2）聚类：将数据集合分为若干簇，在簇外的值为孤立点，这些孤立点就是噪声数据，应对这些孤立点进行删除或替换。相似或相邻的数据聚合在一起形成各个聚类集合，在这些聚类集合之外的数据为异常数据。

（3）回归：如果变量之间存在函数关系，则可以使用回归分析方法进行函数拟合，即让数据符合一个函数来平滑数据，通过使用拟合值或平滑数据来更新变量数值，从而实现噪声数据去除。

2.3.3　数据集成

数据集成是指将来自不同数据源的数据整合到一个统一的数据集中，以便进行数据分析、决策支持和业务应用。数据集成是一个复杂的过程，涵盖数据整合、数据匹配、冲突解决、数据质量控制、元数据管理和数据安全等多个方面。①数据整合：包括收集、合并、清洗、转换和统一各个数据源的数据，消除重复数据和冗余信息，确保数据一致性和完整性。②数据匹配：包括确定数据源的主键或唯一标识符、建立数据间的关系，以及处理数据匹配中可能存在的问题，如数据值的不一致、数据格式的不同等。③冲突解决：在数据集成过程中，可能会出现不同数据源的数据存在相互矛盾或不一致的情况，因此需要进行冲突检测和解决，确保集成数据的准确性和一致性。④数据质量控制：包括对数据进行清洗、筛选和校验，确保数据的准确性、一致性、完整性和可靠性，此外还需要建立数据质量评估和监控机制，及时发现和纠正数据质量问题。⑤元数据管理：包括对数据源的描述、数据字段的定义、数据的来源和质量等信息的管理，用于数据集成的管理、查询和应用。⑥数据安全：包括对数据进行加密、访问控制、身份认证等，确保数据不被非授权个体获取和使用。

在数据集成中，模式识别和对象匹配、数据冗余处理、冲突检测与处理是三个非常重要的方面。

1）模式识别和对象匹配

模式识别和对象匹配是在数据集成过程中的两个重要任务，用于识别和匹配不同数据源中的模式和对象。通过有效的模式识别和对象匹配，可以提高数据集成的准确性和效率。

（1）模式识别：模式识别是指对表征事物或现象的模式进行自动处理和判读[8]。在数据集成中，模式识别是指识别不同数据源中的相似模式、结构和特征。通过模式识别，可以找到不同数据源中的相同或相似的数据项，并建立它们之间的关联关系。常见的模式识别方法包括数据挖掘技术、机器学习算法、文本分析、图像处理等。

（2）对象匹配：对象匹配是指将不同数据源中的对象进行匹配和对应。对象可以是数据库表中的记录、文档中的实体、图像中的物体等。对象匹配通过比较对象的特征值、特征向量或标识符等来判断它们是否匹配。常见的对象匹配方法包括相似度匹配、关键特征匹配、特征匹配、自动分类和聚类等[9]。

在进行模式识别和对象匹配时，需要考虑以下几个方面。

① 特征提取：在进行模式识别和对象匹配时，需要选择合适的特征并进行提取。特征可以是数据的数值、文本、图像等，关键是选择具有代表性和区分性的特征。

② 相似度度量：在进行对象匹配时，需要定义一种相似度度量方法或距离度量方法来度量两个对象之间的相似度。常见的相似度度量方法包括欧氏距离、曼哈顿距离、余弦相似度等。

③ 匹配算法：在进行模式识别和对象匹配时，需要选择合适的匹配算法。常见的匹配算法包括基于规则的匹配、基于机器学习的匹配、基于统计的匹配、基于图的匹配等。

④ 冲突解决：在进行对象匹配时，可能会出现多个数据源中的对象匹配到同一个目标对象的情况，此时需要进行冲突解决。冲突解决可以通过规则、投票机制、权重分配、机器学习等方法来确定最佳匹配结果。

2）数据冗余处理

数据冗余是指在数据集成或存储过程中存在重复或多余的数据，既包括重复的数据，又包括与分析处理的问题无关的数据。数据冗余会占用存储空间，增加数据处理的时间和复杂度，并且可能导致数据不一致或更新困难。因此，需要进行数据冗余处理来减少数据冗余的存在。

数据冗余可以通过以下几种方法来处理。

（1）规则和约束：通过定义规则和约束来防止数据冗余的产生。例如，可以设定数据库表的主键和外键，确保数据的唯一性和关联性，还可以使用数据校验规则来检测数据冗余和错误。

（2）数据规范化：数据规范化是一种将数据划分成更小、更规范的单元的过程。通过将数据分解为更小的单元，可以减少数据的重复和冗余。例如，可以将数据表进行规范化，将重复的字段提取为单独的数据表，通过引用来减少数据冗余。

（3）数据清洗和去重：在数据集成和存储过程中，可以进行数据清洗和去重操作，去除重复和冗余的数据。数据清洗可以通过清理不符合规范的数据、删除重复值和修复破损数据来减少冗余，使用去重算法可以自动识别和删除重复的数据项。

（4）数据合并和归约：在数据集成过程中，可以将重复和冗余的数据进行合并和归约。例如，将多个数据库中的相同实体进行合并，去除重复的特征，并保留最新的数据。

（5）数据压缩：可以使用数据压缩技术来减少数据冗余，数据压缩技术可以将冗余的数据编码成更紧凑的形式，减少存储空间占用。

（6）数据分析和挖掘：通过数据分析和挖掘技术，可以识别和消除数据冗余。例如，可以使用聚类算法来识别相似的数据项，并选择一个有代表性的数据作为有效数据。

3）冲突检测与处理

在数据集成过程中，可能会出现冲突，即不同数据源中的数据可能存在相互矛盾或不一致的情况。为了确保数据集成的质量和准确性，需要进行冲突检测与处理。

冲突检测与处理的步骤如下。

第一步，确定冲突类型。常见的冲突类型包括数据值不同、数据格式不同、数据单位不同、数据覆盖范围不同等。

第二步，数据冲突检测。基于冲突类型，使用算法或规则来检测数据集成过程中可能存在的冲突。例如，可以比较不同数据源中相同实体的特征值，检测是否存在不一致或矛盾的情况。

第三步，冲突解析。当发现冲突时，需要进行冲突解析来确定集成数据的准确值。常见的冲突解析方法如下。①人工解析：通过人工的方式仔细解析冲突，并根据相关的背景知识、专家意见或权衡考虑，选择最符合实际情况的准确值作为集成结果。这种方法需要耗费时间和人力，但可以获得较高的准确性。②投票机制：对多个数据源中的数据进行投票，选择得票最多的数据作为集成结果。这种方法相对简单快捷，但可能会忽略某些数据源的贡献。③权重分配：给不同数据源分配权重，根据权重对不同数据源的数据进行加权平均或综合，得到集成结果。这种方法考虑了数据源的可信度和重要性，但需要事先确定权重分配的依据或准则。④规则和模型：根据特定的规则或建立模型来解析冲突。例如，可以基于机器学习算法建立冲突解析的模型，通过学习已有的冲突样本来预测新的冲突解析结果。

第四步，冲突解析后的数据集成。在完成冲突解析后，将得到的准确值应用到数据集成过程中，形成最终的集成结果。

需要注意的是，冲突检测与处理是一个复杂的过程，需要根据具体的数据集成需求、数

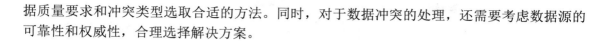

据质量要求和冲突类型选取合适的方法。同时，对于数据冲突的处理，还需要考虑数据源的可靠性和权威性，合理选择解决方案。

2.3.4　数据转换

数据转换是数据预处理中的重要环节，这个环节将原始数据经过加工处理后得到新的数据，使得新的数据更适合进行特定任务分析和模型建立。采用合适的数据转换方法对数据进行转换可以有效提高数据的质量和可用性。数据转换包括数据规范化、数据离散化、数据泛化和数据脱敏等方法。

1）数据规范化

数据规范化是指将被挖掘对象的特征数据按比例缩放，使其落入一个小的特定区间（如[-1, 1]或[0, 1]）。数据规范化的常用方法有三种。

（1）小数定标规范化：将原始数据除以一个固定值，将数据映射到[-1, 1]。

（2）最小值-最大值规范化：将原始数据映射到[0, 1]的特定区间，保留数据的相对大小关系。

（3）Z-Score 规范化：将原始数据转化为均值为 0、标准差为 1 的标准正态分布。

2）数据离散化

数据离散化是将连续型数据转换为离散型数据的过程，将数据划分为若干个区间或类别。数据离散化可以有效减少数据的复杂性和噪声数据的影响，并且可以将连续型数据转化为符号型数据，便于进行分类、聚类等分析任务。

常见的数据离散化方法如下。

（1）等宽离散化：将数据根据固定的宽度划分为若干个区间，每个区间的宽度相同。例如，将年龄按照 0～100 岁的范围均分为 10 个区间，每个区间宽度为 10 岁。

（2）等频离散化：将数据根据相同的样本数量划分为若干个区间，每个区间中包含的样本数量相同。例如，将人口根据收入水平分为三个区间，每个区间中的人数相等。

（3）聚类离散化：用聚类算法（如 K-Means）将数据聚类为若干个簇，每个簇表示一个离散化的类别。聚类离散化可以根据数据的分布和相似性来划分离散化的类别。

（4）决策树离散化：使用决策树算法将连续型数据转换为决策树的划分节点，将数据分为不同的类别。决策树离散化可以根据数据的特征和目标变量之间的关系来划分类别。

数据离散化方法的选择取决于具体的数据特征和分析任务，需要根据数据的分布、特征的意义和领域知识等综合考虑，选择合适的数据离散化方法来达到更好的分析效果。

3）数据泛化

数据泛化[10]是指把较低层次的概念（如年龄的数值范围）用较高层次的概念（如青年、中年和老年）替换以汇总数据，或者通过减小维度，在较小维度的概念空间中汇总数据。

常用的数据泛化方法如下。

（1）基于数据立方体的数据聚集（Data Focusing）：这是一种常见的数据聚合和分析方法，用于从多维数据集中提取有用的信息。数据立方体是一个多维数组，其中每个维度表示数据的一个特征，如时间、地理位置、产品等。数据立方体的每个单元格都包含聚合函数计算得到的汇总数据。数据立方体的构建包括以下几个步骤。

第一步，选择维度：选择需要分析的维度，如时间、地理位置、产品等，每个维度都可以有多个层级或级别，用于构建多维数据结构。

第二步，设计度量：选择感兴趣的指标或度量，如销售额、利润、访问次数等，度量用于计算和表示在不同维度组合下的数值结果。

第三步，聚合数据：根据选择的维度和度量，对原始数据进行聚合和汇总。聚合可使用各种统计函数，如求和、求均值、求最大值、求最小值等函数。聚合可以根据不同维度组合的需求进行灵活调整。

第四步，构建数据立方体：根据选择的维度和聚合结果，构建多维数据立方体。

（2）面向特征的归纳：面向特征的归纳旨在从数据中归纳出特征间的关系、规律和模式，其主要过程包括以下步骤。

第一步，特征选择：通过分析特征的相关性和重要性，选择最具代表性和有价值的特征，用于后续的归纳分析。特征选择可使用各种方法，如信息增益、相关性分析、特征选择算法等。

第二步，归纳分析：基于选择的特征，进行归纳分析，探索特征之间的关系和模式。常用的归纳分析方法包括决策树、规则挖掘、聚类分析等，这些方法可以从数据中提取出特征之间的关联规则、聚类模式、决策规则等信息。

第三步，模式评估与验证：对归纳出的模式进行评估与验证，以确定模式的准确性和可信度，可以使用交叉验证、分布检验、统计检验等方法进行模式评估。

4）数据脱敏

数据脱敏（Data Masking）是一种常见的数据隐私保护技术，通过对敏感数据进行部分或完全的删除、替换或隐藏，以抹去个人敏感信息。数据脱敏的目的是保护数据隐私，防止个人敏感信息被泄露或滥用。

常见的数据脱敏方法如下。

（1）删除（Deletion）：直接删除或部分删除包含敏感信息的数据。例如，可以从数据集中删除包含个人身份证号码或银行账户号码的字段。

（2）替换（Substitution）：将敏感数据替换为不可识别的伪造值。伪造值不包含个人敏感信息，但在数据分析任务中仍保持数据的统计特性。例如，将姓名替换为随机生成的标识符。

（3）脱敏屏蔽（Masking）：在数据中通过覆盖、屏蔽或空白值等方式隐藏敏感信息，以避免敏感信息的识别。例如，在电话号码中遮盖或屏蔽部分数字。

（4）加密（Encryption）：使用加密算法对敏感信息进行加密，只有授权的用户才能解密和访问。加密保护了数据的机密性，使得未经授权的人无法直接获得敏感信息。

数据脱敏的具体方法选择取决于数据类型、隐私需求和分析任务。在进行数据脱敏时，需要综合考虑隐私保护的效果、数据的可用性和准确性，并遵守相关法律法规和隐私保护政策。此外，数据脱敏需要关注对数据完整性的保护，确保脱敏后的数据仍能够保持一定的分析和应用价值。

2.3.5　数据归约

数据归约是指在尽可能保持数据原貌的前提下，最大限度地精简数据量。类似数据集的压缩，数据归约通过维度或数据量的减少，来达到降低数据规模的目的。数据归约主要有下面两种方法。

1）维归约

维归约的目的是将高维数据集转换为低维表示，以减少数据集的维度并保留主要的信息。维归约有助于解决高维数据分析和处理中的问题，如维度灾难、计算复杂性和可视化困难等。维归约的代表方法有特征集选择、主成分分析、线性判别分析、非负矩阵分解与 t-SNE，下面对这几种方法进行简单介绍。

（1）特征集选择（Feature Set Selection，FSS）：在数据集中选择最相关和有价值的特征，丢弃不相关或冗余的特征，这样可以减少数据维度，同时保留有助于分析和预测的重要信息。

（2）主成分分析（Principal Component Analysis，PCA）：PCA 是一种常用的线性维归约方法，通过将高维数据映射到低维子空间，找到最能代表数据变化的主要特征。PCA 通过寻找数据集中的主成分（协方差最大的方向），将数据投影到这些主成分上，并按照重要性排序进行维归约。

（3）线性判别分析（Linear Discriminant Analysis，LDA）[11]：LDA 是一种监督学习的维归约方法，旨在找到能够最大程度区分不同类别的投影方向。通过将数据投影到这些判别方向上，可以实现维归约并保留类别之间的区分性能。

（4）非负矩阵分解（Non-negative Matrix Factorization，NMF）[12]：NMF 是一种非负约束的线性维归约方法，适用于非负数据的分析，它将高维矩阵分解为两个低维非负矩阵的乘积，以便减小数据集的维度。

（5）t-SNE（t-Distributed Stochastic Neighbor Embedding）[13]：t-SNE 是一种非线性维归约方法，用于可视化高维数据。t-SNE 基于数据之间的相似性，将高维数据映射到低维空间，并保持数据对象的局部关系。

2）数值归约

数值归约通过聚合、压缩或采样等技术，减少数值型数据集的数据点，以简化数据分析和处理过程。数值归约的目的是在保持数据的关键特征和趋势的前提下，减小数据的规模，提高计算效率，并降低存储需求。

常见的数值归约方法如下。

（1）聚合（Aggregation）：将数据按照一定的规则和组织方式进行汇总和压缩。例如，可以将时间序列数据按照小时或天进行聚合，计算每个时间段的均值、最大值或总和，从而减少数据点的数量。

（2）采样（Sampling）：从原始数据集中选择一部分样本，作为整体数据集的代表。采样方法有很多种，如随机采样、均匀采样、分层采样等。通过采样，可以减少数据点，同时保留数据的主要特征。

（3）插值（Interpolation）：在原始数据点之间进行插值计算，生成额外的数据点。插值可以帮助填补数据的缺失值和间隔，从而增加数据的密度和覆盖范围。

（4）压缩（Compression）：使用压缩算法对数据进行压缩，减少数据的存储空间。可以根据数据的特征和性质，选择适合的压缩算法，如 gzip、LZW、哈夫曼编码等。

数据归约的目的是在尽可能保留数据的有效信息和结构的前提下，减少数据集的大小或维度，这样可以提高数据处理和分析的效率，并降低存储和计算成本。但需要注意，数据归约可能会带来一定的信息损失，因此需要根据具体任务和需求进行权衡和选择。

2.4 数据集的构建

数据预处理完成后可以存入数据仓库，当需要使用算法对数据进行分析或训练时，需要将数据从数据仓库中取出，首先形成一个可以用于大数据分析的原始数据集，然后对原始数据集进行划分或重抽样，进而进行模型应用。本节对数据集的构建方法进行介绍。

2.4.1 数据集的划分

在机器学习算法中，通常将原始数据集划分为三个部分：训练集（Training Set）、验证集（Validation Set）和测试集（Test Set）。

在机器学习建模过程中，首先需要对原始数据集进行清洗、筛选、特征标记等处理工作，然后使用处理后的数据集来训练指定模型，并根据诊断情况来不断迭代训练模型，最后将训练调整好的模型应用到真实的场景中。为了使训练好的模型在真实场景中具有良好的预测效果，需要通过某一信号指标来评估模型的泛化误差（模型在真实场景中的误差），从而获得泛化能力更强的模型。由于在部署场景和训练模型之间不断重复会造成较高代价，因此不能直接将泛化误差作为评估模型泛化能力的指标，也不能使用模型对训练集的拟合程度来评估模型泛化能力。因此，通常需要将原始数据集划分为两个部分：训练集和测试集，从而先使用训练集上的数据来训练模型，再使用测试集上的误差近似模型在真实场景中的泛化误差。

那么为什么还需要验证集呢？在机器学习中，不仅需要不同模型之间进行训练效果的比较，还需要对模型本身进行评估和参数调整，这就需要从训练集中再次划分出验证集。综上可以看出，训练集是用于训练的样本集合，主要用于训练模型中的参数；验证集是验证模型性能的样本集合，主要用于超参数的调整；而测试集主要用于训练和验证完成的模型，来客观评估模型的性能。

训练集在建模过程中会被大量使用，验证集用于对模型进行少量偶尔的调整，而测试集只用于最终模型的评估，因此训练集、验证集和测试集所需的数据量是不一致的，在数据量不是特别大的情况下一般遵循 6:2:2 的划分比例。

2.4.2 重抽样方法

为了使模型"训练"效果能合理泛化至"测试"效果，从而推广应用至现实世界中，一般要求训练集、验证集和测试集的数据分布近似。但现实情况下三个数据集所用数据往往是不同的，其数据分布也可能存在差异，因此模型在训练集、验证集和测试集上所反映的预测效果可能存在差异。为了尽可能提高最终的预测效果，重抽样（Resampling）[14]是一个可行的方法。

1）验证集方法

把观测集合随机分成两个部分：训练集和验证集，模型首先在训练集上训练，然后用训练好的模型来预测验证集的观测，最后计算验证集的错误率。验证集方法的原理很简单，且易于执行。但验证集方法存在一些缺点：第一，错误率估计结果的波动经常很大，这取决于具体哪些观测被包括在训练集中，哪些观测被包含在验证集中；第二，验证集方法仅使用了全体数据的一部分（训练集）去训练模型，被训练的观测越少，统计方法的效果就越差，这意味着验证集错误率可能会高于在整个数据集上训练的错误率。读者需要注意与 2.4.1 节提到的

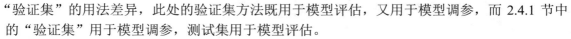

"验证集"的用法差异，此处的验证集方法既用于模型评估，又用于模型调参，而 2.4.1 节中的"验证集"用于模型调参，测试集用于模型评估。

2）交叉验证法

留一交叉验证（Leave-One-Out-Cross-Validation，LOOCV）将观测集合分为训练集和验证集，每次只将其中一个观测作为验证集，其余的观测均作为训练集。其步骤为：

第一步，假设全体样本集合为 $\{(x_1,y_1),(x_2,y_2),\cdots,(x_n,y_n)\}$，共 n 个样本，取其中的 (x_i,y_i) 样本为验证集，其他 $n-1$ 个样本为训练集；

第二步，首先将 $n-1$ 个样本用于模型训练，然后用训练的模型来预测 (x_i,y_i) 得到的响应变量，并计算均方误差 MSE_i；

第三步，将上述两步重复 n 次，计算测试误差的均值：$\mathrm{CV}_n=\dfrac{1}{n}\displaystyle\sum_{i=1}^{n}\mathrm{MSE}_i$。

与验证集方法相比，LOOCV 方法的偏差较小，因为它几乎使用了所有的样本去训练数据，所以这个方法提供了对于测试误差的一个渐进无偏估计，因此 LOOCV 方法比验证集方法更不容易高估错误率。由于 LOOCV 方法对训练集和验证集的划分不存在随机性，所以反复运用 LOOCV 方法总会得到相同的结果。但是 LOOCV 方法的计算量可能很大，因为模型需要被训练 n 次，如果 n 很大或模型训练起来很慢的话，那么这种方法会很耗时。

K 折交叉验证（K-Fold CV）是 LOOCV 方法的一种替代。K 折交叉验证的步骤为：

第一步，将观测集合随机分成 K 个大小基本一样的组（折），将第一折作为验证集，其余 $K-1$ 折作为训练集来训练模型；

第二步，使用验证集计算均方误差 MSE_i；

第三步，将上述两步重复 K 次，对 K 个均方误差取均值：$\mathrm{CV}_K=\dfrac{1}{K}\displaystyle\sum_{i=1}^{K}\mathrm{MSE}_i$。

在实践中，K 一般取 5 或 10。与 LOOCV 方法相比，K 折交叉验证方法计算更为方便，模型训练 5 次或 10 次即可完成，因此可行性更高。

3）自助法

自助法（Bootstrap）是 Efron 在 1979 年提出的一种重抽样方法，是统计学上一种广泛使用且非常强大的方法，可以用于衡量一个指定的估计量或统计方法中不确定的因素。自助法的基本原理是，对已有观测数据进行重抽样得到不同的样本，对每个样本进行估计，进而对总体的分布特征进行统计推断。所谓重抽样，就是指有放回抽样，即一个观测数据有可能被重复抽取多次。

本质上自助法就是将一次的估计过程重复成千上万次，从而得到成千上万个估计值，利用重复多次得到的估计值，就可以估计其均值、标准差、中位数等，尤其当有些估计量的理论分布很难证明时，可以利用自助法进行估计。

自助法的操作步骤（见图 2-6）为：

第一步，从原始数据集中选择 n 个观测数据，选择的过程是有放回抽样，产生一个自助法数据集 Z_1^*（同一个 Z_1^* 中可能存在相同的观测数据）；

第二步，重复第一步产生 B 个 Z_i^*；

第三步，在每个数据集上训练模型，得到 $\hat{\theta}_i$，进而计算其均值和方差。

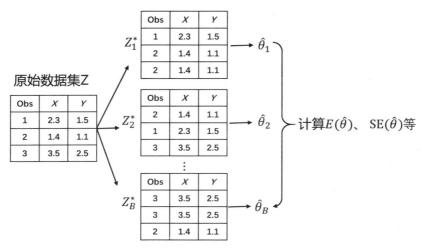

图 2-6　自助法的操作步骤

自助法在数据集较小、难以有效划分训练集和测试集时很有用。此外，自助法能从初始数据集中产生多个不同的训练集，这对集成学习等有很大的好处，该方法也常常用于非平衡数据的处理[15]，如套袋法（Bagging）。自助法产生的数据集改变了原始数据集的分布，这会导致估计偏差，因此在原始数据集足够大时，验证集方法和交叉验证法更加常用。

思考题

1．什么是 ETL？ETL 的主要流程是什么？
2．网络爬虫的工作原理是什么？试结合 Python 爬虫程序分析实现过程。
3．数据清洗中缺失数据和噪声数据如何处理？试举例说明。
4．什么是数据转换？数据转换包含哪几类？试举例说明数据转换的操作过程。
5．机器学习中数据集划分为几类？各类数据集的作用是什么？
6．K 折交叉验证的原理是什么？

本章参考文献

[1] 王雪迎. Hadoop 构建数据仓库实践[M]. 北京：清华大学出版社，2017.

[2] MUDDASIR N M, RAGHUVEER K. Study of methods to achieve near real time ETL[C]. 2017 International Conference on Current Trends in Computer, Electrical, Electronics and Communication(CTCEEC), 2017: 436-441.

[3] SANTOS W D，CARVALHO L F M，AVELAR G D P, et al. Lemonade: a scalable and efficient Spark-based platform for data analytics[C]. 2017 17th IEEE/ACM International Symposium on Cluster, Cloud and Grid Computing(CCGRID), 2017:745-748.

[4] DIOUF P S, BOLY A, NDIAYE S. Variety of data in the ETL processes in the cloud: State of the art[C]. 2018 IEEE International Conference on Innovative Research and Develop-ment(ICIRD), 2018: 1-5.

[5] EDWARDS J, MCCURLEY K, TOMLIN J. An adaptive model for optimizing performance of an incremental Web crawler[C]. Proc. of the 10th Int'l Conf. on World Wide Web, New York: ACM Press, 2001: 106-113.

[6] YAN HF, WANG JY, LI XM, et al. Architectural design and evaluation of an efficient Web-crawling system[J]. Journal of Systems and Software, 2002,60(3):185-193.

[7] 曾伟辉，李淼. 深层网络爬虫研究综述[J]. 计算机系统应用，2008(05): 122-126.

[8] DUIN R P, PEKALSKA E. The science of pattern recognition: achievements and perspectives[M]. Berlin: Springer, 2007.

[9] BILENKO M, MOONEY R. Learning to combine trained distance metrics for duplicate detection in database[R]. Tech. report, Artificial Intelligence Laboratory: Univ. Texas at Austin, 2002.

[10] INMON W H. Building The Data Warehouse [M]. 4th ed. New Jersey: Wiley publishing, 2005.

[11] 李道红. 线性判别分析新方法研究及其应用[D]. 南京：南京航空航天大学，2005.

[12] LEE D D, SEUNG H S. Learning the parts of objects by non-negative matrix factorization[J]. Nature, 1999, 401(6755): 788-791.

[13] VAN DER MAATEN L, HINTON G. Visualizing data using t-SNE[J]. Journal of Machine Learning Research, 2008, 9(11): 2579-2605.

[14] 方匡南. 数据科学[M]. 北京：电子工业出版社，2018.

[15] 刘树栋，张可. 类别不均衡学习中的抽样策略研究[J]. 计算机工程与应用，2019，55(21):1-17.

第 3 章　回归分析

回归分析是一种预测性的建模分析技术，它通过样本数据学习目标变量与自变量之间的因果关系，建立数学表示模型。基于新的自变量，模型可以用来预测相应的目标变量。本章针对回归分析的概念、线性回归、非线性回归、分位数回归进行介绍。

3.1　回归分析概述

回归分析是在众多的相关变量中根据实际问题考察其中一个或多个目标变量（因变量）与其影响因素（自变量）之间相互依赖的定量关系的一种方法。通常事物的特征可用多个变量进行描述。例如，能源消费量 Y 受经济、人口和科技发展等因素影响，这些因素包括 GDP 指标 X_1、人口规模 X_2、科技投入指标 X_3 等。当对这一问题进行回归分析时，将能源消费量 Y 称为因变量（或目标变量），$X_1, X_2, \cdots, X_n$ 称为自变量，n 为自变量的维度，回归分析的目标是利用历史数据找出函数表示它们之间的关系，以预测未来能源消费量的情况。在大数据分析中，习惯上将这些自变量称为特征（Feature），因变量则称为标签（Label）。

回归分析的公式可以表示为：

$$Y = f(X_1, X_2, \cdots, X_n) \tag{3-1}$$

式中，Y 表示因变量；$X_1, X_2, \cdots, X_n$ 表示自变量。

如果只需考察一个因变量与其余多个自变量之间的相互依赖关系，则称为一元回归问题。若要同时考察多个因变量与多个自变量之间的相互依赖关系，则称为多因变量的多元回归问题。

回归分析的基本过程分为以下三个步骤。

第一步，数学建模：基于自变量 X 和因变量 Y 的观测数据，进行数学建模，构建回归模型。其中，回归模型中可能存在一定的数学假设。

第二步，模型求解：回归模型中可能包含未知参数，可以通过参数估计的方式（参数回归模型）求得未知参数的具体值，确定回归模型表达式。

第三步，模型评估：通过指标评估回归模型，并检验回归模型的相关假设。

回归分析的分类标准多样，按照不同的分类标准，可以分成不同的种类。按照涉及自变量的数量，回归分析可以分为一元回归分析和多元回归分析，只有一个自变量的称为一元回归分析（又称简单回归分析），有两个或两个以上自变量的称为多元回归分析（又称复回归分析）。按照涉及因变量的数量，回归分析可以分为简单回归分析和多重回归分析。按照自变量和因变量之间的关系类型，回归分析可以分为线性回归分析和非线性回归分析。

如果因变量是名义变量或有序变量，则无论它取两个离散值还是两个以上离散值（自变量可以是定性和定量的），都可选用 Logistic 回归分析。Logistic 回归分析一般划归到分类分析类别，本书在第 4 章进行专门介绍。传统的线性回归模型描述了因变量的条件分布受到自变量影响的过程，它实际上需要研究因变量的条件期望（均值），有时候也需要研究自变量与因变量分布的分位数呈何种关系，这样能够更加全面地描述因变量条件分布的全貌，此时可以使用分位数回归分析。分位数回归分析将在 3.4 节进行重点介绍。

3.2 线性回归

在统计学中，线性回归（Linear Regression）是利用称为线性回归方程的最小平方函数对一个或多个因变量和自变量之间关系进行建模的一种回归分析方法，这种函数是一个或多个被称为回归系数的模型参数的线性组合。在回归分析中，如果只包括一个自变量和一个因变量，且二者的关系可用一条直线近似表示，则这种回归分析称为一元线性回归分析。如果回归分析中包括两个或两个以上的自变量，且因变量和自变量之间是线性关系，则这种回归分析称为多元线性回归分析。

线性回归分析是一种统计分析方法，用于了解两个变量之间的相关性，以及一个变量随另一个变量变化的趋势。它可以用来预测未来变量和洞察变量之间的关系以改进预测结果，或者研究决策方面的相关因素。尽管线性回归分析是一种有力的工具，但它也有一些特定的前提。首先，线性回归分析假定变量之间存在线性关系，如果变量之间存在非线性关系，则可能得出不准确的结论；其次，线性回归分析要求至少有两个独立的变量，一个被视为解释变量（也就是因变量），一个被视为预测变量（也就是自变量）。在许多情况下，在进行分析时还需要对数据进行转换，以确保它们符合正态分布，以改善结果的可靠性；再次，变量之间不应存在多重共线性，因为这可能会使模型变得无效；最后，数据应该是无偏的，因为线性回归分析在估计时假定数据满足无偏性。如果数据是有偏的，则估计值可能不准确。

一般地，线性模型（General Linear Models，GLM）并不是一个具体的模型，而是多种统计模型的统称，其中包含线性回归模型、方差分析模型等。线性模型可以表示为：

$$Y = XB + \varepsilon \tag{3-2}$$

式中，Y 是一个因变量的观测矩阵；X 是一个自变量的观测矩阵；B 是待估计的参数矩阵；ε 是误差矩阵或随机扰动项，又叫噪声（Noise）。

一元线性回归模型可以写为：

$$y = \beta_0 + \beta x + \varepsilon \tag{3-3}$$

多元线性回归模型又称多重线性回归模型。其数学模型可以写为：

$$y = \beta_0 + \beta_1 x_1 + \cdots + \beta_n x_n + \varepsilon \tag{3-4}$$

线性回归模型需要假设因变量关于自变量的条件期望存在线性关系，即：

$$E(Y \mid X = x) = f(x) = \beta_0 + \beta x \tag{3-5}$$

假设中的 β_0 和 β 是未知的，称为回归系数。为了检验这个假设，需要利用样本数据估计出 β_0 和 β，将它们的估计值记为 $\hat{\beta}_0$ 和 $\hat{\beta}$，由此得出的相应因变量 y 的估计值为 $\hat{y}$，这样式（3-5）就变为：

$$\hat{y} = \hat{\beta}_0 + \hat{\beta} x \tag{3-6}$$

推广到多元线性回归模型，式（3-6）就变为：

$$\hat{y} = \hat{\beta}_0 + \hat{\beta}_1 x_1 + \hat{\beta}_2 x_2 + \cdots + \hat{\beta}_n x_n \tag{3-7}$$

式（3-6）和式（3-7）称为经验回归方程，这是对真实的、不可观测的式（3-3）和式（3-4）的估计。

对于随机扰动项 $\varepsilon = (\varepsilon_1, \varepsilon_2, \cdots, \varepsilon_n)$ 来说，需要满足零均值、等方差、无自相关假设，表示为：

$$\begin{cases} E(\varepsilon_i) = 0 \\ \text{Cov}(\varepsilon_i, \varepsilon_j) = \begin{cases} \text{Var}(\varepsilon_i) = \sigma^2 & i = j \\ 0 & i \neq j \end{cases} \end{cases} \tag{3-8}$$

统计学中估计回归系数的一种方法是最小二乘法（Least Square Method），为了与广义最小二乘法相区别，也称之为普通最小二乘法（Ordinary Least Square，OLS）。如果回归方程对样本拟合得较好，能较好地反映客观规律，那么真实值和回归值的"距离"会较小。真实值和回归值的"距离"可以采用误差平方和表示。

机器学习中使用线性回归模型进行预测时，需要使得理论值与观测值之差（误差，或者说残差）的平方和达到最小，这个误差称为均方误差（Mean Square Error，MSE），表示为：

$$E = \sum_{i=1}^{n} e_i^2 = \sum_{i=1}^{n} (y_i - \hat{y}_i)^2 \tag{3-9}$$

式中，y_i 是因变量观测值的样本；$\hat{y}_i$ 是预测值。

均方误差是反映估计量与被估计量之间差异程度的一种度量，在机器学习中称为损失函数（Loss Function）。机器学习中通过不断迭代使得均方误差不断降低，从而逼近最优解。

3.3 非线性回归

如果回归模型的因变量是自变量一次函数之外的其他形式，则称为非线性回归，这类模型称为非线性回归模型。在许多实际问题中，回归函数往往不是线性函数，而是较复杂的非线性函数，因而不能用线性回归模型来描述因变量与自变量之间的相关关系，而要采用适当的非线性回归模型。

非线性回归模型具有广义和狭义之分。广义的非线性回归模型有两种情形：其一，经过适当的变量变换后，模型可以转变为线性回归模型，这种情形称为非纯非线性回归模型；其二，无论如何进行变量变换，模型都无法转变为线性回归模型，这种情形称为纯非线性回归模型。狭义的线性回归模型与非纯非线性回归模型，统称为广义的线性回归模型，纯非线性回归模型则称为狭义的非线性回归模型[1]。

非线性回归问题大多数可以转变为线性回归问题来求解，也就是通过对非线性回归模型进行适当的变量变换，使其转变为线性回归模型来求解。

一般采用的步骤为：

第一步，确定变量，绘制散点图；

第二步，根据经验或绘制的散点图，选择适当的非线性回归方程（拟合函数）；

第三步，变量变换，通过变量变换，把非线性回归问题转变为线性回归问题，并求出线性回归方程；

第四步，用线性回归分析中采用的方法来确定各回归系数的值；

第五步，对各回归系数进行显著性检验或绘制残差图，判断拟合效果；

第六步，回溯变量变换，写出非线性回归方程。

例如，全球煤炭消费量随时间的变化并不是线性的，因此若选取日期作为自变量，则不适合使用线性回归模型，非线性回归模型更为适用。全球煤炭消费量随时间的变化曲线拟合如图 3-1 所示。

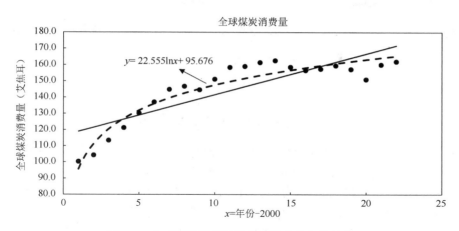

图 3-1　全球煤炭消费量随时间的变化曲线拟合

非线性回归模型较为复杂，有些可以转变为线性回归模型，有些则无法转变，本节介绍几种常见的可转变为线性回归模型的非线性回归模型[2]。

1）多项式模型

多项式模型在非线性回归分析中占有重要的地位。根据级数展开的原理，任何曲线、曲面、超曲面的问题在一定的范围内都能够用多项式任意逼近，所以，当因变量与自变量之间的确定关系未知时，可以使用适当幂次的多项式来近似。

当所涉及的自变量只有一个时，所采用的多项式称为一元多项式，其一般形式为：

$$y = \beta_0 + \beta_1 x + \beta_2 x^2 + \cdots + \beta_k x^k \qquad (3\text{-}10)$$

多项式模型可以转变为线性回归模型，并利用最小二乘法确定系数。并不是所有的非线性回归模型都可以通过变换得到与原模型完全等价的线性回归模型。在遇到这种情况时，还需要利用其他一些方法，如泰勒级数展开法等进行估计。

2）幂函数模型

幂函数模型为：

$$y = \beta_0 x_1^{\beta_1} x_2^{\beta_2} \cdots x_k^{\beta_k} \qquad (3\text{-}11)$$

令 $y' = \ln y$，$\beta_0' = \ln \beta_0$，$x_1' = \ln x_1$，$x_2' = \ln x_2$，$x_k' = \ln x_k$，则幂函数模型可以转变为线性回归模型：

$$y' = \beta_0' + \beta_1 x_1' + \beta_2 x_2' + \cdots + \beta_k x_k' \qquad (3\text{-}12)$$

3）指数函数模型

指数函数用于描述几何级数递增或递减的现象，一般的自然增长及大多数经济数列属于此类。指数函数模型为：

$$y = \beta_0 e^{\beta_1 x} \qquad (3\text{-}13)$$

令 $y' = \ln y$，$\beta_0' = \ln \beta_0$，$x' = x$，指数函数模型同样可以转变为线性回归模型。

4）对数函数模型

对数函数是指数函数的反函数，对数函数模型为：

$$y = \beta_0 + \beta_1 \ln x \qquad (3\text{-}14)$$

令 $y' = y$，$x' = \ln x$，对数函数模型可以转变为线性回归模型。

5）双曲线模型

若因变量 y 随自变量 x 的增加（或减少），最初增加（或减少）很快，以后逐渐放慢并趋于稳定，则可以选用双曲线模型来拟合。双曲线模型为：

$$\frac{1}{y} = \beta_0 + \beta_1 \frac{1}{x} \tag{3-15}$$

令 $y' = \frac{1}{y}$，$x' = \frac{1}{x}$，双曲线模型可以转变为线性回归模型。

上述模型都是可转变为线性回归模型的非线性回归模型，模型结构是固定的，因此可以称为固定模式的非线性回归模型。现实中有些模型较为复杂，无法转变为线性回归模型进行处理，或者模型中的自变量不确定，这种可以称为非固定模式的非线性回归模型。对于不可转变为线性回归模型的模型，通常利用泰勒级数展开法进行展开，并采用数值迭代法进行训练。总体而言，对于实际中遇到的非线性回归模型，需要先利用线性化转变或泰勒级数展开法等线性化手段，再基于最小二乘法进行解决，其实际应用中的收敛效果和速度都较为理想。非线性回归模型的关键点是如何确定曲线类型，以及如何线性化。确定曲线类型一般根据专业知识，从理论推导或经验推测，对于维数较低的（小于 3 维），则可以通过绘制观测点图直接确定曲线大致类型。

非固定模式的非线性回归分析有较多应用领域，它是调查研究、临床试验研究中应用频率很高的分析方法，包括二值结果变量、多值有序结果变量、多值名义结果变量等定性资料的单水平非线性回归分析等。这些定性资料往往包含较多的原因变量，而研究者期望建立一个拟合优度好、预测精度高及精简程度较好的回归模型，从而发现真实的影响因素，并为后续的深入研究节省大量的样本。为实现这一目的，就需要在建模过程中，对原因变量进行筛选，仅保留那些对结果变量确实有影响的原因变量。当前，应用较多的原因变量筛选方法是前进法、后退法和逐步筛选法等，尤以逐步筛选法应用较多。

非线性回归模型在各个领域都有广泛的应用，如药代动力学、生物化学、人口变化、经济发展等领域。其在能源领域也应用较广。例如，段树乔等[3]使用非线性回归模型研究了我国电力需求问题，发现我国从 1995 年以来 GDP 和全社会用电量时序统计结果具有明显的非线性变化特征；何保等[4]运用多元非线性回归模型对露天煤矿涌水量进行预测；Sriwijaya 和 Fathaddin[5]使用非线性回归分析对地热井充气钻井的穿透率进行预测。

3.4　分位数回归

线性回归最基本的假设是残差满足正态分布、独立性、同方差性，现实中这些条件常常得不到满足。如果样本数据中存在异常值或极端值，则线性回归模型估计值可能会存在较大偏差。有时候我们不仅希望研究被解释变量 Y 的期望，还希望能探索被解释变量的全局分布（如被解释变量的某个分位数），这时候就需要使用分位数回归。

针对样本数据的"异质性"特征，常用做法是根据数据特征进行"分组回归"，但这样的做法会导致"样本数据的损失"。为此，Koenker 和 Bassett（1978 年）提出了分位数回归（Quantile Regression，QR）。分位数也称分位点，是指将一个随机变量的概率分布范围分为几个等份的数值点，常用的有中位数（二分位数）、四分位数（25%、50% 和 75%）等。分位数回归是估计一组解释变量 X 与被解释变量 Y 的分位数之间线性关系的建模方法，其原理是将数据按被解释变量拆分成多个分位数，研究不同分位数情况下的回归影响关系。

分位数回归的优点如下。

（1）能够更加全面地描述被解释变量条件分布的全貌，而不是仅仅分析被解释变量的条件期望（均值），也可以分析解释变量如何影响被解释变量的分位数。不同分位数下的回归系数估计量常常不同，即解释变量对不同水平被解释变量的影响不同。

（2）分位数回归的估计方法与最小二乘法相比，估计结果对离群值表现得更加稳健，而且分位数回归对误差项并不要求很强的假设条件，因此对于非正态分布而言，分位数回归系数估计量更加稳健。

图 3-2 所示为分位数回归示例，其中的数据来自 Python 程序包 statsmodel 中的案例数据。因变量是食物支出，自变量是家庭收入，对该数据同时进行最小二乘法（OLS）回归和分位数回归可以得到图 3-2 中的回归线。从图 3-2 可以看出，食物支出随家庭收入的增加而增加，食物支出的分布随家庭收入的增加变得越来越宽（高分位数和低分位数之间的间隔越来越大），存在典型的异方差，因此比较适合分位数回归。分位数回归线和 OLS 回归线相比可以看出，OLS 回归线处于很多低收入观测点之上，说明 OLS 回归对低收入观测点的拟合度较差。分位数回归的结果说明，在食物支出分布的不同位置（不同分位数），家庭收入对其影响是不同的。OLS 回归中假设家庭收入对食物支出的影响在整个分布上是恒定的，但是分位数回归正好得到不同的结论。显然，分位数回归提供了家庭收入和食物支出之间更为丰富的关系。

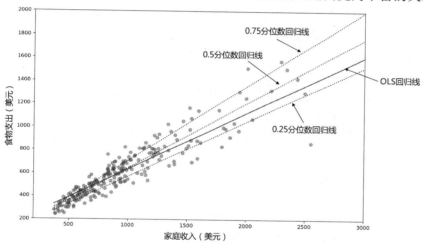

图 3-2　分位数回归示例

下面对分位数回归的估计方法[6]进行介绍。

如果一组数据由小到大排列后，q 分位数为 m，则表示该组数据中有 $100 \times q\%$ 的数据小于 m。所谓的 q 分位数回归，就是希望拟合线下面含有 $100 \times q\%$ 的数据点，如 0.25 分位数回归线下面含有 25% 的数据点。因此，系列分位数回归并不是像线性回归那样拟合一条曲线，而是可以拟合一簇曲线。不同分位数的回归系数不同，则说明解释变量对不同水平的被解释变量影响不同，可以由此获得解释变量对被解释变量分位数变化趋势的影响。

假设条件分布 $y \mid x$ 的总体 q 分位数 $y_q(x)$ 是 x 的线性函数，即：

$$y_q(x_i) = x_i' \beta_q \qquad (3\text{-}16)$$

式中，β_q 是 q 分位数的回归系数，其估计量 $\hat{\beta}_q$ 可以由以下最小化问题来定义：

$$\hat{\beta}_q = \underset{\beta_q}{\arg\min} \sum_{i:y_i \geq x_i'\beta_q}^{n} q\left|y_i - x_i'\beta_q\right| + \sum_{i:y_i < x_i'\beta_q}^{n} (1-q)\left|y_i - x_i'\beta_q\right| \qquad (3\text{-}17)$$

作为最小化问题的目标函数，式（3-17）在机器学习中称为分位数回归的损失函数，如何理解这个损失函数呢？这个损失函数是一个分段函数，将 $x_i'\beta_q > y_i$（高估）和 $x_i'\beta_q < y_i$（低估）两种情况分开，并分别给予不同的系数。当 $q > 0.5$ 时，低估的损失比高估的损失大，反之，当 $q < 0.5$ 时，高估的损失比低估的损失大。分位数损失实现了分别用不同的系数控制高估和低估的损失，进而实现分位数回归。特别地，当 $q = 0.5$ 时，分位数损失退化为 MAE 损失，从这里可以看出 MAE 损失实际上是分位数损失的一个特例——中位数损失。

如果 $q = 0.5$，则为中位数回归，此时，目标函数可以简化为：

$$\min_{\beta_q} \sum_{i=1}^{n} \left|y_i - x_i'\beta_q\right| \qquad (3\text{-}18)$$

中位数回归常被称为最小绝对离差估计量（Least Absolute Deviations Estimator，LAD）回归，它比条件均值回归更不易受到极端值等异常项的影响，也更加稳健。与条件均值模型相比，中位数回归模型具有无法比拟的优势。

在上述估计方法中，参数求解一般采用单纯形算法[7]、内点算法[8]和平滑算法[9]等。单纯形算法估计出来的参数具有很好的稳定性，但是在处理大型数据时运算速度会显著降低；内点算法对于那些具有大量观测值和少量变量的数据集运算效率很高；平滑算法理论上比较简单，适合处理具有大量观测值及很多变量的数据集。

随着协变量的变化，分位数回归模型更加强调条件分位数的变化。由于所有分位数都是可用的，所以对任何预先决定的分布位置进行建模都是可能的。因此，可以对分布的任意非中心位置进行建模，可选的研究问题变得更加广泛。目前，分位数回归已经获得了巨大的发展，不仅可以进行简单的横截面数据估计，还可以进行面板模型数据估计[10]、计数模型估计[11]、工具变量估计[12]等。

思考题

1．最小二乘法对线性回归方程参数进行估计的原理是什么？请给出推理过程。

2．利用全球煤炭消费量数据，参考文中介绍的方法，尝试使用其他的非线性回归模型进行拟合，并对比分析拟合结果。

3．非线性回归问题大多数可以转变为线性回归问题来求解，具体步骤是什么？

4．什么是分位数回归？分位数回归估计方法的原理是什么？

5．如何用 Python 语言实现分位数回归？请结合具体例子进行编程。

本章参考文献

[1] 高辉. 几类常用非线性回归分析中最优模型的构建与 SAS 智能化实现[D]. 北京：中国人民解放军军事医学科学院，2012.

[2] 谢蕾蕾，宋志刚，何旭洪. SPSS 统计分析实用教程[M]. 2 版. 北京：人民邮电出版社，2013.

[3] 段树乔，潘艳，徐德生. 基于非线性回归模型的中国电力需求、资源、环境分析[J]. 数学的实践与认识，2016，46(19): 1-8.

[4] 何保，李振南，赵世杰. 基于多元非线性回归分析的露天煤矿涌水量预测[J]. 煤炭科学技术，2018，46(05): 125-129.

[5] SRIWIJAYA S A , FATHADDIN M T. Non-linear regression approach to ROP predicted in Geothermal well aerated-drilling at Field X, South Sumatera, Indonesia[C]. IOP Conference Series: Materials Science and Engineering, 2021, 1098(6):062017 (4pp).

[6] 陈强. 高级计量经济学及 Stata 应用[M]. 2 版. 北京：高等教育出版社，2014.

[7]KOENKER R, D'OREY V. Computing regression quantiles[J]. Applied Statistics, 1987, 36: 383-393.

[8] PORTNOY S, KOENKER R. The Gaussian Hare and the Laplacian Tortoise: Computability of squared-error versus absolute-error estimators, with discussion[J]. Statistics Science, 1997, 12: 279-300.

[9] CHEN C. A finite smoothing algorithm for quantile regression[J]. Journal of Computational and Graphical Statistics, 2007, 16(1): 136-164.

[10] KOENKER R. Quantile regression for longitudinal data[J]. Journal of multivariate analysis, 2004, 91(1): 74-89.

[11] IRZ X, THIRTLE C. Dual technological development in Botswana agriculture: A stochastic input distance function approach[J]. Journal of Agricultural Economics, 2004, 55(3): 455-478.

[12] CHERNOZHUKOV V, HANSEN C. Instrumental quantile regression inference for structural and treatment effect models[J]. Journal of Econometrics, 2006, 132(2): 491-525.

第4章   分类分析

分类是大数据分析的主要方法，分类要解决的问题是如何利用训练集获得分类函数或分类模型（分类器）。分类模型能很好地拟合训练集中特征与类别之间的关系，也可以预测一个新数据属于哪一类。分类和回归都属于预测建模，分类用于预测可分类特征或变量，而回归用于预测连续的特征取值。本章主要介绍贝叶斯分类、Logistic 回归、KNN、支持向量机、决策树和集成学习等分类算法。

4.1   分类分析概述

分类问题的目标是构建一个模型，通过学习训练集中不同类别之间的特征差异，来预测未知数据点的类别标签。在分类问题中，训练集由一组已知类别标签的数据组成，这些类别标签对于定义"组"的结构至关重要，它们在特定应用程序的上下文中通常具有明确的语义解释，如可以代表一组对特定产品感兴趣的客户，或者一组具有特定特征的数据对象。

在分类问题中，我们使用训练集来训练一个分类模型，也称为分类器。这个训练模型可以根据学习到的模式和规律，对以前未见过的测试数据点预测出正确的类别标签。因此，测试集由一组以前未见过的需要分类的数据点组成。与聚类问题不同，分类问题更加具有指导性，因为在训练集中已经知道了类别标签，从而可以更好地指导模型学习数据之间的关系。而在聚类问题中，需要发现数据点之间的相似性结构，无须提供类别标签的指导。聚类分析将在第 5 章进行介绍。

大多数分类算法通常有以下两个阶段。

（1）训练阶段。在此阶段，根据训练集构建训练模型。在这个阶段，算法使用训练集中的已知类别标签和对应的特征数据，通过学习数据之间的模式和规律，建立一个概括数学模型。这个模型将帮助我们理解不同类别之间的特征差异，从而在测试阶段能够对未知数据点进行分类预测。

（2）测试阶段。在此阶段，将训练好的模型用于测试集进行分类。测试集包含了以前未见过的数据点，它们的类别标签是未知的。通过将测试数据点输入训练好的模型中，可以得到它们的类别标签预测结果。这个阶段是分类算法的实际应用阶段，用于预测新数据点的类别标签，并评估分类模型的性能。

假设有一个训练集 D，其中包含 n 个数据点和 d 个特征（或维度）。每个数据点都归属于一个从 $\{1,2,\cdots,k\}$ 中提取的类别标签，其中 k 是类别标签的数量。在一些模型中，为了简单起见，将类别标签设定为二进制形式（$k=2$），通常用 $\{-1,+1\}$ 表示。而在其他情况下，可以设定类别标签为 $\{0,1\}$，这在符号设置上更为方便。根据不同的分类模型和问题，可以采用这些设定中的任何一种。

分类的目标是根据训练集 D 构建训练模型，用于预测未知的测试数据点的类别标签。分类算法的输出可以是以下两种类型之一。

（1）标签预测：在这种情况下，对每个测试数据点进行类别标签的预测。将测试数据点输入训练好的模型中，得到对应的类别标签。

（2）数值评分：在大多数情况下，算法会为每个"实例—标签"组合分配一个数值分数，来测量实例属于特定类别的倾向。通过使用最大值或不同类别的数值分数的成本加权最大值，可以将该分数转换为预测标签。数值分数在某个类别非常罕见的情况下特别有用，并且数值分数提供了一种方法，来确定属于该类别的排名最高的候选者。

解决分类问题需要一系列处理流程，首先需要将原始数据进行收集、清洗和转换为标准格式。数据可能存储在商业数据库系统中，并需要通过使用分析方法进行最终处理。实际上，尽管数据挖掘经常让人联想到分析算法的概念，但事实是绝大多数工作都与数据准备部分的流程有关。这包括数据的预处理、特征工程和选择适当的算法等步骤，这些都是构建有效的分类模型的关键。分类分析的应用流程如图 4-1 所示。

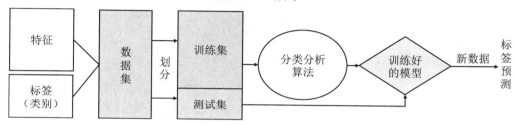

图 4-1　分类分析的应用流程

当训练集较小时，分类模型的性能有时会较差。这是因为在小规模的训练集中，模型容易过拟合。过拟合是指模型过度学习了训练集中的噪声或随机特征，导致其在训练数据上表现很好，但在以前未见过的测试数据上表现较差，无法很好地推广到新数据上。具体来说，当模型过拟合时，它会记住训练集中每个实例的具体特征和标签之间的关系，而不是学习一般性的模式。这可能会导致模型在新的、未见过的数据上做出错误的预测，因为它过于依赖训练集中的个别特征和噪声。

为了解决过拟合问题，可以采取一些方法，如增大训练集的规模、使用正则化技术来限制模型的复杂度，或者进行特征选择和特征提取来减少数据中的噪声和冗余信息。

在数据分类中，已经设计了各种模型来解决不同的问题。其中有一些著名的分类算法，包括贝叶斯分类、Logistic 回归（二分类）、KNN、支持向量机、决策树等。神经网络是近年来应用非常广泛的分类模型，神经网络的相关知识将在第 6 章进行介绍。

分类分析的广泛应用使其成为数据分析和决策领域中不可或缺的工具。通过构建有效的分类模型，可以从数据中提取有用的信息，并用于各种实际应用。下面简单列举几个分类分析的应用例子。

（1）文档分类和过滤：许多应用程序需要对文档进行实时分类，如新闻专线服务，分类分析用于组织门户网站中特定主题下的文档。特征对应于文档中的单词，而类别标签对应于不同主题，如政治、体育等。

（2）多媒体数据分析：在多媒体数据分析中，通常需要对大量的多媒体数据（如照片、视频、音频等）进行分类。通过训练示例，可以确定特定多媒体数据是否描述了特定活动。这种问题可以建模为二分类问题，其中类别标签对应于特定活动的发生或不发生。

（3）客户目标营销：在这种情况下，组（或标签）对应于客户对特定产品的兴趣。通过先前购买行为的训练示例，企业可以了解已知人口统计概况但未知购买行为的客户，是否可能对特定产品感兴趣。

（4）医疗疾病管理：数据挖掘方法在医学研究中的使用越来越受到关注，通过从患者的医学测试和治疗中提取特征，可以建立一个模型来预测治疗效果，这种分类方法有助于医疗决策和治疗规划。

4.2 贝叶斯分类

贝叶斯分类是一种基于贝叶斯定理的分类方法，它在概率统计中广泛应用。贝叶斯定理可以在给定一组随机变量（特征变量）的已知观测值的基础上，量化随机变量（类别变量）的条件概率。贝叶斯定理在分类问题中特别有用，可以帮助人们计算后验概率，即在已知观测值的情况下，计算某个事件发生的概率。

4.2.1 贝叶斯分类的原理

下面举一个例子来解释贝叶斯定理。某慈善组织进行募捐活动。根据历史数据，所有参与募捐活动的人群中年龄大于 50 岁的人占 6/11，全部年龄段的整体募捐成功率为 3/11，而在捐赠成功的个人中，年龄大于 50 岁的人占 5/6。请问，在已知年龄大于 50 岁的情况下，一个人会捐赠的概率是多少？

在这个例子中，可以定义事件 E 表示个人的年龄大于 50 岁，事件 D 表示个人是捐赠者。目标是计算后验概率 $P(D|E)$，即在已知年龄大于 50 岁的情况下，个人捐赠的概率。

根据贝叶斯定理，后验概率表示为：

$$P(D|E) = \frac{P(E|D)P(D)}{P(E)} \tag{4-1}$$

式中，$P(E|D)$ 是已知是捐赠者的情况下个人年龄大于 50 岁的概率；$P(D)$ 是个人是捐赠者的先验概率（在观察年龄之前的概率）；$P(E)$ 是年龄大于 50 岁的先验概率。

由前面给出的信息可以得到：个人是捐赠者的先验概率 $P(D) = 3/11$，已知是捐赠者的情况下个人年龄大于 50 岁的概率 $P(E|D) = 5/6$，年龄大于 50 岁的先验概率 $P(E) = 6/11$。将这些值代入式（4-1），可以计算出后验概率 $P(D|E)$，即在已知年龄大于 50 岁的情况下，个人捐赠的概率为：

$$P(D|E) = \frac{(5/6) \times (3/11)}{6/11} = 5/12 \tag{4-2}$$

在一维训练数据中，如果只有年龄和类别变量，并且这些类别变量可以直接从训练数据的单个特征中预测出来，那么使用贝叶斯定理可能并不是必要的。因为在这种情况下，可以直接从训练数据中计算后验概率 $P(D|E)$，而不需要使用贝叶斯定理。

然而，当涉及多个特征变量的组合时，贝叶斯定理的间接路线是十分有效的。在通常情况下，条件事件 E 对应于 d 个不同特征变量的约束组合，而不是单个特征变量，这使得后验概率 $P(D|E)$ 的直接估计变得困难。这时，使用朴素贝叶斯近似的乘积式来进行估计会更加方便。在朴素贝叶斯分类中，假设所有特征变量在给定类别条件下是独立的，从而简化了概率的估计过程。这使得可以使用训练数据中的频率直接估计概率，而不受维度增加的问题困扰。

因此，在多维特征变量的情况下，贝叶斯定理的直接估计会面临数据稀疏的问题，而朴素贝叶斯近似的乘积式估计更加方便且可靠，因为它简化了概率估计的过程。

在假设所有特征变量都是分类变量的情况下，一个随机变量 C，表示具有 d 维特征值 $\mathbf{X} = (a_1, a_2, \cdots, a_d)^{\mathrm{T}}$ 的未知类别的测试实例。目标是估计条件概率 $P\left(C = c \mid \mathbf{X} = (a_1, a_2, \cdots, a_d)^{\mathrm{T}}\right)$，即在给定特征值 $(a_1, a_2, \cdots, a_d)^{\mathrm{T}}$ 的情况下，测试实例属于类别 c 的概率。

$\mathbf{X}$ 的各个维度的随机变量可以表示为 $\mathbf{X} = (x_1, x_2, \cdots, x_d)^{\mathrm{T}}$。直接从训练数据中估计 $P(C = c \mid x_1 = a_1, x_2 = a_2, \cdots, x_d = a_d)$ 是困难的，因为训练数据可能不包含具有特定特征 $(a_1, a_2, \cdots, a_d)^{\mathrm{T}}$ 的记录。为了解决这个问题，可以使用贝叶斯定理来得到一个等价的表达式。根据贝叶斯定理，可以得到：

$$
\begin{aligned}
& P(C = c \mid x_1 = a_1, x_2 = a_2, \cdots, x_d = a_d) \\
& = \frac{P(C = c) P(x_1 = a_1, x_2 = a_2, \cdots, x_d = a_d \mid C = c)}{P(x_1 = a_1, x_2 = a_2, \cdots, x_d = a_d)} \\
& \propto P(C = c) P(x_1 = a_1, x_2 = a_2, \cdots, x_d = a_d \mid C = c)
\end{aligned}
\tag{4-3}
$$

式（4-3）中第二个关系式成立的前提是第一个关系式中分母中的项 $P(x_1 = a_1, x_2 = a_2, \cdots, x_d = a_d)$ 与类别无关，因此只需计算分子即可确定具有最大条件概率的类别。$P(C = c)$ 的值是类别 c 的先验概率，并且可以通过统计训练数据中属于类别 c 的数据的频率来估计，这个先验概率表示在没有任何特征信息的情况下，某个数据属于类别 c 的概率。

贝叶斯定理的关键用途在于可以使用朴素贝叶斯近似来有效估计式（4-3）的结果。朴素贝叶斯近似假设不同特征 $x_1, x_2, \cdots, x_d$ 的取值在给定类别的情况下是相互独立的。如果两个随机事件 A 和 B 在第三事件 F 的条件下彼此独立，则遵循 $P(A \cap B \mid F) = P(A \mid F) P(B \mid F)$。在朴素贝叶斯近似的情况下，特征之间的条件独立假设使得计算条件概率变得更加简单，因为只需要估计每个特征变量的条件概率，而不需要考虑特征变量之间的联合概率。每个特征变量的条件概率表示为：

$$
P(x_1 = a_1, x_2 = a_2, \cdots, x_d = a_d \mid C = c) = \prod_{j=1}^{d} P(x_j = a_j \mid C = c)
\tag{4-4}
$$

因此，用式（4-3）和式（4-4）可以得出，贝叶斯概率可以在一个比例常数内估计：

$$
P(C = c \mid x_1 = a_1, x_2 = a_2, \cdots, x_d = a_d) \propto P(C = c) \prod_{j=1}^{d} P(x_j = a_j \mid C = c)
\tag{4-5}
$$

在朴素贝叶斯分类模型中，需要估计两个概率：$P(x_j = a_j \mid C = c)$ 和 $P(x_1 = a_1, x_2 = a_2, \cdots, x_d = a_d \mid C = c)$，其中，$P(x_j = a_j \mid C = c)$ 表示在给定类别 c 的情况下特征变量 x_j 取值为 a_j 的概率。这个概率相对容易估计，因为在训练数据中通常会有足够的样本来给出可靠的估计。具体来说，只需计算训练样本中具有特征值 $x_j = a_j$ 且属于类别 c 的样本数量，并用它除以属于类别 c 的总样本数量，就能得到 $P(x_j = a_j \mid C = c)$ 的估计值：

$$
P(x_j = a_j \mid C = c) = \frac{q(a_j, c)}{r(c)}
\tag{4-6}
$$

对于 $P(x_1 = a_1, x_2 = a_2, \cdots, x_d = a_d \mid C = c)$ 这个概率，由于涉及多个特征变量同时取值的情

况，很可能在训练数据中找不到完全符合条件的样本，因此估计变得困难。为此，引入朴素贝叶斯假设，即假设不同特征值之间是相互独立的，这样就可以将 $P(x_1 = a_1, x_2 = a_2, \cdots, x_d = a_d \mid C = c)$ 这个复杂的联合概率拆分成各个特征值的条件概率相乘的形式。

在某些情况下，可能仍然没有足够的训练样本来合理估计条件概率的值。特别是对于一些罕见的类别，可能只有很少甚至只有一个训练样本。在这种情况下，直接使用训练样本的比例来估计条件概率可能会导致过拟合，即概率值过于极端或不准确。

为了避免这种过拟合问题，可以使用拉普拉斯平滑（Laplace Smoothing）来对条件概率进行平滑处理。拉普拉斯平滑是一种常用的技术，它通过在分子中添加一个小的平滑参数 α，并将 α 乘特征变量 x_j 的不同取值数量 m_j 加到分母中，来调整概率的估计值。

$$P(x_j = a_j \mid C = c) = \frac{q(a_j, c) + \alpha}{r(c) + \alpha m_j} \tag{4-7}$$

式中，$q(a_j, c)$ 是训练样本中具有特征值 $x_j = a_j$ 且属于类别 c 的样本数量；$r(c)$ 是属于类别 c 的总训练样本数量；α 是一个小的正数（通常取 1）；m_j 是第 j 个特征的不同取值的数量。

通过引入拉普拉斯平滑，能够对概率进行平滑处理，从而避免少数样本导致的概率过于极端的情况。这样，在训练数据中即使没有出现某个特定特征值与类别的组合，仍然能够为该组合提供一个非零的概率估计值，保证了模型的鲁棒性和泛化能力。

在贝叶斯模型中，当每个特征变量只有两个结果时，称为贝叶斯二元模型或伯努利模型。例如，在文本数据中，这两个结果可以表示单词的存在或不存在；如果特征变量有两个以上的结果，则称为广义伯努利模型。

除伯努利模型外，贝叶斯模型还可以假设每个类别的条件特征分布的任何参数形式，如多项式模型或数值数据的高斯模型。这些参数是通过数据驱动的方式估计的，可以根据具体情况使用伯努利模型、多项式模型或高斯模型等。

在处理数值数据时，可以通过离散化过程将其转换为分类数据，使贝叶斯模型适用。每个离散化范围都视为特征的可能分类值之一，但是这种方法可能对离散化粒度较为敏感。另一种方法是假设每个类别的概率分布具有特定形式，如高斯分布。在这种情况下，每个类别的高斯分布的均值和方差可以通过数据驱动的方式估计。具体来说，每个高斯分布的均值和方差可以直接估计为相应类别的训练样本的均值和方差。贝叶斯模型是一个灵活的分类模型，可以根据不同的数据类型和问题进行调整和扩展。通过使用适当的概率分布和数据驱动的参数估计方法，可以有效处理分类和数值数据，并根据具体情况选择合适的模型。

当假设条件独立时，贝叶斯模型称为朴素贝叶斯模型，这意味着它假设每个特征与其他特征无关，即使在给定特定类别的情况下也是如此。然而，在实际数据集中，特征往往是相关的，即它们彼此影响。可以使用更复杂的方法来处理特征相关性，如多元估计方法，但这样做可能会增加计算成本。当特征维度增加时，多元概率的估计变得不太准确，尤其是在训练样本有限的情况下。所以，尽管存在更准确的假设可供选择，但在实际问题中，使用这些假设通常无法显著提高模型的准确性。

条件独立假设在实践中显然是不准确的，但朴素贝叶斯模型在许多实际问题中表现得相当好。由于其简单性和高效性，在许多应用领域中，朴素贝叶斯模型仍然是一个有效的选择。

4.2.2 贝叶斯分类的应用与实例

贝叶斯分类可以解决各个领域中的很多问题。例如，教育学中根据各科成绩相近程度对学生进行分类，医学中根据病人的若干症状来判断肿瘤是良性或恶性，气象学中根据各项气象指标对降雨量做出预报，环境科学中根据各种污染气体的浓度来判定某化工厂对环境的污染程度，经济学中根据人均国民收入等多种指标来判定一个国家的经济发展情况等。下面针对能源领域的一个应用实例对贝叶斯分类的用法进行介绍。

基于贝叶斯分类的光伏系统日总发电量预测[1]是贝叶斯分类算法在能源大数据分析方面的一个例子。太阳能是世界上最清洁的可再生能源之一，太阳能发电量预测能够为电力系统平稳调节计划提供支持。本例使用了朴素贝叶斯模型来预测已安装光伏系统的日总发电量。在预测过程中，使用日平均温度（DAT）、日总日照时长（DTSD）、日全球太阳总辐射量（DTGSR）作为特征变量，对日总发电量（DTPEG）进行预测，使用的数据集是土耳其南部 78个太阳能面板一年的历史数据。数据集中包含 365 条数据，其中 292 条数据组成训练集，73条数据组成测试集。

首先按数据值区间进行离散化处理，将特征变量和预测数据划分为 5 个类别，如表 4-1所示。

表 4-1 特征变量和预测数据的划分方法

类别标签	特征变量	取值范围
Very Low	DAT	[−6.90, −0.40)（°C）
	DTSD	[0.000, 2.874)（h）
	DTGSR	[0.000, 1.776)（kWh/m²）
	DTPEG	[0.000, 25.172)（kWh）
Low	DAT	[−0.40, 6.10)（°C）
	DTSD	[2.874, 5.748)（h）
	DTGSR	[1.776, 3.552)（kWh/m²）
	DTPEG	[25.172, 50.344)（kWh）
Medium	DAT	[6.10, 12.60)（°C）
	DTSD	[5.748, 8.622)（h）
	DTGSR	[3.552, 5.328)（kWh/m²）
	DTPEG	[50.344, 75.516)（kWh）
High	DAT	[12.60, 19.10)（°C）
	DTSD	[8.622, 11.496)（h）
	DTGSR	[5.328, 7.104)（kWh/m²）
	DTPEG	[75.516, 100.688)（kWh）
Very High	DAT	[19.10, 25.60)（°C）
	DTSD	[11.496, 14.370)（h）
	DTGSR	[7.104, 8.880)（kWh/m²）
	DTPEG	[100.688, 125.860)（kWh）

训练集中每条数据定义为向量 $\boldsymbol{X} = (x_1, x_2, x_3)^{\mathrm{T}}$，包含三个特征变量 DAT、DTSD 和DTGSR，类别标签集合为 $C = \{c_1, c_2, \cdots, c_5\}$，即表 4-1 中的 5 个类别标签。根据式（4-1）可以获得 DTPEG 的预测公式为：

$$P(c_i \mid \boldsymbol{X}) = \frac{P(\boldsymbol{X} \mid c_i)P(c_i)}{P(\boldsymbol{X})} \tag{4-8}$$

式中，概率 $P(\boldsymbol{X})$ 对于所有类别标签是一个常数，因此只需计算 $P(\boldsymbol{X} \mid c_i)P(c_i)$。假设所有特征变量都是独立的，则 $P(\boldsymbol{X} \mid c_i)$ 可以根据下式计算：

$$P(\boldsymbol{X} \mid c_i) = \prod_{k=1}^{n} P(x_k \mid c_i) = P(x_1 \mid c_i) \times P(x_2 \mid c_i) \times \cdots \times P(x_n \mid c_i) \tag{4-9}$$

这样就可以使用式（4-8）对 DTPEG 进行预测。

4.3 Logistic 回归

Logistic 回归又称逻辑回归，是一种广义的线性回归分析方法。由于 Logistic 回归用于分类，因此把 Logistic 回归列入分类分析中进行介绍。如果要预测的内容是一个离散变量情况下的分类问题，如判断邮件是否是垃圾邮件，就可以使用 Logistic 回归。前面章节介绍的回归分析问题是一个预测问题，而现在是一个类别判断问题。Logistic 回归的因变量可以是二分类的，也可以是多分类的，但是二分类的更为常用，也更容易解释，多分类的可以使用 Softmax 方法进行处理。实际中常用的就是二分类的 Logistic 回归。

4.3.1 Logistic 回归的原理

虽然贝叶斯分类模型和 Logistic 回归模型都是概率分类模型，但它们的建模假设和性质是不同的。贝叶斯分类模型中首先假设已知每个类别的特征概率分布的具体形式，并使用这些分布来建立特征与类别之间的关系，然后通过条件概率来估计给定特征属于某个类别的概率。而 Logistic 回归模型直接使用具有区别性的函数，来对给定特征所属类别的概率进行建模。Logistic 回归通过一个 Logistic 函数来映射特征属于某个类别的概率。

一般的广义线性回归的形式是 $g(\boldsymbol{Y}) = \boldsymbol{\theta}^{\mathrm{T}} \boldsymbol{X}$，或者 $\boldsymbol{Y} = g^{-1}(\boldsymbol{\theta}^{\mathrm{T}} \boldsymbol{X})$，其中的 $g(\cdot)$ 通常称为联系函数。Logistic 回归使用的联系函数是 Logistic 函数：

$$g(z) = \frac{1}{1 + \mathrm{e}^{-z}} \tag{4-10}$$

式（4-10）是一个可导函数，定义域为 $\{-\infty, +\infty\}$，值域为 $[0,1]$，导数为 $g'(z) = g(z)\big[1 - g(z)\big]$，由于其导数的特性，Logistic 函数常常在神经网络中作为激活函数使用。

在最简单的 Logistic 回归形式中，假设类别变量是二元的，取值为 $\{-1, +1\}$，但也可以对非二元类别变量进行建模。系数向量 $\boldsymbol{\theta} = (\theta_0, \theta_1, \cdots, \theta_d)^{\mathrm{T}}$，$\theta_0$ 是偏移参数。对于一个样本 $\boldsymbol{X} = (x_1, x_2, \cdots, x_d)^{\mathrm{T}}$，使用 Logistic 函数对类别变量 C 取值为 +1 或 −1 的概率进行建模。

$$P(C = +1 \mid \boldsymbol{X}) = \frac{1}{1 + \mathrm{e}^{-\boldsymbol{\theta}^{\mathrm{T}} \boldsymbol{X}}} \tag{4-11}$$

$$P(C = -1 \mid \boldsymbol{X}) = 1 - P(C = +1 \mid \boldsymbol{X}) = \frac{1}{1 + \mathrm{e}^{\boldsymbol{\theta}^{\mathrm{T}} \boldsymbol{X}}} \tag{4-12}$$

利用式（4-11）求出的就是样本为正类的概率，利用式（4-12）求出的就是样本为负类的概率。

一个事件的几率是指该事件发生的概率与该事件不发生的概率的比值。很显然，Logistic 回归模型的值可以转化为对数几率，从而可以转化为线性回归模型的值。Logistic 回归的对数几率表示为：

$$\ln \frac{P(C=+1|X)}{P(C=-1|X)} = \boldsymbol{\theta}^{\mathrm{T}} X \qquad (4\text{-}13)$$

可以将参数 $\boldsymbol{\theta}$ 看作用于分隔两个类别的超平面的系数，这个超平面可以看作一个在特征空间中的直线或平面，它将数据点分隔成两个类别。Logistic 回归模型分类效果如图 4-2 所示。

当对一个数据点 X 进行预测时，可以计算 $\theta_0 + \sum \theta_i x_i$ 的值。这个值可以理解为数据点 X 相对于超平面的位置。如果这个值为正，那么 X 被划分到类别+1，如果这个值为负，那么 X 被划分到类别-1。因此，Logistic 回归模型是一种线性分类模型，它使用超平面来对数据点进行分类。

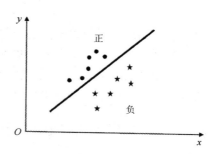

图 4-2　Logistic 回归模型分类效果

Logistic 回归模型可以视为概率分类模型，Logistic 函数可以将超平面的值转换为[0, 1]范围内的概率值，输出概率可以通过将超平面的值输入 Logistic 函数中得到。这种概率形式与前面讨论的建模方法相一致，Logistic 回归模型和其他线性分类模型可以得到相同的结果。Logistic 回归模型中的参数 $\boldsymbol{\theta}$ 需要以数据驱动的方式进行估计，这使得 Logistic 回归算法成为一种强大且灵活的分类算法，适用于许多不同类型的问题。

4.3.2　Logistic 回归模型的训练

在 Logistic 回归模型中，通常使用极大似然法来估计最佳的模型参数。假设有两类数据：正类和负类，分别用 D_+ 和 D_- 表示，用 $\boldsymbol{X}_k = \left(x_k^1, x_k^2, \cdots, x_k^d\right)^{\mathrm{T}}$ 表示第 k 个数据点。整个数据集 $\mathcal{L}(\boldsymbol{\theta})$ 的似然函数定义如下：

$$\mathcal{L}(\boldsymbol{\theta}) = \prod_{\boldsymbol{X}_k \in D_+} \frac{1}{1+\mathrm{e}^{-\left(\theta_0 + \sum\limits_{i=1}^{d} \theta_i x_k^i\right)}} \prod_{\boldsymbol{X}_k \in D_-} \frac{1}{1+\mathrm{e}^{\left(\theta_0 + \sum\limits_{i=1}^{d} \theta_i x_k^i\right)}} \qquad (4\text{-}14)$$

似然函数表示所有训练样本遵从 Logistic 回归模型分配给它们的类别标签所得概率的乘积。训练的目标是找到一组最优参数向量 $\boldsymbol{\theta}$，使得整个数据集的似然函数值最大化。为了方便计算，损失函数通常使用对数似然函数：

$$\mathcal{J}(\boldsymbol{\theta}) = \ln(\mathcal{L}(\boldsymbol{\theta})) = -\sum_{\boldsymbol{X}_k \in D_+} \ln\left(1+\mathrm{e}^{-\left(\theta_0 + \sum\limits_{i=1}^{d} \theta_i x_k^i\right)}\right) - \sum_{\boldsymbol{X}_k \in D_-} \ln\left(1+\mathrm{e}^{\left(\theta_0 + \sum\limits_{i=1}^{d} \theta_i x_k^i\right)}\right) \qquad (4\text{-}15)$$

对于上述对参数向量 $\boldsymbol{\theta}$ 的似然函数，通常使用梯度上升法（Gradient Ascent）来迭代确定参数向量的最优值。通常梯度向量通过对数似然函数对每个参数求导得到。

对于第 i 个参数 θ_i，可以通过计算 θ_i 的偏导数得到其梯度。梯度表示为：

$$\frac{\partial \mathcal{J}(\boldsymbol{\theta})}{\partial \theta_i} = \sum_{\boldsymbol{X}_k \in D_+} P(\boldsymbol{X}_k \in D_-) x_k^i - \sum_{\boldsymbol{X}_k \in D_-} P(\boldsymbol{X}_k \in D_+) x_k^i \qquad (4\text{-}16)$$

式中，$P(\boldsymbol{X}_k \in D_+)$ 和 $P(\boldsymbol{X}_k \in D_-)$ 分别代表正类和负类中错误预测的概率。

除此之外，乘法因子 x_k^i 影响了梯度向量 $\boldsymbol{X}_k$ 第 i 个分量的大小，因此，参数 θ_i 的更新公式为：

$$\theta_i \leftarrow \theta_i + \alpha \left(\sum_{\boldsymbol{X}_k \in D_+} P(\boldsymbol{X}_k \in D_-) x_k^i - \sum_{\boldsymbol{X}_k \in D_-} P(\boldsymbol{X}_k \in D_+) x_k^i \right) \tag{4-17}$$

式中，α 为步长，可以通过二分查找的方式来确定，以最大化目标函数值的改进。上述方法使用批量梯度上升法，在每个更新步骤中，所有训练数据都对梯度做出贡献。实际上，也可以使用随机梯度上升法，逐一循环训练数据来进行更新。可以证明似然函数是凹函数，因此梯度上升法可以找到全局最优解。

4.3.3 带正则项的 Logistic 回归

Logistic 回归可以使用正则化方法减少过拟合问题。1970 年，Hoerl 和 Kennard 等[2]提出了岭回归（Ridge Regression）方法，实际是在损失函数的基础上加上 L_2 正则项作为对系数的惩罚，这也是最早的惩罚函数，其形式为：

$$\hat{\boldsymbol{\theta}}^{\text{ridge}} = \underset{\boldsymbol{\theta} \in \mathbf{R}^n}{\operatorname{argmin}} \left[\mathcal{J}(\boldsymbol{\theta}) + \lambda \|\boldsymbol{\theta}\|_2^2 \right] \tag{4-18}$$

式中，$\|\boldsymbol{\theta}\|_2^2$ 为 L_2 正则化惩罚项，$\|\boldsymbol{\theta}\|_2^2 = \sum_{i=1}^d \theta_i^2$；$\lambda$ 为正则化参数，$\lambda > 0$。由于岭回归不能把系数压缩到 0，因此无法产生稀疏解，所以在变量选择的应用中表现稍差。Tibshirani[3]提出了著名的 Lasso 方法，该方法通过在损失函数的基础上加上对系数的 L_1 正则项来将某些系数压缩到 0，以此提高模型的解释能力，其形式为：

$$\hat{\boldsymbol{\theta}}^{\text{Lasso}} = \underset{\boldsymbol{\theta} \in \mathbf{R}^n}{\operatorname{argmin}} \left[\mathcal{J}(\boldsymbol{\theta}) + \lambda \|\boldsymbol{\theta}\|_1 \right] \tag{4-19}$$

式中，$\|\boldsymbol{\theta}\|_1 = \sum_{i=1}^d \theta_i$。后来，为了进一步改进 Lasso 方法，学者们针对正则项提出了多个设计，如自适应的 Lasso 方法[4]、弹性网方法[5,6]、Group Bridge 方法[7]、cMCP 方法[8]等。

带有各种正则项的 Logistic 回归模型有许多不同的优势，但是某些正则项的不光滑、非凸等性质给计算造成了很大的困难。针对传统 Logistic 回归问题的求解，常采用的算法是牛顿法和梯度下降法[9]，由于牛顿法中 Hessian 矩阵的逆矩阵的计算较为复杂，所以常用改进后的拟牛顿法进行求解。针对为解决传统 Logistic 回归的非稀疏和过拟合问题而提出的正则化方法，学者们开发出了相应的有效算法，如 Efron 等[10]提出的最小角回归（Least Angle Regression，LARS）算法可以有效求解 Lasso 类高维线性问题，Balamurugan[11]为解决 ENT-Logistic 回归问题提出了对偶坐标下降投影算法。

4.3.4 Logistic 回归的应用

在变量选择的实际应用过程中，被解释变量常为二元变量，此时，应用 Logistic 回归处理该类问题是非常恰当的一种方式。Logistic 回归起源于数学家对人口发展规律的研究，它由严格的理论导出，被应用于多个领域，如微生物生长情况、经济学等。直至今天，Logistic 回归仍然在各个行业中有着重要地位，非常适合被解释变量为分类变量的问题。

但是，传统的 Logistic 回归存在着明显的不足[12]：①不具有稀疏性，通过传统的 Logistic 回归所得的参数估计值中，全部或大部分不为 0。然而在大多数的实际问题中，如糖尿病的风险预测，虽然其对应的风险解释变量有许多个，但其中影响模型的关键解释变量可能只有少数几个，此时，这些冗余的解释变量不仅会增加模型的复杂性，还会影响模型的可解释性。②过拟合问题，Logistic 回归模型在训练集中表现良好，但在其他数据集中的表现不理想。

在许多实际问题中，当选取与被解释变量相关的解释变量时，可能在初期选入很多解释变量，而当解释变量过多时，模型的解释变得相对困难。因此，对于变量选择这一过程，希望能够在精确度较高的情况下尽可能构建较为稀疏（有较好的解释性）的统计模型。逐步回归法、向前选择法、向后剔除法、Lasso 方法和 Elastic Net 方法这五种变量选择方法是实际问题中适用范围较广的变量选择方法，可在多种行业的各种实际问题中进行应用。

4.4　KNN

KNN 算法是一种常用的分类和回归算法，其核心思想是基于特征空间中样本的近邻程度来进行分类或预测。具体而言，对于一个待分类样本，首先在特征空间中找出 k 个与其最近邻的样本，然后通过这 k 个样本中所属类别的投票来确定待分类样本的类别。如果 k 个最近邻的样本中大多数属于某一个类别，那么待分类样本也会被划分到这个类别，并且具有这个类别上的样本特征。

KNN 算法的具体步骤为：

第一步，计算已知类别数据集中的点与当前点之间的距离；

第二步，按照距离递增次序排序；

第三步，选取与当前点距离最小的 k 个点；

第四步，确定前 k 个点所在类别的出现频率；

第五步，返回前 k 个点出现频率最高的类别作为当前点的预测分类。

上述 KNN 算法涉及数据准备、距离度量和 k 值选择问题，下面分别对这三个问题进行介绍。

1）数据准备

在使用 KNN 算法进行分类或回归任务时，首先需要准备一个带有标签的训练集，其中包含已知类别或数值的数据样本，以及它们对应的类别标签（或数值标签）。这些样本和类别标签用于训练 KNN 模型，使其能够根据最近邻的样本来确定未知样本的类别。

对于回归问题，训练集中的每个样本有一个连续的数值标签，表示该样本对应的实际数值。例如，对于房价预测任务，训练集中的样本可以包含房屋的特征（如面积、卧室数量、地理位置等），而对应的数值标签是该房屋的实际销售价格。KNN 算法将使用这些特征和数值标签来学习并预测未知样本的房价。

在准备数据时，需要确保训练集是具有代表性的，涵盖各个类别或数值范围的样本，以便 KNN 算法能够更好地进行分类或回归。另外，数据预处理是很重要的，如特征缩放、去除异常值、处理缺失值等，可以提高 KNN 算法的性能和准确性。

一旦准备好带有标签的训练集，就可以使用 KNN 算法来对新样本进行分类或回归预测了。对于分类问题，KNN 算法会根据新样本与训练样本之间的距离来找出最近邻的 k 个样本，并根据这些样本的类别标签来进行投票，从而决定新样本的类别。对于回归问题，KNN 算法会使用 k 个最近邻样本的均值或加权均值来预测新样本的数值标签。

2）距离度量

KNN 算法使用距离来衡量数据点之间的相似性。常见的距离度量方法包括欧氏距离、曼哈顿距离、闵可夫斯基距离等。欧氏距离是常用的距离度量方法，它度量两个数据点之间的直线距离。在多维特征空间中，假设两个数据点的特征向量分别为 $\boldsymbol{a} = (a_1, a_2, \cdots, a_n)^{\mathrm{T}}$ 和 $\boldsymbol{b} = (b_1, b_2, \cdots, b_n)^{\mathrm{T}}$，则它们的欧氏距离为：

$$d = \sqrt{\sum_{i=1}^{n}(a_i - b_i)^2} \tag{4-20}$$

对于 KNN 算法，需要计算待预测点与训练集中每个样本点之间的距离，并选取与其最近的 k 个样本点。一般来说，距离度量方法可以根据数据点特征和问题的需求来选择。如果特征之间的量纲差异较大，可以考虑进行归一化处理，使得特征处于相同的量级，从而避免某些特征对距离计算的主导作用。还可以采用一些距离加权的方法来考虑不同邻居（相邻样本点）对分类结果的影响权重。距离加权的方法将距离作为权重因子，对不同邻居的投票进行加权，从而使得距离较近的邻居在分类决策中具有更大的权重。

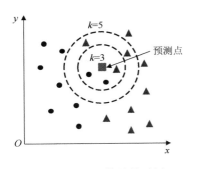

图 4-3　KNN 算法的示例

3）k 值选择

对于一个新的待预测点，需要在训练集中找到距离它最近的 k 个数据点，这些数据点被称为最近邻数据点。k 值是 KNN 算法中的一个重要参数，它决定了要考虑的最近邻数据点的个数。如图 4-3 所示，若取 $k = 3$，则将待预测点预测为黑点代表的类别，而当取 $k = 5$ 时，则将待预测点预测为三角形代表的类别。

一个较小的 k 值可能会导致模型过于复杂，对噪声和异常值敏感，容易出现过拟合现象。而一个较大的 k 值可能会导致模型过于简单，无法捕捉数据中的细节信息，容易出现欠拟合现象。常用的选择 k 值的方法包括交叉验证和启发式方法，其中，交叉验证是一种常用的评估 KNN 算法性能的方法。交叉验证首先将数据集划分为训练集和验证集，然后在不同的 k 值下进行训练和验证，最终选择在验证集上表现最好的 k 值。交叉验证能够有效评估 KNN 算法的泛化能力，帮助避免过拟合和欠拟合问题。

启发式方法基于经验或领域知识选择 k 值。例如，当数据集较大时，可以选择较大的 k 值，当数据集较小时，可以选择较小的 k 值。一般来说，k 应该是一个奇数，这样可以避免在投票机制中出现平局情况。

KNN 算法具有其独特的优点和缺点。其优点包括简单易实现，无须进行模型假设，适用于非线性和复杂的数据集，并且可以同时用于分类和回归问题。KNN 算法对于少量训练数据表现较好，因为它不依赖于全局的数据分布，而是根据最近邻数据点的局部信息做出预测。KNN 算法也有一些明显的缺点。首先，其计算复杂度随着训练数据量的增加而增加，导致处理大规模数据集时耗时较长；其次，KNN 算法需要存储全部的训练数据，因此对存储空间要求较高；再次，KNN 算法对于噪声和异常值比较敏感，可能会导致预测结果不稳定；最后，选择合适的 k 值是一个挑战，不同的 k 值会对算法的性能产生影响。因此，在实际应用中需要根据具体问题的需求和数据集的特点，综合考虑 KNN 算法的优缺点，并进行适当的调参和优化。

KNN 算法在实际应用中被广泛用于各种场景，包括分类问题、回归问题和模式识别问题等。在分类问题中，KNN 算法通过测量数据点之间的距离来决定最近邻数据点，并通过对这些最近邻数据点的类别进行投票来判断新数据点的类别。这种投票机制使得 KNN 算法在多类别分类任务中表现优秀，适用于处理复杂的非线性边界问题。

在回归问题中，KNN 算法同样采用距离度量，并采用最近邻数据点的数值标签的均值或加权均值进行预测，从而能够灵活地适用于回归问题。

在模式识别问题中，KNN 算法可以应用于人脸识别、指纹识别、声音识别等领域。例如，对于人脸识别任务，KNN 算法通过找到与待识别人脸最相似的训练样本，即最近邻数据点，来实现人脸的识别和匹配。这种模式匹配方法在实际应用中取得了很好的效果。

4.5 支持向量机

支持向量机[13]（Support Vector Machine，SVM）在 1963 年由 Vapnik 和 Chervonenkis 提出，它是一种适用于数值数据的二分类方法，也可以进行扩展从而处理多分类问题。此外，可以通过将分类特征变量转换为二进制数据来处理分类特征的问题。假设类别标签取自$\{-1, +1\}$，与所有线性模型一样，支持向量机使用分离超平面作为两个类别之间的决策边界。在支持向量机中，通过优化问题来确定这些超平面，从而实现边界的概念。直观地说，最大间隔超平面是一个完美的分离两个类别的超平面，并且在超平面的两侧都存在大的空间（或边距），其中没有训练数据，这使得支持向量机具有很好的泛化能力。

在处理线性可分离数据时，支持向量机的效果非常理想。线性可分离数据是指存在一个线性超平面，可以将两个类别的数据完全分开。然而，实际上的数据通常不是完全线性可分离的，因为可能会有一些数据位于错误的一侧或存在一些异常值，因此需要对支持向量机进行修改，以适应更一般的情况。

4.5.1 线性可分离数据的支持向量机

当数据线性可分离的时候，有许多不同的超平面可以将两个类别正确分开。然而，其中一些超平面可能对未知的测试数据表现得更好，另一些超平面可能对未知的测试数据表现得更差，因此需要选择一个最优的超平面来确保泛化能力。为了理解这一点，考虑一个测试数据，它位于两个类别之间的模糊边界区域，很难根据训练数据准确判断其所属类别。在这种情况下，我们希望选择一个能够最大化两个类别之间的最小垂直距离的超平面，这样可以使支持向量机更加稳定。这个最小垂直距离可以通过超平面的边缘来量化，被称为余量。

对于可分离的线性分类问题，我们希望找到一个分离超平面，使得该超平面到该超平面最近的两个类别中每个类别的训练数据的距离之和最大化，从而形成一个边界，将两个类别的训练数据完全分开。假设这两个类别之间的最小垂直距离是相同的，则可以构建两个平行超平面，分别接触两个类别的训练数据，这两个平行超平面上的训练数据被称为支持向量，并且两个超平面之间的距离被称为余量。如果严格让所有数据都不在超平面之间，并且位于正确的一边，那么这就是硬间隔分类，也称为硬分类。显然，硬分类只在数据线性可分的时候才有效，并且对异常值非常敏感。要避免这些问题，最好使用更灵活的模型，目标是尽可能在保持最大间隔宽阔和限制违反间隔边界约束的数据（位于最大间隔之上，甚至在错误的一边的数据）之间找到良好的平衡，这就是软分类。支持向量机的硬分类和软分类如图 4-4 所示。

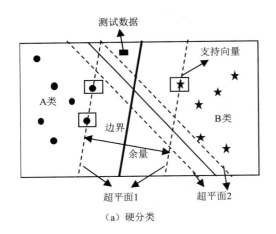

（a）硬分类

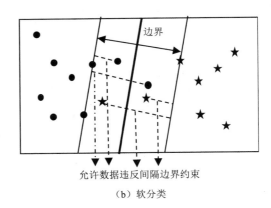

（b）软分类

图 4-4   支持向量机的硬分类和软分类

在图 4-4（a）中，超平面 1 和超平面 2 由虚线表示，它们都是可分离的线性分类模型。很明显，超平面 1 的余量大于超平面 2 的余量。因此，超平面 1 在未知的测试数据上具有更好的泛化能力，它在"困难"的不确定区域中能更准确地分离两个类别，这是分类错误最可能发生的地方。

要确定最大余量超平面，可以建立一个非线性规划优化问题，通过将最大余量作为一个关于分离超平面系数的函数来寻找最优解。通过求解这个优化问题，可以得到最优的超平面系数。假设训练集 D 中有 n 个数据，表示为 $(\boldsymbol{x}_1,y_1),(\boldsymbol{x}_2,y_2),\cdots,(\boldsymbol{x}_n,y_n)$，其中 $\boldsymbol{x}_i$ 是对应于第 i 个数据的 d 维行向量，$y_i \in \{-1,+1\}$ 是第 i 个数据的类别标签。那么分离超平面的表达式可以写成以下形式：

$$\boldsymbol{w}^{\mathrm{T}}\boldsymbol{x}+b=0 \tag{4-21}$$

式中，$\boldsymbol{w}=(w_1,w_2,\cdots,w_d)^{\mathrm{T}}$，是表示超平面的法线方向的 d 维行向量；b 是标量，也称为偏置量。向量 $\boldsymbol{w}$ 调节超平面的方向，偏置量 b 调节超平面与原点的距离。需要从训练数据中学习与向量 $\boldsymbol{w}$ 和偏置量 b 对应的 $d+1$ 个系数，以最大化两个类别之间的分离余量。

假设类别是线性可分离的，这意味着存在一个超平面可以完美地将两个类别的数据分开。对于任意一个满足 $y_i=+1$ 的数据，它们都位于超平面满足 $\boldsymbol{w}^{\mathrm{T}}\boldsymbol{x}_i+b \geqslant 0$ 的一侧。类似地，对于任意一个满足 $y_i=-1$ 的数据，它们都位于超平面满足 $\boldsymbol{w}^{\mathrm{T}}\boldsymbol{x}_i+b \leqslant 0$ 的一侧，两个分离超平面可以形成边界约束，将数据空间分成三个区域，如图 4-5 所示。假设两个超平面之间的不确定性决策边界区域没有训练数据，则训练数据的逐点约束可以表示为：

$$\boldsymbol{w}^{\mathrm{T}}\boldsymbol{x}_i+b \geqslant +1 \quad \forall i,\ y_i=+1 \tag{4-22}$$

$$\boldsymbol{w}^{\mathrm{T}}\boldsymbol{x}_i+b \leqslant -1 \quad \forall i,\ y_i=-1 \tag{4-23}$$

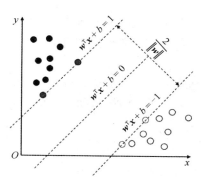

图 4-5　超平面示意图

两个超平面之间的距离，也被称为边距。通过最大化这个边距，可以确保在两个平行超平面之间有足够的间隔来容纳未知数据。两个平行超平面之间的距离可以表示为它们的常数项之间的归一化差异，其中归一化因子是 $\boldsymbol{w}$ 的二范数，表示为 $\|\boldsymbol{w}\|_2 = \sqrt{\sum_{i=1}^{d} w_i^2}$，因此，这两个超平面之间的距离是 $\frac{2}{\|\boldsymbol{w}\|_2}$。一般使用拉格朗日松弛方法来求解，引入拉格朗日惩罚项的目标函数为：

$$L_{\mathrm{p}} = \frac{\|\boldsymbol{w}\|_2^2}{2} - \sum_{i=1}^{n} \lambda_i \left[y_i (\boldsymbol{w}^{\mathrm{T}} \boldsymbol{x}_i + b) - 1 \right] \tag{4-24}$$

L_{p} 可以更简单地表达为一个纯粹的最大化问题，将 L_{p} 相对于 $\boldsymbol{w}$ 和 b 的梯度设置为 0，得到：

$$\boldsymbol{w} = \sum_{i=1}^{n} \lambda_i y_i \boldsymbol{x}_i \tag{4-25}$$

$$\sum_{i=1}^{n} \lambda_i y_i = 0 \tag{4-26}$$

求解拉格朗日乘子 λ 只需要了解训练数据的类别标签，而无须直接了解特征向量 $\boldsymbol{x}_i$。b 的值可以从原始支持向量机公式中的约束导出，其中拉格朗日乘子 λ 严格为正。对于这些训练数据，边界限制 $y_r (\boldsymbol{w}^{\mathrm{T}} \boldsymbol{x}_r + b) = +1$ 完全满足 Kuhn-Tucker 条件。b 的值可以从任何训练数据 $(\boldsymbol{x}_r, y_r)$ 中推导出：

$$y_r \left[\sum_{i=1}^{n} \lambda_i y_i (\boldsymbol{x}_i^{\mathrm{T}} \boldsymbol{x}_r) + b \right] = +1 \quad \forall r, \ \lambda_r > 0 \tag{4-27}$$

b 的值可以从式（4-27）中解出，为了减少数值误差，b 的值可以通过把所有 $\lambda_r > 0$ 的支持向量的值进行平均来求解。

对于一个测试数据 $\boldsymbol{z}$，它的类别标签表示为 $F(\boldsymbol{z})$，可以通过使用拉格朗日乘子代替 $\boldsymbol{w}$ 来定义判定边界：

$$F(\boldsymbol{z}) = \mathrm{Sign}\{\boldsymbol{w}^{\mathrm{T}} \boldsymbol{z} + b\} = \mathrm{Sign}\left\{ \left(\sum_{i=1}^{n} \lambda_i y_i (\boldsymbol{x}_i^{\mathrm{T}} \boldsymbol{z}) \right) + b \right\} \tag{4-28}$$

$F(z)$ 可以完全用训练数据和测试数据之间的乘积、类别标签、拉格朗日乘子 λ 和 b 来表示。这意味着在执行分类时，不需要知道确切的训练数据或测试数据的特征值，而只需要知道它们之间的乘积。

拉格朗日乘子 λ 可以通过梯度上升法来更新。将式（4-25）和式（4-26）代入式（4-24）中，可以将其简化为仅涉及最大化变量 λ 的拉格朗日对偶问题：

$$L_{\mathrm{D}} = \sum_{i=1}^{n} \lambda_i - \frac{1}{2} \sum_{i=1}^{n} \sum_{j=1}^{n} \lambda_i \lambda_j y_i y_j \left(\boldsymbol{x}_i^{\mathrm{T}} \boldsymbol{x}_j \right) \tag{4-29}$$

相应的基于梯度的 λ 的更新公式如下：

$$(\lambda_1, \lambda_2, \cdots, \lambda_n)^{\mathrm{T}} \leftarrow (\lambda_1, \lambda_2, \cdots, \lambda_n)^{\mathrm{T}} + \alpha \left(\frac{\partial L_{\mathrm{D}}}{\partial \lambda_1}, \frac{\partial L_{\mathrm{D}}}{\partial \lambda_2}, \cdots, \frac{\partial L_{\mathrm{D}}}{\partial \lambda_n} \right)^{\mathrm{T}} \tag{4-30}$$

更新时初始解可以选择为零向量，这也是拉格朗日乘子 λ 的可行解。然而，存在的问题是在更新之后可能会违反约束条件 $\lambda_i > 0$ 和式（4-26）。为了解决这个问题，需要将梯度向量沿着超平面法线方向投影。可以使用单位向量 $\boldsymbol{y} = \frac{1}{\sqrt{n}}(y_1, y_2, \cdots, y_n)^{\mathrm{T}}$，其中 $y_1, y_2, \cdots, y_n$ 是类别标签的值，沿着法线方向的梯度投影可以表示为 $\boldsymbol{H} = (\boldsymbol{y}^{\mathrm{T}} \nabla L_{\mathrm{D}}) \boldsymbol{y}$，这个分量可以从梯度向量 ∇L_{D} 中减去，得到一个修改后的梯度向量 $\boldsymbol{G} = \nabla L_{\mathrm{D}} - \boldsymbol{H}$。通过进行这样的投影，可以确保沿着修改后的梯度向量 $\boldsymbol{G}$ 进行更新不会违反式（4-26），更新后的 λ_i 中的任何负值都被重置为 0。

值得注意的是，式（4-26）是通过将目标函数 L_{p} 相对于 b 的梯度设置为 0 而得到的。在某些备选方案中，可以将偏置量 b 包含在 $\boldsymbol{w}$ 中（通过将 $\boldsymbol{w}$ 的各个维度增加 1 来实现）。在这种情况下，梯度向量的更新可以简化为式（4-30），无须再考虑约束条件式（4-26）。

4.5.2　不可分离数据的支持向量机

在实际应用中，很少会遇到完美的线性可分离数据集，许多真实的数据集可能是大致可分离的，即大多数数据位于一个精心挑选的分离超平面的正确一侧，但仍有一些数据会出现在错误一侧，如图 4-4（b）所示。这时，支持向量机的软边界概念更加灵活，它允许一定程度的误分类。在这种情况下，寻找两个边界超平面，可以将大部分训练数据分开，但不需要完全正确地分类所有数据。

支持向量机的目标是找到这两个边界超平面，使得它们之间的间隔最大化，同时允许一些数据位于错误一侧，以获得更好的泛化能力，这种柔和的软边界概念使得支持向量机在处理真实世界中的复杂数据集时具有更好的适应性和鲁棒性。它能够处理噪声和离群数据，同时通过间隔最大化来实现较好的分类效果，这使得支持向量机成为一种广泛应用于各种实际问题的强大分类算法。

训练数据 $\boldsymbol{x}_i$ 违反每个边界约束的程度由松弛变量 $\xi_i \geqslant 0$ 表示，超平面上的新的软约束集合可以表示为：

$$\begin{cases} \boldsymbol{w}^{\mathrm{T}} \boldsymbol{x}_i + b \geqslant +1 - \xi_i & \forall i, \ y_i = +1, \ \xi_i \geqslant 0 \\ \boldsymbol{w}^{\mathrm{T}} \boldsymbol{x}_i + b \leqslant -1 + \xi_i & \forall i, \ y_i = +1, \ \xi_i \geqslant 0 \end{cases} \tag{4-31}$$

如图 4-4（b）所示，松弛变量 ξ_i 可以被解释为训练数据 $\boldsymbol{x}_i$ 与分离超平面的距离，当数据位于分离超平面的正确一侧时，松弛变量的值为 0。然而，过多的训练数据具有非零的松弛变

量 ξ_i 是不可取的，因为这可能会导致过拟合。为了控制模型的灵活性和泛化能力，可以引入一个自由定义的参数 C，用于调节边界的软程度。C 的选择对支持向量机的性能影响很大。

当 C 的值较小时，边界会更加"软"，即允许更多的数据具有正值 ξ_i，这意味着它们可以在一定程度上违反约束条件。这样做的目的是让一些噪声或离群数据对模型的影响更小，从而提高模型的鲁棒性。当 C 的值较大时，边界会更加"硬"，模型将更严格地尝试将所有的数据正确分类，尽量减少误分类。

软边界支持向量机的目标函数定义为：

$$O = \frac{\|\boldsymbol{w}\|_2^2}{2} + C\sum_{i=1}^{n}\xi_i \tag{4-32}$$

软边界支持向量机的优化问题可以通过拉格朗日对偶方法来解决。为了引入惩罚项和松弛约束，引入附加乘数 $\beta_i \geqslant 0$ 来表示松弛变量 $\xi_i \geqslant 0$ 的松弛约束：

$$L_{\mathrm{p}} = \frac{\|\boldsymbol{w}\|_2^2}{2} + C\sum_{i=1}^{n}\xi_i - \sum_{i=1}^{n}\lambda_i\left[y_i\left(\boldsymbol{w}^{\mathrm{T}}\boldsymbol{x}_i + b\right) - 1 + \xi_i\right] - \sum_{i=1}^{n}\beta_i\xi_i \tag{4-33}$$

通过将 L_{p} 关于 $\boldsymbol{w}$ 和 b 的梯度设置为 0，可以得到与硬边界情况相同的 $\boldsymbol{w}$ 值和相同的乘数约束［见式（4-25）和式（4-26）］。

此外，可以证明，软边界情况下的拉格朗日对偶的目标函数 L_{D} 与硬边界情况下的目标函数 L_{D} 相同，唯一变化是非负拉格朗日乘子满足 $C - \lambda_i = \beta_i \geqslant 0$ 的附加约束，该约束是通过设置偏导数 L_{p} 关于 ξ_i 为 0 得到的。

通过这种方法，可以得到硬边界支持向量机和软边界支持向量机的等价对偶问题。软边界支持向量机的对偶问题是最大化 L_{D}，约束条件为 $0 \leqslant \lambda_i \leqslant C$ 且 $\sum_{i=1}^{n}\lambda_i y_i = 0$，其中 C 是用户定义的参数，前面已经推导出了松弛非负约束的 Kuhn-Tucker 最优性条件为 $\beta_i\xi_i = 0$。由于 $\beta_i = C - \lambda_i$，因此可以得到 $(C - \lambda_i)\xi_i = 0$。

在参数 b 的求解中，考虑任何具有零松弛的支持向量 $\boldsymbol{x}_r$，其中 $0 < \lambda_i < C$，同样可以使用式（4-27）来对 b 的值进行计算。

软边界支持向量机还可以通过同时消除边界约束和松弛约束来求解，在式（4-32）中代入 $\xi_i = \max\left\{0, 1 - y_i\left(\boldsymbol{w}^{\mathrm{T}}\boldsymbol{x}_i + b\right)\right\}$ 来实现，可以变为无约束的优化（最小化）问题：

$$O = \frac{\|\boldsymbol{w}\|_2^2}{2} + C\sum_{i=1}^{n}\max\left\{0, 1 - y_i\left(\boldsymbol{w}^{\mathrm{T}}\boldsymbol{x}_i + b\right)\right\} \tag{4-34}$$

除拉格朗日对偶方法外，软边界支持向量机还可以使用梯度下降法来求解。目标函数中涉及参数 $\boldsymbol{w}$ 和 b，因此需要计算关于这些参数的偏导数，以便进行梯度下降步骤。然而，由于目标函数中包含最大函数，导致其偏导数的计算并不乐观，其偏导数的形式取决于最大函数内部的项为正数的数量。每个训练数据的损失函数和惩罚项都将影响梯度的计算，对于那些评估为正数的最大函数内部项，梯度的计算会有所不同。梯度下降法在某些情况下比较受欢迎，但拉格朗日对偶方法更简单，并且在需要近似解时通常更有效率，它直接在参数空间中进行优化。在大规模数据集上，拉格朗日对偶方法的计算效率更高。

4.5.3 非线性支持向量机

非线性决策曲面如图 4-6 所示，图 4-6 中的数据并不是线性可分离的，其决策边界是一个椭圆（用虚线表示），在前面两节介绍的支持向量机理论中，无论是硬间隔最大化方法还是软间隔最大化方法，都无法解决这样的分类问题。

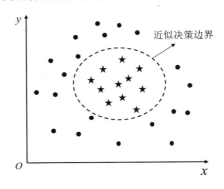

图 4-6　非线性决策曲面

一种解决方法是首先将其转变为线性可分离问题，然后使用前面两节的理论进行求解。假设图 4-6 中椭圆方程为：

$$8(x_1 - 1)^2 + 50(x_2 - 2)^2 = 1 \tag{4-35}$$

通过把 $z_1 = x_1^2$、$z_2 = x_1$、$z_3 = x_2^2$、$z_4 = x_2$ 代入式（4-35），将训练数据变换到新的四维空间中，从而使得这些空间中的类是线性可分离的。这样，利用前面两节的理论可以在变换后的空间中作为线性模型求解。

随着超平面中系数向量 $\boldsymbol{w}$ 的维度增加，问题的复杂度随之增加，特别是对于高阶多项式，需要学习大量的系数。因此，如果没有足够的训练数据可用，则可能导致过拟合问题，即使原始决策边界是线性的，也可能被错误地近似为非线性。

为了克服这些问题，非线性支持向量机使用了核技巧（Kernel Trick）。核技巧可以在不显式执行特征变换的情况下学习任意决策边界，它允许在高维特征空间中计算数据之间的内积，从而实现在原始特征空间中学习非线性决策边界。这样就可以在不增加计算复杂度的情况下处理非线性问题，并避免过拟合的问题。核技巧是支持向量机在处理复杂问题时的重要工具，可以使支持向量机成为一种强大的非线性分类模型。

引入核函数 $K(\boldsymbol{x}_i, \boldsymbol{x}_j)$，它的自变量是原始输入空间的向量。规定核函数必须满足条件：$K(\boldsymbol{x}_i, \boldsymbol{x}_j) = \phi(\boldsymbol{x}_i)^{\mathrm{T}} \phi(\boldsymbol{x}_j)$，$\phi(\boldsymbol{x}_i)$ 和 $\phi(\boldsymbol{x}_j)$ 是 $\boldsymbol{x}_i$ 和 $\boldsymbol{x}_j$ 映射到高维空间的向量，即规定核函数等于向量映射到高维空间后的内积，这个等式隐含着一个从低维空间到高维空间的映射关系 ϕ。

常用的核函数如下。

高斯径向基核函数：$K(\boldsymbol{x}_i, \boldsymbol{x}_j) = \mathrm{e}^{-\left\| \boldsymbol{x}_i - \boldsymbol{x}_j \right\|^2 / 2\sigma^2}$。

多项式核函数：$K(\boldsymbol{x}_i, \boldsymbol{x}_j) = (\boldsymbol{x}_i^{\mathrm{T}} \boldsymbol{x}_j + c)^h$。

Sigmoid 核函数：$K(\boldsymbol{x}_i, \boldsymbol{x}_j) = \mathrm{Tanh}(\beta \boldsymbol{x}_i^{\mathrm{T}} \boldsymbol{x}_j + \theta)$，其中 Tanh 是双曲正切函数，$\beta > 0$，$\theta < 0$。

用线性分类方法求解非线性分类问题分为两步：首先使用一个变换将原空间的数据映射到新空间，然后在新空间中用线性分类学习方法从训练数据中学习分类模型。

当求解线性可分离问题时，将式（4-29）中的 $\boldsymbol{x}_i^{\mathrm{T}}\boldsymbol{x}_j$ 换为 $K(\boldsymbol{x}_i,\boldsymbol{x}_j)$ 即可形成新的目标函数，此时 $\boldsymbol{x}_i$ 和 $\boldsymbol{x}_j$ 都是经过映射后的高维空间中的向量，要在这个新的高维空间中求解出一个超平面，使数据被正确分类。

核技巧是指可以直接计算 $K(\boldsymbol{x}_i,\boldsymbol{x}_j)$（核函数 K 是已知的，根据充要条件可以构造），而不需要真正地去找一个 $\phi(\boldsymbol{x})$（通常是很难找到的）。也就是说，并不需要关心低维空间到高维空间的映射 ϕ 是什么样子的，只需要构造一个函数 K，使得该函数可以表示为映射后空间中数据的内积，同时求解出的超平面是位于高维空间的。

4.6　决策树

决策树（Decision Tree）是机器学习领域中一种极具代表性的算法，它可以用于解决分类问题（Classification）和回归问题（Regression），具有易于理解、计算效率高等特点。本节将详细介绍决策树的基本原理、构建过程及常见的优化方法。

4.6.1　决策树简介

决策树是一种树形结构，其初始节点为根节点，分枝（Branch）中的节点称为内部节点（Internal Node）或中间节点，每个节点表示一个特征（Feature），每个分枝表示一个特征取值的判断条件，而每个叶子节点（Leaf Node）表示一个类别或一个数值。通过对特征的逐层划分，决策树可以对数据进行分类或回归。

图 4-7 是一个简单的新能源开发项目投资决策树的例子，树中的节点表示某个特征，包括技术可行性、融资能力、发电收益率、政策支持，节点引出的分枝表示此特征的所有可能的值（可行或不可行、强或不强、高或低、支持或不支持），叶子节点表示最终的决策结果（投资或不投资）。决策树的决策过程就是从根节点（技术可行性）开始，测试待分类项中对应的特征取值，并按照其值选择输出分枝，直至叶子节点，将叶子节点中存放的类别作为决策结果。

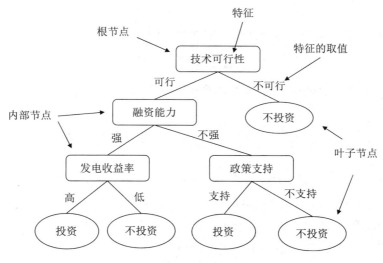

图 4-7　新能源开发项目投资决策树

构建决策树的过程可以概括为以下三个步骤。

第一步，特征选择：从所有特征中选择一个最优特征进行划分。常见的特征选择标准有信息增益（Information Gain）、信息增益比（Gain Ratio）、基尼指数（Gini Index）等。

第二步，决策树生成：根据选择的特征，将数据集划分为若干个子集。为每个子集生成对应的子节点，并将这些子节点作为当前节点的分枝。对每个子节点，重复第一步和第二步，直到满足停止条件为止。

停止条件：当满足以下任一条件时，停止决策树的生长。

（1）所有特征已经被用于划分。

（2）所有子集中的样本都属于同一类别。

（3）子集中样本数量不足以继续划分。

第三步，剪枝：为了避免过拟合（Overfitting），可以对生成的决策树进行剪枝。常见的剪枝方法有预剪枝（Pre-Pruning）和后剪枝（Post-Pruning）。

决策树易于理解和解释，可以进行数据可视化，不需要进行数据预处理，既可以进行分类，又可以进行回归，具有很多优点，因此在众多领域被广泛使用。目前使用较多的决策树算法是 ID3 算法、C4.5 算法和 CART 算法，下面分别对这三类算法进行介绍。

4.6.2　ID3 算法

ID3 算法[14]最早是由 Quinlan 于 1986 年提出的一种决策树算法，算法的核心是"信息熵"。ID3 算法以信息论为基础，以信息增益为度量标准，从而实现对数据的分类。ID3 算法计算每个特征的信息增益，并选取具有最高信息增益的特征作为给定的测试特征。

信息熵用于衡量信息的大小，单位为比特。熵度量了事物的不确定性，越不确定的事物，它的熵越大。随机变量 X 的熵表示为：

$$H(X) = -\sum_{i=1}^{n} p_i \log p_i \tag{4-36}$$

式中，n 代表 X 的 n 种不同的离散取值；p_i 代表 X 取值为 i 的概率；$\log$ 代表以 2 或 e 为底的对数。

变量 X 的熵很容易推广到多个变量的联合熵，两个变量 X 和 Y 的联合熵表示为：

$$H(X,Y) = -\sum_{x_i \in X} \sum_{y_i \in Y} p(x_i, y_i) \log p(x_i, y_i) \tag{4-37}$$

条件熵的表达式为 $H(X|Y)$，条件熵类似于条件概率，它度量了 X 在已知 Y 时的不确定性。

$$H(X|Y) = -\sum_{x_i \in X} \sum_{y_i \in Y} p(x_i, y_i) \log p(x_i|y_i) = \sum_{j=1}^{n} p(y_i) H(X|y_i) \tag{4-38}$$

$H(X)$ 度量了 X 的不确定性，条件熵 $H(X|Y)$ 度量了在已知 Y 时 X 的不确定性，那么 $H(X) - H(X|Y)$ 呢？从上面的描述可以看出，它度量了 X 在已知 Y 时不确定性的减少程度。

直观上，如果一个特征具有更好的分类能力，或者说，按照这个特征将训练集分割成子集，可以使得各个子集在当前条件下有更好的分类，那么就应该选择这个特征。信息增益能够很好地表示这个直观的准则。

信息增益表示得知特征 X 的信息使得类别 Y 的信息熵减少的程度。信息增益是相对于特征而言的。所以，特征 A 对训练集 D 的信息增益 $g(D,A)$ 定义为，训练集 D 的经验熵 $H(D)$ 与特征 A 给定条件下训练集 D 的经验条件熵 $H(D|A)$ 之差，即 $g(D,A)=H(D)-H(D|A)$。

下面举一个信息增益计算的具体例子。假设有 15 个样本 D，其输出为 0 或 1。其中有 9 个输出为 1，6 个输出为 0。样本中有一个特征 A，取值为 A_1、A_2 和 A_3。在特征取值为 A_1 的样本中，有 3 个输出为 1，2 个输出为 0；在特征取值为 A_2 的样本中，有 2 个输出为 1，3 个输出为 0；在特征取值为 A_3 的样本中，有 4 个输出为 1，1 个输出为 0。

样本 D 的熵为：$H(D)=-\left(\dfrac{9}{15}\log_2\dfrac{9}{15}+\dfrac{6}{15}\log_2\dfrac{6}{15}\right)=0.971$。

样本 D 在特征 A 下的条件熵为：$H(D|A)=\dfrac{5}{15}H(D_1)+\dfrac{5}{15}H(D_2)+\dfrac{5}{15}H(D_3)=0.888$。

对应的信息增益为：$g(D,A)=H(D)-H(D|A)=0.971-0.888=0.083$。

假设输入的是 m 个样本，样本输出集合为 D，每个样本有 q 个离散特征，特征集合为 A，输出为决策树 T，则 ID3 算法的步骤为：

第一步，初始化信息增益的阈值 ε；

第二步，判断样本是否为同一类别（输出 D_i），如果是，则 T 为单节点树，并将类别 D_i 作为该节点的类别标签，返回 T；

第三步，判断特征是否为空，如果是，则返回单节点树 T，标记类别为 D 中输出类别实例数最多的类别；否则，计算 A 中的各个特征（一共 n 个）对输出 D 的信息增益，选择信息增益最大的特征 A_g；

第四步，如果 A_g 的信息增益小于阈值 ε，则返回单节点树 T，标记类别为 D 中输出类别实例数最多的类别；否则，按特征 A_g 的不同取值 A_{g_i} 将对应的样本分成不同的类别 D_i，每个类别产生一个子节点，对应特征值为 A_{g_i}，返回增加了节点的树 T；

第五步，对于所有的子节点，令 $D=D_i$，$A=A-\left\{A_g\right\}$，递归调用第二步～第四步，得到子树 T_i 并返回。

ID3 算法的核心思想是分别计算每个特征划分前后数据的信息熵之差（信息增益），当分裂节点时，以最大信息增益的特征为节点，即把最能有效分类的条件特征用作节点进行分裂，以保证每次分裂的样本最纯，生成的决策树最简洁。经过反复迭代，直至叶子节点只有一类或所有条件特征均用作分裂节点。

ID3 算法没有考虑连续特征，如长度、密度等，这种特征无法在 ID3 算法中应用。ID3 算法采用信息增益大的特征优先建立决策树的节点。一般而言，取值多的特征比取值少的特征信息增益大，这就导致某些节点可能会在决策树中占据主导地位，从而影响模型的泛化能力。ID3 算法对于缺失值和过拟合的问题也没有考虑，这些都是 ID3 算法的不足之处。

4.6.3　C4.5 算法

ID3 算法选择特征用的是子树的信息增益，为了避免使用信息增益的弊端，C4.5 算法引入了信息增益率，而且在决策树构造过程中进行剪枝，实现了对连续特征和缺失值的处理。C4.5 算法[15]是 Quinlan（1993 年）对 ID3 算法的改进，改进体现在以下四个方面。

1）连续特征的处理

C4.5 算法的思路是将连续的特征离散化。例如，m 个样本的连续特征 A 有 m 个，从小到大排列为 $a_1, a_2, \cdots, a_m$，则 C4.5 算法取相邻两个样本特征值的平均数，一共取得 $m-1$ 个划分点，其中第 i 个划分点 T_i 表示为 $T_i = \dfrac{1}{2}(a_i + a_{i+1})$。对于这 $m-1$ 个划分点，分别计算用该划分点作为二元分类点时的信息增益。选择信息增益最大的点作为该连续特征的二元离散分类点，如果取到的增益最大的点为 a_t，则小于 a_t 的值为类别 1，大于 a_t 的值为类别 2，这样我们就做到了连续特征的离散化。要注意的是，与离散特征不同的是，如果当前节点为连续特征，则该特征后续还可以参与子节点的产生选择过程。

2）信息增益率

用信息增益作为标准容易偏向于取值较多的特征，C4.5 算法引入信息增益率 $I_R(X, Y)$，它是信息增益和特征熵的比值，公式为：

$$I_R(D, A) = \frac{I(A, D)}{H_A(D)} \tag{4-39}$$

式中，D 为样本特征输出的集合；A 为样本特征。特征熵的公式为：

$$H_A(D) = -\sum_{i=1}^{n} \frac{|D_i|}{|D|} \log_2 \frac{|D_i|}{|D|} \tag{4-40}$$

式中，n 为样本特征 A 的类别数；D_i 为样本特征 A 的第 i 个取值对应的样本个数；$|D|$ 为样本总数。

特征数越多的特征对应的特征熵越大，特征熵作为分母，可以校正信息增益容易偏向于取值较多的特征的问题。

3）缺失值处理

缺失值处理需要解决的是两个问题，一是在样本某些特征缺失的情况下选择划分特征，二是选择划分特征后对在该特征上缺失值的样本的处理。

对于第一个问题，对于某一个有缺失值的特征 A，C4.5 算法的思路是首先将样本分成两个部分，对每个样本设置一个权重（初始可以都设为 1），然后划分样本，一部分是有特征 A 的样本 D_1，另一部分是没有特征 A 的样本 D_2。接着对于有特征 A 的样本 D_1，以及对应的特征 A 的各个特征值一起计算加权后的信息增益比，最后乘上一个系数，这个系数是没有特征 A 的样本 D_2 加权后所占加权总样本的比例。

对于第二个问题，可以将没有特征的样本同时划入所有的子节点，并将该样本的权重按各个子节点的样本个数比例来分配。例如，没有特征 A 的样本 a 之前的权重为 1，特征 A 有三个特征值 A_1、A_2、A_3。三个特征值对应的有特征 A 的样本个数分别为 2 个、3 个、4 个，则将样本 a 同时划入 A_1、A_2、A_3，对应权重调节为 2/9、3/9 和 4/9。

4）决策树的剪枝

剪枝就是删除一些不可靠的分枝，用多个类别的叶子节点代替，以加快分类的速度和提高决策树正确分类新数据的能力。常用的剪枝方法有预剪枝和后剪枝。预剪枝就是提早结束决策树的构造过程，通过选取一个阈值判断决策树的构造是否停止，因为适当的阈值很难确定，所以预剪枝存在危险，不能保证决策树的可靠性。后剪枝是指在决策树构造完毕得到一棵完整的决策树后再进行剪枝，通常的思路是对每个决策树的节点进行错误率估计，通过与

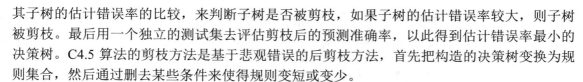

其子树的估计错误率的比较，来判断子树是否被剪枝，如果子树的估计错误率较大，则子树被剪枝。最后用一个独立的测试集去评估剪枝后的预测准确率，以此得到估计错误率最小的决策树。C4.5 算法的剪枝方法是基于悲观错误的后剪枝方法，首先把构造的决策树变换为规则集合，然后通过删去某些条件来使得规则变短或变少。

C4.5 算法存在一些不足之处，主要如下。

（1）容易导致过拟合。C4.5 算法虽然在训练时间与预测准确率等方面占有优势，但模型复杂度较高。C4.5 算法在进行分枝时，如果选取的特征是离散特征，则分枝产生的节点个数与该离散特征的取值个数相同；如果选取的特征是连续特征，则分枝产生的节点个数 N 理论上在 2 与 $R-1$ 之间（R 为记录个数）。在最坏的情况下，当数据集较大并且分枝的节点个数取 $R-1$ 时，决策树的模型复杂度将是巨大的。巨大的模型复杂度必然导致决策树的过拟合。

（2）计算效率不高。传统的 C4.5 算法要将每个记录的某特征的所有值都作为候选划分点，对每个候选特征值都要遍历一遍数据集，然后计算每个候选划分点的信息增益，最后选择信息增益最大的值作为最佳划分点。所以，当训练集中存在大量的连续特征时，对训练集的频繁遍历将会大大降低算法的计算效率。

（3）C4.5 算法只能用于分类，无法用于回归，这限制了它的使用范围。

4.6.4　CART 算法

CART（Classification And Regression Tree）算法由 Breiman 等[16]在 1984 年提出，该算法用基尼指数来选择特征（分类），或者用均方差来选择特征（回归）。CART 算法既可以用于创建分类树，又可以用于创建回归树，两者在创建的过程中稍有差异。如果目标变量是离散的，则称为分类树；如果目标变量是连续的，则称为回归树。

ID3 算法使用信息增益来选择特征，信息增益大的特征被优先选择。C4.5 算法使用信息增益率来选择特征，以尽量避免信息增益容易造成选择特征值多的特征的问题。无论是 ID3 算法还是 C4.5 算法，都是基于信息论的熵模型的，因此涉及大量的对数运算，这增加了模型的运算复杂度。CART 算法使用基尼指数来代替信息增益（率），基尼指数代表了模型的不纯度，基尼指数越小，则不纯度越低，特征越好。这和信息增益（率）是相反的。

1）基尼不纯度的定义

基尼不纯度使用基尼指数来表示。在分类问题中，假设有 K 个类别，第 k 个类别的概率为 p_k，则基尼指数表示为：

$$\text{Gini}(p) = \sum_{k=1}^{K} p_k (1-p_k) = 1 - \sum_{k=1}^{K} p_k^2 \qquad (4\text{-}41)$$

如果是二分类问题，那么计算就更加简单了，如果属于第一个样本输出的概率是 p，则 $\text{Gini}(p) = 2p(1-p)$。对于一个给定的样本，假设有 K 个类别，第 k 个类别的数量为 C_k，则样本 D 的基尼指数表示为：

$$\text{Gini}(D) = 1 - \sum_{k=1}^{K} \left(\frac{|C_k|}{|D|} \right)^2 \qquad (4\text{-}42)$$

特别地，对于样本 D，如果根据特征 A 的某个值 a，把 D 分成 D_1 和 D_2 两个部分，则在特征 A 的条件下，D 的基尼指数表示为：

$$\text{Gini}(D, A) = \frac{|D_1|}{|D|}\text{Gini}(D_1) + \frac{|D_2|}{|D|}\text{Gini}(D_2) \tag{4-43}$$

2）连续特征和离散特征的处理

CART 算法是如何处理连续特征和离散特征的呢？CART 算法对连续特征的处理，其思路和 C4.5 算法是相同的，都是将连续特征离散化。唯一的区别在于在选择划分点时的度量方式不同，C4.5 算法使用的是信息增益率，而 CART 算法使用的是基尼指数。具体的思路如下：假设 m 个样本的连续特征 A 有 m 个，从小到大排列为 $a_1, a_2, \cdots, a_m$，则 CART 算法取相邻两个样本特征值的平均数，一共取得 $m-1$ 个划分点，其中第 i 个划分点 T_i 表示为 $T_i = \frac{1}{2}(a_i + a_{i+1})$。

对于这 $m-1$ 个划分点，分别计算用该划分点作为二元分类点时的基尼指数。选择基尼指数最小的点作为该连续特征的二元离散分类点。例如，取到的基尼指数最小的点为 a_t，则小于 a_t 的值为类别 1，大于 a_t 的值为类别 2，这样就做到了连续特征的离散化。要注意的是，与 ID3 算法或 C4.5 算法处理离散特征不同的是，如果当前特征为连续特征，则该特征后续还可以参与子节点的产生选择过程。

CART 算法对离散特征的处理，采用的方法是不停地二分离散特征。在 ID3 算法或 C4.5 算法中，设某个特征 A 被选取建立决策树节点，如果它有 A_1、A_2、A_3 三个值，则 ID3 算法或 C4.5 算法在决策树上一下建立一个三叉的节点，这样导致决策树是多叉树。但是 CART 算法使用的方法不同，它会不停地二分离散特征。CART 算法会考虑把 A 分成 $\{A_1\}$ 和 $\{A_2, A_3\}$、$\{A_2\}$ 和 $\{A_1, A_3\}$、$\{A_3\}$ 和 $\{A_1, A_2\}$ 三种情况，找到基尼指数最小的组合。如果 $\{A_2\}$ 和 $\{A_1, A_3\}$ 基尼指数最小，则使用这个组合建立二叉的节点，一个节点是 A_2 对应的样本，另一个节点是 $\{A_1, A_3\}$ 对应的节点。虽然这次没有把特征 A 的取值完全分开，但是后面还有机会在子节点处继续选择特征 A 来划分 A_1 和 A_3。而在 ID3 算法或 C4.5 算法的一棵子树中，离散特征只会参与一次节点的建立。

3）CART 分类树的算法流程

下面介绍 CART 分类树建立的具体流程。

输入：训练集 D、基尼指数的阈值、样本个数阈值。

输出：分类树 T。

第一步，对应当前节点的训练集 D（样本集），如果样本个数小于阈值或没有特征，则返回分类子树，当前节点停止递归；

第二步，计算样本集 D 的基尼指数，如果基尼指数小于阈值，则返回分类子树，当前节点停止递归；

第三步，计算当前节点现有的各个特征的特征值对样本集 D 的基尼指数；

第四步，在计算出来的各个特征的特征值对样本集 D 的基尼指数中，选择基尼指数最小的特征 A 和对应的特征值 a。根据这个最优特征和最优特征值，把样本集划分成两个部分 D_1 和 D_2，同时建立当前节点的左右节点，左节点的样本集 D 为 D_1，右节点的样本集 D 为 D_2；

第五步，对左右的子节点递归调用第一步～第四步，生成分类树。

当生成的分类树用来进行预测的时候，假如测试集中的样本 A 落到了某个叶子节点，而节点中有多个训练样本，则样本 A 的类别预测为这个叶子节点中概率最大的类别。

4）CART 回归树

CART 算法除进行分类外，还可以进行回归。CART 回归树和 CART 分类树的建立流程大部分是类似的，所以这里只讨论二者的不同之处。

除了概念的不同，CART 回归树和 CART 分类树的建立和预测的区别主要有两点：连续特征的处理方法不同、进行预测的方式不同。对于连续特征的处理，使用了常见的和方差的度量方式。CART 回归树的度量目标是，对于任意划分特征 A 对应的任意划分点 s 两边划分成的样本集 D_1 和样本集 D_2，求出使 D_1 和 D_2 各自的均方差最小时所对应的特征和特征值划分点。表达式为：

$$\min_{A,s}\left[\min_{c_1}\sum_{x_i\in D_1(A,s)}\left(y_i-c_1\right)^2+\min_{c_2}\sum_{x_i\in D_2(A,s)}\left(y_i-c_2\right)^2\right] \tag{4-44}$$

式中，c_1 为样本集 D_1 的样本输出均值；c_2 为样本集 D_2 的样本输出均值。

在决策树建立后进行预测的方式中，CART 分类树采用叶子节点中概率最大的类别作为当前节点的预测类别，而 CART 回归树的输出不是类别，它采用最终叶子节点的均值或中位数来预测输出结果。

5）CART 树的剪枝

由于决策时算法很容易对训练集过拟合，从而导致泛化能力差，因此需要对 CART 树进行剪枝，类似于线性回归的正则化，来增强 CART 树的泛化能力。CART 算法采用的是后剪枝，即先生成原始树，再生成所有可能的剪枝后的 CART 树，最后使用交叉验证来检验各种剪枝的效果，选择泛化能力最好的剪枝策略。

在剪枝的过程中，对于任意的一棵子树 T，其损失函数表示为：

$$C_\alpha\left(T_t\right)=C\left(T_t\right)+\alpha|T_t| \tag{4-45}$$

式中，α 为正则化参数，这和线性回归的正则化一样；$C(T_t)$ 为训练数据的预测误差，分类树采用基尼指数度量，回归树采用均方差度量；$|T_t|$ 是子树 T 的叶子节点的数量。

当 $\alpha=0$ 时，即没有正则化，原始生成的 CART 树即最优子树。当 $\alpha=\infty$ 时，即正则化强度达到最大，此时由原始生成的 CART 树的根节点组成的单节点树为最优子树。当然，这是两种极端情况。一般来说，α 越大，则剪枝剪得越厉害，生成的最优子树相比原生决策树就越小。对于固定的 α，一定存在使损失函数 $C_\alpha(T)$ 最小的唯一子树。

对于位于节点 t 的任意一颗子树 T_t，如果没有剪枝，则它的损失是 $C_\alpha(T_t)=C(T_t)+\alpha|T_t|$，如果将其剪枝，仅保留根节点，则损失是 $C_\alpha(T)=C(T)+\alpha$。当 $\alpha=0$ 或 α 很小时，$C_\alpha(T_t)<C_\alpha(T)$，当 α 增大到一定的程度时，$C_\alpha(T_t)=C_\alpha(T)$。当 α 继续增大时，不等式反向，也就是说，如果 $\alpha=\dfrac{C(T)-C(T_t)}{|T_t|-1}$，则 T_t 和 T 有相同的损失，但是 T 的节点更少，因此可以对子树 T_t 进行剪枝，将它的子节点全部剪掉，变为只有一个叶子节点的 T。

根据上面的方法，可以计算出每棵子树是否剪枝的阈值 α。如果把所有节点对应的子树是否剪枝的阈值 α 都计算出来，分别针对不同的 α 所对应的剪枝后的最优子树进行交叉验证，这样就可以选择一个最好的 α，就可以用对应的最优子树作为最终结果。

CART 树的剪枝算法如下。

输入：CART 算法得到的原始树 T_0。

输出：最优子树 T_α。

第一步，初始化 $k = 0$，$T = T_0$，最优子树集合 $\omega = \{T\}$；

第二步，$\alpha_{\min} = \infty$；

第三步，从叶子节点开始，自下而上计算各子树 T_t 的训练误差损失函数 $C_\alpha(T_t)$（回归树为均方差，分类树为基尼指数）、叶子节点数 $|T_t|$，以及正则化阈值 $\alpha = \min\left\{ \dfrac{C(T) - C(T_t)}{|T_t| - 1}, \alpha_{\min} \right\}$，更新 $\alpha_{\min} = \alpha$；

第四步，$\alpha_k = \alpha_{\min}$；

第五步，自上而下地访问子树 T_t 的内部节点，如果 $\dfrac{C(T) - C(T_t)}{|T_t| - 1} \leq \alpha_k$，则进行剪枝，并决定叶子节点 t 的值。如果是分类树，则是概率最大的类别；如果是回归树，则是所有样本输出的均值。这样得到 α_k 对应的最优子树 T_k；

第六步，最优子树集合 $\omega = \omega \cup T_k$；

第七步，$k = k + 1$，$T = T_k$，如果 T 不是由根节点单独组成的树，则回到第二步继续递归执行，否则就已经得到了所有的可选最优子树集合 ω；

第八步，采用交叉验证在 ω 中选择最优子树 T_α。

4.7 集成学习

集成学习本身不是一种单独的机器学习算法，而是通过构建并结合多个个体学习器来完成学习任务的。集成学习可以用于分类问题集成、回归问题集成、特征选取集成、异常点检测集成等，这种方法在大数据分析领域应用非常广泛。

4.7.1 集成学习概述

对于训练数据，通过训练若干个个体学习器，使用一定的结合策略，来完成学习任务，就可以最终形成一个强学习器（常常可以获得比个体学习器性能显著优越的学习器）。个体学习器一般就是常见的机器学习算法，如决策树、神经网络等。集成学习的思想如图4-8所示。

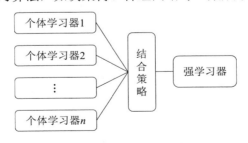

图 4-8　集成学习的思想

集成学习是一种技术框架，其按照不同的思路来组合基础模型，从而达到模型性能更强大的目的。集成学习有两个主要的问题需要解决，第一是如何得到若干个个体学习器，第二是如何选择一种结合策略，将这些个体学习器集合成一个强学习器。

集成学习通过将多个个体学习器结合，通常都会获得比单一个体学习器显著优越的泛化能力，也可能会获得相同或更差的泛化能力。要想获得较好的集成学习性能，个体学习器需要满足以下两个基本条件：

（1）个体学习器要有一定的性能，至少不差于随机猜测的性能，即个体学习器的准确率不低于 50%；

（2）个体学习器要具有多样性，即个体学习器间要有差异。

集成学习的第一个问题就是如何得到若干个个体学习器，一般有以下两种选择。

（1）同质个体学习器，即所有的个体学习器属于同一种类，如都是决策树个体学习器，或者都是神经网络个体学习器，如 Boosting 和 Bagging 系列。

（2）异质个体学习器，即所有的个体学习器不全属于同一种类，如对于某一个分类问题，先对训练集采用支持向量机、Logistic 回归和朴素贝叶斯等不同的个体学习器来学习，再通过某种结合策略来确定最终的强学习器，这种集成学习称为 Stacking。

目前来说，同质个体学习器的应用是较广泛的，一般常用的集成学习方法都使用同质个体学习器。同质个体学习器按照个体学习器之间是否存在依赖关系可以分为两类：第一类是个体学习器之间存在强依赖关系，个体学习器基本都需要串行生成，代表算法是 Boosting 系列；第二类是个体学习器之间不存在强依赖关系，一系列个体学习器可以并行生成，代表算法是 Bagging 系列，如随机森林（Random Forest）。

提升集成学习性能主要通过增加多样性来实现，主要做法是对数据样本、输入特征、输出表示、算法参数进行扰动处理。

1）数据样本扰动

数据样本扰动通常使用采样法来实现，如 Bagging 系列算法中的自助采样法。数据样本扰动对决策树、神经网络这种对数据样本变化敏感的机器学习算法非常有效，但是对支持向量机、朴素贝叶斯、KNN 这些对数据样本变化不敏感的机器学习算法作用不大。

2）输入特征扰动

输入特征扰动是指在样本的特征空间中产生不同的特征子集。在包含大量冗余特征的样本中，在特征子集中训练个体学习器不仅能产生多样性大的个体学习器，还会因特征数的减少而大幅节省时间开销。同时，由于冗余特征多，减少一些冗余特征后训练出来的个体学习器性能不会太差。若样本只包含少量特征，或者冗余特征少，则不适宜进行输入特征扰动。

3）输出表示扰动

输出表示扰动是指对输出表示进行操纵以增强多样性。可以对训练样本的标签稍作变动，如随机改变一些训练样本的标签，也可以对输出表示进行转化，如将分类输出转化为回归输出后构建个体学习器。

4）算法参数扰动

算法参数扰动在深度学习算法中较为常见，主要原因是神经网络有很多参数可以设置，不同的参数往往可以产生差异较大的个体学习器。

4.7.2　随机森林

随机森林由 Breiman[17]在 2001 年提出，是 Bagging 系列算法的一种。Bagging 系列算法又叫作自举汇聚算法，是在原始数据集上采用有放回的抽样方式，重新选择出若干个新数据集来分别训练若干个分类器的集成技术，这些分类器的训练数据中允许存在重复数据。Bagging 系列算法训练出来的分类器在预测新样本分类的时候，会使用多数投票或求均值的方式来统计最终的分类结果。

随机森林就是通过集成学习的思想将多棵决策树集成的一种算法，它的基本单元是决策树。从直观角度来解释，每棵决策树都是一个分类器（假设现在针对的是分类问题），那么对于一个输入样本，n 棵决策树会有 n 个分类结果，随机森林集成了所有的分类投票结果，将投票数最多的类别指定为最终的输出，这就是 Bagging 思想。随机森林的算法框架如图 4-9 所示。

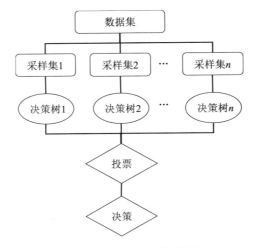

图 4-9　随机森林的算法框架

随机森林用 CART 决策树作为基决策树，并在训练的划分点中额外引入随机选择的特征。假定基决策树的叶子节点含有 n 个特征，首先从该节点的特征集中随机选择 k 个特征（$k \leqslant n$），然后基于随机选择的特征确定一个最优特征来进行决策树的左右子树划分。从特征选择的角度来看，若 $k = n$，则此时随机森林内的基决策树和普通 CART 决策树相同。k 值越小，随机选择造成的输入特征扰动越大，基决策树间的差异越明显，最终导致模型的泛化能力增强，但对于训练集的拟合程度会变差。也就是说，k 值越小，模型的方差会越小，但是偏差会越大。因此随机森林模型在实际的训练过程中，需要对内部超参进行迭代优化，以获取鲁棒性更高的模型。

随机森林的算法步骤如下。

第一步，给定样本集 $D = \left\{ (x_1, y_1), (x_2, y_2), \cdots, (x_n, y_n) \right\}$，基学习器个数为 M，其输出结果为 $f(x)$，集成后的强学习器的输出结果为 $H(x)$。

第二步，对于 $m = 1, 2, \cdots, M$，执行下列操作。

① 当第 m 个基学习器训练时，从 D 中有放回地随机抽取 n 个样本，此时得到包含 n 个样本的采样集 D_m。

② 该基学习器将 D_m 作为数据集进行训练，在训练时每个叶子节点随机选择特征子集计算不纯度，并选择最优特征进行决策树节点划分，输出结果 $f_m(x)$。

第三步，汇总 M 个基学习器的输出结果 $f(x)$，根据投票原则，返回最高预测概率的类别作为强学习器的输出结果 $H(x)$。

随机森林算法的主要优点包括：①训练可以高度并行化；②在训练后可以给出各个特征对于输出结果的重要性；③训练出的模型方差小，泛化能力强；④实现比较简单；⑤对部分特征缺失不敏感。随机森林算法的主要缺点包括：①在某些噪声比较大的样本集上，随机森林模型容易过拟合；②取值较多的特征容易对随机森林模型的决策产生更大的影响，从而影响模型的拟合效果。

4.7.3 AdaBoost

AdaBoost 算法是最优秀的 Boosting 系列算法之一，该算法能够将比随机猜测略好的弱分类器提升为分类精度高的强分类器，为学习算法的设计提供了新的思想和新的方法。AdaBoost 算法不要求预知弱学习器的任何先验知识，在实践中获得了极大的成功，被评为数据挖掘十大算法之一。AdaBoost 算法是 Freund 和 Schapire[18]于 1996 年对 Boosting 系列算法进行改进得到的，其算法原理是通过调整样本权重和弱分类器权重，从训练出的弱分类器中筛选出权重系数最小的弱分类器组合成一个最终的强分类器。

AdaBoost 算法的步骤如下。

第一步，假设样本集 $D = \left\{ (x_1, y_1), (x_2, y_2), \cdots, (x_n, y_n) \right\}$，初始化样本权重分布 $W_1 = (w_{11}, w_{12}, \cdots, w_{1n})$，其中 $w_{1i} = 1/n$，$i = 1, 2, \cdots, n$。

第二步，对于 $m = 1, 2, \cdots, M$，执行下列操作。

① 当第 m 个基分类器训练时，以 W_m 为样本权重对训练集 D_m 建模并得到分类器 $h(x, D_m)$。

② 应用 $h(x, D_m)$ 预测样本集 D 中的所有样本，计算 $\mathrm{Err}_m = \dfrac{\sum\limits_{i=1}^{n} w_{mi} I\left(y_i \neq h(x_i, D_m)\right)}{\sum\limits_{i=1}^{n} w_{mi}}$。示性函数 I 是指，如果 $y_i \neq h(x, D_m)$，则 $I\left(y_i \neq h(x, D_m)\right) = 1$，否则 $I\left(y_i \neq h(x, D_m)\right) = 0$。

③ 计算 $h(x, D_m)$ 的权重系数 $\alpha_m = \ln \dfrac{1 - \mathrm{Err}_m}{\mathrm{Err}_m}$。

④ 更新样本集的样本权重 $W_{m+1} = (w_{m+1,1}, w_{m+1,2}, \cdots, w_{m+1,n})$，其中 $w_{m+1,i} = \dfrac{w_{m,i}}{Z_m} \mathrm{e}^{-\alpha_m y_i h(x_i, D_m)}$，$Z_m$ 是规范化因子，$Z_m = \sum\limits_{i=1}^{n} w_{m,i} \mathrm{e}^{-\alpha_m y_i h(x_i, D_m)}$。

第三步，通过投票建立加权函数 $H(x) = \underset{y \in \{1, 2, \cdots, K\}}{\arg\max} \sum\limits_{m=1}^{M} \alpha_m I\left(y_i = h(x, T_m)\right)$。

由 AdaBoost 算法的步骤可知，该算法在实现过程中根据样本集的大小初始化样本权重，使其满足均匀分布，在后续操作中不断更新样本权重。样本被错误分类导致权重增大，反之权重减小，这表示被错误分类的样本包括一个更高的权重，这就会使在下次训练时样本集更注重于难以识别的样本，针对被错误分类的样本的进一步学习来得到下一个弱分类器，直至样本被正确分类。当达到规定的迭代次数或预期的错误率时，强分类器构建完成。

4.7.4 GBDT

GBDT（Gradient Boosting Decision Tree，梯度提升决策树）在 2001 年由 Friedman[19]提出。GBDT 是一种迭代的决策树算法，又叫 MART（Multiple Additive Regression Tree），它构造一组弱学习器（决策树），并把多棵决策树的结果累加起来作为最终的预测输出。GBDT 也是 Boosting 系列算法家族的成员，但是和传统的 AdaBoost 算法有很大的不同，AdaBoost 算法利用前一次迭代弱学习器的错误率来更新样本集的权重。

GBDT 算法的基本流程如下。

第一步，给定损失函数 $L(y_i, \gamma)$，初始化 $f_0(x) = \arg\min\limits_{\gamma} L(y_i, \gamma)$，得到只有一个根节点的决策树，即 γ 是一个常数。

第二步，对 $m = 1, 2, \cdots, M$，执行下列操作。

① 计算损失函数的负梯度在当前模型中的值，将它作为残差的估计值：

$$r_{i,m} = -\left[\frac{\partial L(y_i, f(x_i))}{\partial f(x_i)}\right]_{f=f_{m-1}}, \quad i = 1, 2, \cdots, n \qquad (4\text{-}46)$$

② 根据残差 $r_{i,m}$ 训练回归树，得到叶子节点区域 $R_{j,m}$，$j = 1, 2, \cdots, J_m$。

③ 利用线性搜索估计叶子节点区域的值，使损失函数极小化：

$$\gamma_{j,m} = \arg\min\limits_{\gamma} \sum_{x_i \in R_{j,m}} L(y_i, \gamma), \quad j = 1, 2, \cdots, J_m \qquad (4\text{-}47)$$

④ 更新回归树 $f_m(x) = f_{m-1}(x) + \sum\limits_{j=1}^{J_m} \gamma_{j,m} I(x \in R_{j,m})$。

第三步，输出最终的强学习器 $\hat{f}(x) = f_M(x)$。

式（4-46）的损失函数一般取 $L(y_i, f(x_i)) = \frac{1}{2}(y_i - f(x_i)^2)$，其负梯度 $-\dfrac{\partial L(y_i, f(x_i))}{\partial f(x_i)} = y_i - f(x_i)$，所以负梯度其实是残差的估计值。

为了便于理解 GBDT 算法，举一个简单的例子对该算法的操作过程进行说明。表 4-2 所示为太阳能发电项目数据，特征包括装机容量、日照时间和季节，预测指标为日发电量。

表 4-2　太阳能发电项目数据

项目名称	装机容量	日照时间	季节	日发电量
A	2000kW	4h	冬季	200kWh
B	5000kW	6h	夏季	1000kWh
C	6000kW	9h	冬季	1200kWh
D	9000kW	12h	夏季	2800kWh

假设使用普通的决策树算法可以生成一棵如图 4-10 所示的决策树，那么此决策树就可以作为一个弱分类器使用，该分类器仅使用了三个特征中的两个。当使用 GBDT 算法时，假设初始决策树为图 4-11 中的 $f_0(x)$，初始决策树仅使用装机容量这个特征，具有两个叶子节点。第一次迭代时使用残差来生成一棵决策树，假设生成的决策树仅使用季节这个特征。此时当使用 $f_1(x)$ 进行预测时，需要使用初始决策树的预测值加上残差决策树的预测值。当进行第二次迭代时，需要使用残差的残差继续生成决策树，直至迭代结束。

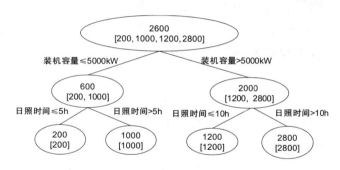

图 4-10 太阳能发电项目案例的一棵决策树

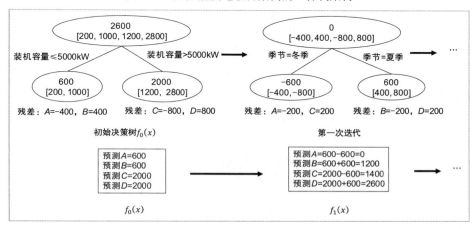

图 4-11 GBDT 算法的迭代过程

GBDT 算法能适应多种损失函数，既能用于分类，又能用于回归，而且能够进行混合数据类型的处理。尽管 GBDT 算法在分类和回归上能够达到较好的效果，在实际应用中仍存在不足之处。由于 GBDT 算法在训练 M 棵树的过程中需要遍历所有的样本，且新的回归树需要不断拟合前一棵树的残差，因此在样本集上的误差会逐渐趋近于 0，进而容易导致过拟合，从而使得 GBDT 算法对前期数据处理有着更高的要求。

4.7.5 XGBoost

XGBoost 算法在 2016 年由 Chen 和 Guestrin[20]提出，是以 GBDT 算法为基础实现的集成算法。XGBoost 算法对损失函数和弱学习器进行了重新定义，实现了运算速度和模型效果的平衡。

与 GBDT 算法相比，XGBoost 算法主要从以下三个方面做了优化。

（1）算法本身的优化：在弱学习器的选择上，GBDT 算法只支持决策树，XGBoost 算法可以直接支持其他的弱学习器。在算法的优化方式上，GBDT 算法的损失函数只对误差部分进行负梯度（一阶泰勒）展开，而 XGBoost 算法的损失函数对误差部分进行二阶泰勒展开，更加准确。

（2）算法运行效率的优化：对每个弱学习器，如在决策树建立的过程中，先对所有的特征值进行排序分组，再进行并行处理，找到合适的子树分裂特征和特征值。

（3）算法鲁棒性的优化：对于缺失值的特征，通过枚举所有缺失值在当前节点是进入左子树还是右子树来决定缺失值的处理方式。算法本身加入了 L_1 和 L_2 正则化项，可以防止过拟合，泛化能力更强。

在 GBDT 算法的损失函数 $L\big(y, f_{t-1}(x) + h_t(x)\big)$ 的基础上，XGBoost 算法加入了正则化项：

$$\Omega(h_t) = \gamma J + \frac{\lambda}{2}\sum_{j=1}^{J}\omega_{tj}^2 \tag{4-48}$$

式中，J 是叶子节点的个数；ω_{tj} 是第 j 个叶子节点的最优值，和 GBDT 算法中使用的 γ 是一样的。最终 XGBoost 算法的损失函数可以表示为：

$$L_t = \sum_{i=1}^{n}L\big(y_i, f_{t-1}(x_i) + h_t(x_i)\big) + \gamma J + \frac{\lambda}{2}\sum_{j=1}^{J}\omega_{tj}^2 \tag{4-49}$$

算法训练的目标是极小化上述损失函数，得到第 t 棵决策树最优的所有 J 个叶子节点区域和每个叶子节点的最优值 ω_{tj}。XGBoost 算法没有和 GBDT 算法一样去拟合泰勒展开式的一阶导数，而是直接基于损失函数的二阶泰勒展开式来求解。现在我们来看看这个损失函数的二阶泰勒展开式：

$$L_t \approx \sum_{i=1}^{n}\left(L\big(y_i, f_{t-1}(x_i)\big) + \frac{\partial L\big(y_i, f_{t-1}(x_i)\big)}{\partial f_{t-1}(x_i)}h_t(x_i) + \frac{1}{2}\frac{\partial^2 L\big(y_i, f_{t-1}(x_i)\big)}{\partial f_{t-1}^2(x_i)}h_t^2(x_i)\right) + \gamma J + \frac{\lambda}{2}\sum_{j=1}^{J}\omega_{tj}^2$$

为了方便表述，把第 i 个样本在第 t 个弱学习器中的一阶导数和二阶导数分别记为：

$g_{ti} = \dfrac{\partial L\big(y_i, f_{t-1}(x_i)\big)}{\partial f_{t-1}(x_i)}$、$h_{ti} = \dfrac{\partial^2 L\big(y_i, f_{t-1}(x_i)\big)}{\partial f_{t-1}^2(x_i)}$，则损失函数可以表示为：

$$L_t \approx \sum_{i=1}^{n}\left(L\big(y_i, f_{t-1}(x_i)\big) + g_{ti}h_t(x_i) + \frac{1}{2}h_{ti}h_t^2(x_i)\right) + \gamma J + \frac{\lambda}{2}\sum_{j=1}^{J}\omega_{tj}^2 \tag{4-50}$$

损失函数中的 $L\big(y_i, f_{t-1}(x_i)\big)$ 是前一次迭代后可以确定的常数，对极小化无影响，因此可以去掉，同时由于每棵决策树的第 j 个叶子节点的取值最终会是同一个值 ω_{tj}，因此损失函数可以继续化简：

$$L_t \approx \sum_{i=1}^{n}\left(g_{ti}h_t(x_i) + \frac{1}{2}h_{ti}h_t^2(x_i)\right) + \gamma J + \frac{\lambda}{2}\sum_{j=1}^{J}\omega_{tj}^2$$

$$= \sum_{j=1}^{J}\left(\left(\sum_{x_i \in R_{tj}}g_{ti}\right)\omega_{tj} + \frac{1}{2}\left(\sum_{x_i \in R_{tj}}h_{ti}\right)\omega_{tj}^2\right) + \gamma J + \frac{\lambda}{2}\sum_{j=1}^{J}\omega_{tj}^2$$

$$= \sum_{j=1}^{J}\left(\left(\sum_{x_i \in R_{tj}}g_{ti}\right)\omega_{tj} + \frac{1}{2}\left(\lambda + \sum_{x_i \in R_{tj}}h_{ti}\right)\omega_{tj}^2\right) + \gamma J$$

式中，R_{tj} 表示第 j 个叶子节点下的数据集。设 $G_{tj} = \sum\limits_{x_i \in R_{tj}}g_{ti}$，$H_{tj} = \sum\limits_{x_i \in R_{tj}}h_{ti}$，则最终损失函数的形式为：

$$L_t = \sum_{j=1}^{J}\left(G_{tj}\omega_{tj} + \frac{1}{2}\big(\lambda + H_{tj}\big)\omega_{tj}^2\right) + \gamma J \tag{4-51}$$

将式（4-51）括号中的式子记为 $F^*\left(\omega_{tj}\right)$，$F^*\left(\omega_{tj}\right)=G_{tj}\omega_{tj}+\dfrac{1}{2}\left(\lambda+H_{tj}\right)\omega_{tj}^2$。为了使 L_t 极小化，令 $F^*\left(\omega_{tj}\right)$ 对 ω_{tj} 的导数为 0，可以得到：

$$\omega_{tj}=-\frac{G_{tj}}{H_{tj}+\lambda} \tag{4-52}$$

将式（4-52）代入式（4-51），则损失函数变为：

$$L_t=-\frac{1}{2}\sum_{j=1}^{J}\frac{G_{tj}^2}{H_{tj}+\lambda}+\gamma J \tag{4-53}$$

现在的损失函数以树的结构来计算，所以可以叫作结构分数，结构分数与树的整体结构成正比，于是得到了树的结构和模型效果的直接联系。

XGBoost 模型是一个集成的树模型，在计算中使用了贪婪算法，贪婪算法是控制局部最优来达到全局最优的算法，当树中每个叶子节点的值达到最优时，整棵树就达到了模型的最优，可以在不列出所有可能树的前提下找到全局最优，从而提升模型效率。

在决策树中确定树停止生长时，首先使用基尼指数或信息熵来度量分枝后叶子节点的不纯度，分枝前后的信息熵差值叫作信息增益，选择信息增益最大的特征上的分枝，当信息增益低于某个阈值时，就让树停止生长。在 XGBoost 算法中，使用的方式是类似的，首先使用结构分数定义树结构的优劣，然后在树生长时每进行一次分枝，都计算目标函数的减少值，当目标函数的值减少至设定的阈值时，树停止生长。

在 XGBoost 算法中设置停止阈值时，对于目标函数减少值的要求是：

$$\frac{1}{2}\frac{G_L^2}{H_L+\lambda}+\frac{1}{2}\frac{G_R^2}{H_R+\lambda}-\frac{1}{2}\frac{\left(G_L+G_R\right)^2}{H_L+H_R+\lambda}-\gamma>0 \tag{4-54}$$

式中，G、H 为当前需要分裂的节点的一阶导数和、二阶导数和，下标 R 和 L 代表节点的右子树和左子树。在式（4-54）中可以通过设定 γ 的大小来让 XGBoost 算法中的树停止生长，γ 因此被定义为在树的叶子节点上进行进一步分枝所需的最小目标函数的减少值，γ 设定越大，算法就越保守，树的叶子节点数量就越少，模型的复杂度就越低。

基于上述原理，XGBoost 算法流程如下。

输入：样本集 $D=\left\{(x_1,y_1),(x_2,y_2),\cdots,(x_n,y_n)\right\}$、最大迭代次数 T、损失函数 L，正则化系数 λ、γ。

输出：强学习器 $f(x)$。

对迭代次数 $t=1,2,\cdots,T$，执行下列操作。

第一步，计算第 i 个样本在当前损失函数 L 上基于 $f_{t-1}(x_i)$ 的一阶导数 g_{ti}、二阶导数 h_{ti}，计算所有样本的一阶导数和 $G_t=\sum_{i=1}^{n}g_{ti}$，二阶导数和 $H_t=\sum_{i=1}^{n}h_{ti}$。

第二步，基于当前节点尝试分枝决策树，默认分数 Score $=0$。对特征序号 $k=1,2,\cdots,K$，执行下列操作。

① 设 $G_L=0$，$H_L=0$。

② 将样本按特征序号 k 从小到大排列，依次取出第 i 个样本，依次计算当前样本放入左子树后，左右子树一阶导数和、二阶导数和：$G_L=G_L+g_{ti}$、$G_R=G-G_L$、$H_L=H_L+h_{ti}$、

$H_R = H - H_L$。

③ 尝试更新最大 Score：

$$\text{Score} = \max\left(\text{Score}, \frac{1}{2}\frac{G_L^2}{H_L + \lambda} + \frac{1}{2}\frac{G_R^2}{H_R + \lambda} - \frac{1}{2}\frac{(G_L + G_R)^2}{H_L + H_R + \lambda} - \gamma\right)$$

第三步，基于最大 Score 对应的特征和特征值分枝子树。

第四步，如果最大 Score 为 0，则当前决策树建立完毕，计算所有叶子节点区域的 ω_{tj}，得到弱学习器 $h_t(x)$，更新强学习器 $f_t(x)$，进入下一次弱学习器迭代。如果最大 Score 不为 0，则转到第二步继续尝试分枝决策树。

XGBoost 算法存在一些不足：第一，计算量大，虽然 XGBoost 算法利用预排序和近似算法降低寻找最佳分裂点的计算量，但在节点分裂过程中仍需要遍历数据集；第二，内存消耗大，预排序过程中的空间复杂度过高，不仅需要存储特征值，还需要存储特征对应样本的梯度统计值的索引，相当于消耗了两倍的内存。

XGBoost 算法可以看作 GBDT 算法的改进，二者的联系和区别如下。

（1）在采用 CART 算法作为弱学习器时，XGBoost 算法显式地加入了正则化项来控制模型的复杂度，有利于防止过拟合，从而提高模型的泛化能力。

（2）GBDT 算法在模型训练时只使用了损失函数的一阶导数，XGBoost 算法对损失函数进行二阶泰勒展开，可以同时使用一阶导数和二阶导数。

（3）GBDT 算法采用 CART 算法作为弱学习器，XGBoost 算法支持多种类型的弱学习器，如线性分类算法等。

（4）GBDT 算法在每次选代时使用全部的数据，XGBoost 算法则采用了与随机森林算法相似的策略，支持对数据进行采样。

（5）GBDT 算法没有对缺失值进行处理，XGBoost 算法能够自动学习缺失值的处理策略。

（6）GBDT 算法没有特征维度的并行化设计，XGBoost 算法预先将每个特征按特征值排好序，存储为块结构，分裂节点时可以采用多线程并行查找每个特征的最佳分裂点，极大地提升了训练速度。

4.8　分类器评估

为了判断分类器的好坏，需要对其进行性能评估，而进行性能评估就需要评估指标。针对分类器类型的不同，评估指标也不同。一般而言，回归任务的评估指标是拟合度和均方误差，分类任务则有很多的评估方法，下面来讨论分类任务中常见的性能评估指标。

1）混淆矩阵

针对一个二分类问题，可以将实例分成正类（Positive）或负类（Negative），在实际分类中会出现以下四种情况。

（1）若一个实例是正类，并且被预测为正类，则为真正类 TP（True Positive）。

（2）若一个实例是正类，但是被预测为负类，则为假负类 FN（False Negative）。

（3）若一个实例是负类，但是被预测为正类，则为假正类 FP（False Positive）。

（4）若一个实例是负类，并且被预测为负类，则为真负类 TN（True Negative）。

二分类问题的混淆矩阵可以用表 4-3 表示。

表 4-3　二分类问题的混淆矩阵

		预测值	
		正类	负类
真实值	正类	TP（真正类）	FN（假负类）
	负类	FP（假正类）	TN（真负类）

对于多分类问题，混淆矩阵也可以采用二分类问题的表示方法，这里以三分类问题为例，其混淆矩阵如表 4-4 所示。

表 4-4　三分类问题的混淆矩阵

		预测值		
		类别 1	类别 2	类别 3
真实值	类别 1	a	b	c
	类别 2	d	e	f
	类别 3	g	h	i

与二分类问题的混淆矩阵一样，矩阵行数据相加是真实值类别数，矩阵列数据相加是分类后的类别数。

2）准确率

准确率（Accuracy）是指预测正确的样本数量占总量的百分比，计算公式为：

$$\text{Accuracy} = \frac{\text{TP} + \text{TN}}{\text{TP} + \text{FN} + \text{FP} + \text{TN}} \tag{4-55}$$

准确率有一个缺点，那就是如果样本不均衡，则这个指标不能评估模型的性能优劣。假如一个测试集中有正样本 99 个，负样本 1 个，模型把所有的样本都预测为正样本，那么模型的 Accuracy 为 99%，仅看准确率指标，模型的效果很好，但实际上模型对负样本没有任何预测能力。

3）精准率

精准率（Precision）又称为查准率，是指在模型预测为正样本的结果中，真正是正样本的结果所占的百分比，计算公式为：

$$\text{Precision} = \frac{\text{TP}}{\text{TP} + \text{FP}} \tag{4-56}$$

精准率的含义就是在预测为正样本的结果中，有多少是准确的。这个指标比较谨慎，分类阈值较高。虽然精准率和准确率这两个词很相近，但是它们是完全不同的含义。精准率代表对正样本结果的预测准确程度；准确率则代表对整体的预测准确程度，既包括正样本，又包括负样本。

4）召回率

召回率（Recall）又称为查全率，是指在实际为正样本的结果中，被预测为正样本的结果所占的百分比，计算公式为：

$$\text{Recall} = \frac{\text{TP}}{\text{TP} + \text{FN}} \tag{4-57}$$

召回率要求尽量检测数据，不遗漏数据，即"宁肯错杀一千，不肯放过一个"，分类阈值较低。

5）F_1-Score

F_1-Score 是精准率和召回率的加权调和平均，当 F_1-Score 较高时，模型性能较好，计算公式为：

$$F_1\text{-Score} = \frac{2 \times \text{Precision} \times \text{Recall}}{\text{Precision} + \text{Recall}} \tag{4-58}$$

如果精准率和召回率都为 0，则定义 F_1-Score $= 0$。本质上 F_1-Score 是精准率和召回率的调和平均，调和平均一个很重要的特性是如果两个数极度不平衡（一个很大，一个很小），则最终的结果会很小，只有两个数都比较大时，调和平均才会比较大，这样便达到了平衡精准率和召回率的目的。

6）P-R 曲线

P-R 曲线用以描述精准率和召回率的变化。根据预测结果（一般为实值或概率），按测试样本为正类的可能性由高到低进行排序，每次计算出当前的 P 值和 R 值，绘图得到 P-R 曲线，如图 4-12 所示。

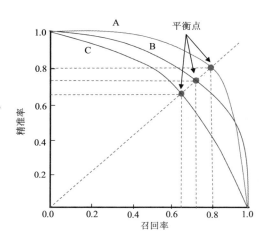

图 4-12　P-R 曲线

在很多情况下，可以根据分类器的预测结果对样本进行排序，排在前面的是分类器认为较可能是正类的样本，排在后面的是分类器认为较不可能是正类的样本，按此顺序逐个把样本作为正类进行预测，则每次可计算当前的精准率和召回率，以精准率为纵轴，以召回率为横轴，可以画出如图 4-12 所示的 P-R 曲线。平衡点（BEP）是"精准率=召回率"时的取值，如果这个值较大，则说明分类器的性能较好。

若某个分类器 A 的 P-R 曲线被另一个分类器 B 的 P-R 曲线完全包住，则称分类器 B 的性能优于分类器 A。若分类器 A 和分类器 B 的 P-R 曲线发生交叉，则 P-R 曲线下面积大的分类器性能更优。一般而言，P-R 曲线下的面积难以估算，可以根据平衡点取值进行判断，平衡点的取值越高，性能越优。

7）ROC 曲线和 AUC

在介绍 ROC 曲线之前，先介绍几个性能评估指标。

（1）真正率（True Positive Rate，TPR），又称灵敏度，表示正样本的召回率：

$$\text{TPR} = \frac{\text{正样本预测正确数}}{\text{正样本总数}} = \frac{\text{TP}}{\text{TP} + \text{FN}} \tag{4-59}$$

（2）真负率（True Negative Rate，TNR），又称特异度，表示负样本的召回率：

$$\text{TNR} = \frac{\text{负样本预测正确数}}{\text{负样本总数}} = \frac{\text{TN}}{\text{TN} + \text{FP}} \tag{4-60}$$

（3）假负率（False Negative Rate，FNR），FNR=1-TPR：

$$\text{FNR} = \frac{\text{正样本预测错误数}}{\text{正样本总数}} = \frac{\text{FN}}{\text{TP} + \text{FN}} \tag{4-61}$$

（4）假正率（False Positive Rate，FPR），FPR=1-TNR：

$$FPR = \frac{负样本预测错误数}{负样本总数} = \frac{FP}{TN + FP} \qquad (4\text{-}62)$$

假设在总样本中，90%是正样本，10%是负样本。由于 TPR 只关注 90%正样本中有多少是被预测正确的，与 10%负样本无关，同理 FPR 只关注 10%负样本中有多少是被预测错误的，与 90%正样本无关，这样就避免了样本不均衡的问题。

ROC 曲线又称为接受者操作特征曲线，ROC 曲线以假正率 FPR 为横轴，真正率 TPR 为纵轴，如图 4-13 所示。

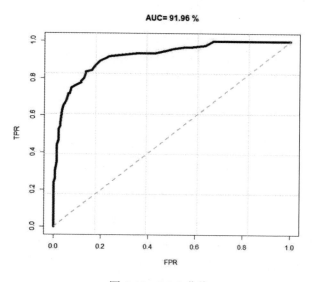

图 4-13　ROC 曲线

如何使用 ROC 曲线评估模型性能呢？如果负样本误判得越少，正样本召回得越多，即 TPR 越高，同时 FPR 越低（ROC 曲线越陡），那么模型的性能就越好。若一个模型 A 的 ROC 曲线被另一个模型 B 的 ROC 曲线完全包住，则称模型 B 的性能优于模型 A。若模型 A 和模型 B 的 ROC 曲线发生了交叉，则谁的曲线下面积大，谁的性能更优。

ROC 曲线通过遍历所有阈值来绘制整条曲线，在遍历阈值的过程中，预测的正样本和负样本不断变化，在 ROC 曲线中会沿着曲线滑动，仅改变正负本数，曲线本身不变。ROC 曲线可以无视样本不均衡，当测试集中的正负样本的分布发生变化的时候，ROC 曲线能够保持不变，消除样本不均衡对指标结果产生的影响。

AUC 又称为曲线下面积，表示处于 ROC 曲线下方的面积。AUC 值是一个概率值，表示随机挑选一个正样本和一个负样本，模型判定正样本分值高于负样本分值的概率。AUC 值越大，模型分类效果越好，通常 AUC 值为 0.5～1。

P-R 曲线和 ROC 曲线是两个不同的评估指标和计算方式，在一般情况下，检索用前者，分类、识别等用后者。在很多实际问题中，正负样本数往往很不均衡。例如，当计算广告领域经常使用的转化率模型时，正样本的数量往往是负样本数量的 1/1000，甚至是 1/10000。若选择不同的测试集，则 *P-R* 曲线的变化就会非常大，ROC 曲线则能够更加稳定地反映模型本身的好坏。所以，ROC 曲线的适用场景更多，被广泛用于排序、推荐、广告等领域。需要注意的是，选择 *P-R* 曲线还是 ROC 曲线是因实际问题而异的，如果希望更多地看到模型在特定数据集上的表现，则 *P-R* 曲线能够更直观地反映模型的性能。

8）宏平均和微平均

宏平均（Macro-Average）指标将 n 分类的评估拆成 n 个二分类的评估，先算出每个混淆矩阵的 P 值和 R 值，计算每个二分类的 F_1-Score，n 个 F_1-Score 的均值即 Macro F_1-Score。公式表示如下：

$$\text{Macro } F_1\text{-Score} = \frac{2 \times \text{Macro } P \times \text{Macro } R}{\text{Macro } P + \text{Macro } R} \tag{4-63}$$

式中，$\text{Macro } P = \dfrac{1}{n}\sum_{i=1}^{n} P_i$；$\text{Macro } R = \dfrac{1}{n}\sum_{i=1}^{n} R_i$。

微平均（Micro-Average）将 n 分类的评估拆成 n 个二分类的评估，将 n 个二分类评估的 TP、FP、TN、FN 对应相加，计算评估精准率和召回率，由这两个精准率和召回率计算的 F_1-Score 为 Micro F_1-Score。

$$\text{Micro } F_1\text{-Score} = \frac{2 \times \text{Micro } P \times \text{Micro } R}{\text{Micro } P + \text{Micro } R} \tag{4-64}$$

式中，$\text{Micro } P = \dfrac{\sum\limits_{i=1}^{n}\text{TP}_i}{\sum\limits_{i=1}^{n}\text{TP}_i + \sum\limits_{i=1}^{n}\text{FP}_i}$；$\text{Micro } R = \dfrac{\sum\limits_{i=1}^{n}\text{TP}_i}{\sum\limits_{i=1}^{n}\text{TP}_i + \sum\limits_{i=1}^{n}\text{FN}_i}$。

宏平均的计算方法独立于不同类别，首先将每个类别的 P、R、F_1-Score 单独计算出来，然后将所有类别的度量值直接平均，因此它将各个类别平等对待。微平均会结合不同类别的贡献大小来计算均值，所以在多分类问题中，如果存在数据不均衡问题，则使用微平均得到的结果更加可信。

思考题

1．给出贝叶斯分类、KNN、SVM、决策树、集成学习算法的程序实现，对比分析各分类算法的效果（读者可以使用 UCI 机器学习数据集中的鸢尾花分类数据集）。

2．Logistic 回归中的 Sigmoid 函数是什么？请给出函数来源的推导过程。

3．决策树算法中 ID3 算法、C4.5 算法和 CART 算法的不同是什么？

4．什么是集成学习？集成学习有哪些类型？

5．随机森林算法的步骤是什么？

6．混淆矩阵中各指标的含义是什么？在不均衡数据中各指标有什么优劣？

7．什么是 $P\text{-}R$ 曲线和 ROC 曲线？二者的用途有什么不同？

本章参考文献

[1] BAYINDIR R, YESILBUDAK M, COLAK M, et al. A novel application of Naïve Bayes Classifier in photovoltaic energy prediction[C]. 16th IEEE International Conference on Machine Learning and Applications(ICMLA), 2017: 523-527.

[2] HOERL A E, KENNARD R W. Ridge regression: biased estimation for nonorthogonal problems[J]. Technometrics, 1970, 12(1): 55-67.

[3] TIBSHIRANI R. Regression shrinkage and selection via the lasso: a retrospective[J]. Journal of the Royal Statistical Society, Series B, Statistical Methodology, 2011, 73(3): 273-282.

[4] ZOU H. The adaptive LASSO and its oracle properties[J]. Journal of the American Statistical Association, 2006, 101(476): 1418-1429.

[5] ZOU H, HASTIE T. Regularization and variable selection via the elastic net[J]. Journal of the Royal Statistical Society. Series B, Statistical Methodology, 2005, 67(2): 301-320.

[6] ZOU H, ZHANG H. On the adaptive elastic-net with a diverging number of parameters[J]. Ann Stat, 2009, 37(4): 1733-1751.

[7] HUANG J, MA S G, XIE H L, et al. A group bridge approach for variable selection[J]. Biometrika, 2009, 96(2): 339-355.

[8] HUANG J, BREHENY P, MA S G. A selective review of group selection in high-dimensional models[J]. Stat Sci, 2012, 27(4): 481-499.

[9] GENKIN A, LEWIS D. Large-scale bayesian logistic regression for text categorization[J]. Technomerics, 2007, 49(3): 291-304.

[10] EFRON B, HASTIE T, JOHNSTONE I, et al. Least angle regression[J]. The Annals of Statistics, 2004, 32(2): 407-451.

[11] BALAMURUGAN P. Large-scale elastic net regularized linear classification svms and logistic regression[C]. 2013 IEEE 13th International Conference on Data Mining, Texas, 2014: 949-954.

[12] 杨玉欢. 带有正则惩罚项的 Logistic 回归问题研究[D]. 成都：电子科技大学. 2022.

[13] CHARU C A. Data Mining[M]. Springer, Switzerland. 2015.

[14] OUINLAN R J. Induction of decision trees[J]. Machine Learning, 1986, 1(1): 81-106.

[15] OUINLAN R J. C4.5: Programs for machine learning[M]. San Mateo, Calif: Morgan Kauffman. 1993.

[16] BREIMAN L, FRIEDMAN J, OLSHEN R, et al. Classification and regression trees[M]. New York: Chapman & Hall (Wadsworth, Inc.), 1984.

[17] BREIMAN L. Random forest[J]. Machine Learning, 2001, 45:5-32.

[18] FREUND Y, SCHAPIRE R E. Experiments with a new Boosting algorithm[C]. In: Proceedings of the 13th Conference on Machine Learning. San Francisco, Morgan Kaufmann, USA, 1996: 148-156.

[19] FRIEDMAN J H. Greedy function approximation: a gradient boosting machine[J]. Annals of Statistics, 2001, 29(5):1189-1232.

[20] CHEN T Q, GUESTRIN C. XGBoost: A Scalable Tree Boosting System[C]. Proceedings of the 22nd ACM SIGKDD International Conference on Knowledge Discovery and Data Mining. San Francisco California, USA, 2016: 785-794.

第 5 章 聚类分析

聚类分析[1]是一种典型的无监督学习方法，用于对未知类别的样本进行划分。聚类根据特定标准（如距离准则），将数据集分成不同的类或簇，使得在同一个簇中的数据对象尽可能相似，同时使得不在同一个簇中的数据对象差异性尽可能大。换句话说，聚类旨在将同类数据聚集在一起，同时将不同类的数据尽量分离，以揭示数据之间内在的性质和相互之间的联系规律。聚类技术在数据挖掘、统计学、机器学习、空间数据库技术、生物学及市场营销等领域被广泛应用。本章针对几种聚类算法进行介绍，包括基于代表的聚类、层次聚类、基于网格和密度的聚类等，并对聚类的有效性进行介绍。

5.1 聚类的特征提取

在聚类分析领域，研究人员已经开发了各种不同的聚类模型。这些模型在不同的场景和数据类型下具有不同的表现。然而，许多聚类模型面临一个共同的问题，即数据特征可能包含噪声或无效信息，影响聚类结果的准确性。为了解决这个问题，需要在聚类的早期对数据进行预处理，剔除那些对聚类分析无用的或含有噪声的特征，这个过程被称为特征提取。

特征提取是剔除会对模型构建产生不利影响的不相关和冗余特征的过程。在聚类分析这种无监督问题中，因为外部验证标准（如标签）无法用于特征提取，所以特征提取更具有挑战性。简单来说，特征提取的目标是找到能够最好地表现数据内在聚类结构的特征子集。

特征提取包括四个阶段：提取、评估、停止和验证。在提取阶段，使用预定义的搜索策略（如完全搜索、顺序搜索和顺序浮动搜索）提取特征子集。在评估阶段，根据一定的标准对提取的特征子集进行评估。在停止阶段，满足停止准则后，从所有可能的特征子集中选择评估值最好的特征子集。在验证阶段，对所选特征子集进行验证，以确保其在聚类分析中的有效性。过滤器模型和包装器模型是两个主要用于进行特征提取的模型。

1）过滤器模型

过滤器模型用基于相似性的标准将每个特征和分数进行关联，这个标准本质上是一个用于筛选特征并剔除那些与聚类不相关或不符合要求的特征的过滤器。过滤器模型有时可能会将特征子集的质量量化为组合而非单个特征，这意味着在评估特征的相关性时，不仅考虑了单个特征对聚类结果的贡献，还隐含地考虑了添加一个特征对其他特征的影响增量。这样的综合考虑可以帮助找到更优的特征子集，从而更好地反映数据中的聚类结构。

2）包装器模型

包装器模型先用聚类算法评估特征子集的质量，然后在进行聚类时提炼其中的特征子集。这种自然的迭代方法使得所选择的特征在一定程度上依赖于所使用的特定聚类方法，不同的聚类方法可能会对不同的特征子集产生不同的效果。因此，包装器模型可以将特征选择优化到特定聚类方法，同时，由于特定聚类方法的影响，特定特征的内在信息有时不能被这种方法完全反映。

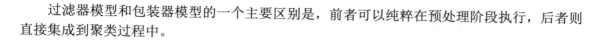

过滤器模型和包装器模型的一个主要区别是，前者可以纯粹在预处理阶段执行，后者则直接集成到聚类过程中。

5.1.1　过滤器模型

过滤器模型使用特定的标准来评估特定特征或特征子集对数据聚类趋势的影响，接下来介绍一些常用的标准。

1）术语强度

术语强度是指在特定领域或问题中，某个术语或概念所具有的影响力和重要程度。术语强度适用于稀疏领域，如文本数据，在这些领域，关注特征值（单词数）是否为零远比关注距离远近更有意义。术语强度的定义为：对文档随机排序后成对抽样，在相似性大于 β 的文档对中，某术语在第一个文档中出现的条件下，同时在两个文档中出现的概率。换句话说，对于任何术语 t，以及被认为足够相似的文档对 $\left(\bar{X}, \bar{Y}\right)$，术语强度表示为 $P(t \in \bar{Y} \mid t \in \bar{X})$。

如果需要，术语强度也可以通过将定量特征（数值特征）转换为离散的二进制值，进而推广到多维数据。其他类似的方法是利用总体距离和特征距离之间的相关性来衡量文本之间的相关性或相关程度的。

2）预测特征依赖

由于相关特征总能产生比不相关特征更好的聚类效果，因此当特征之间存在相关性时，可以利用其他特征来预测某个特定特征。为了量化这种预测性，可以使用分类（或回归）算法。如果特征是数值型的，则可以使用回归算法，否则可以使用分类算法。量化特征 i 相关性的整体方法包括两步：首先使用分类算法对除特征 i 之外的所有其他特征进行预测，用来预测特征 i 的值，同时将特征 i 视为人为的类别变量；然后将分类准确性作为特征 i 的相关性的衡量指标。可以使用任何合理的分类算法，但最好选择最近邻分类算法，因为它的相似度计算和聚类有天然的联系。

3）熵

高度聚类的数据在底层距离的分布中反映出了其中的一些聚类特征。图 5-1（a）和图 5-1（b）分别显示了两种不同的数据分布，图 5-1（a）显示了均匀分布的数据，而图 5-1（b）显示了两个聚类的数据。图 5-1（c）和图 5-1（d）则展示了两种情况下数据对之间的距离分布。很明显，均匀数据的距离分布呈钟形曲线状，聚类数据的分布则有两个不同的峰值，分别对应聚类之间和聚类内部的距离分布。这种峰值的数量通常会随着簇的数量增加而增加。基于熵方法的目标首先是量化在给定特征子集上距离分布的"形状"，然后选择分布表现与图 5-1（b）相似的特征子集。因此，除量化基于距离的熵外，还需要一种系统的方法来搜索适当的特征子集。

如何在特定特征子集上量化基于距离的熵呢？一种自然的方法是直接使用数据点的概率分布，并利用这些值来量化熵。考虑一个 k 维的特征子集，将数据离散化为 m 个多维网格区域，每个维度有 ϕ 个网格。通过选择 $\phi = \left\lceil m^{1/k} \right\rceil$，确保在所有被评估的特征子集中，网格密度大致相同。如果 p_i 表示在网格区域 i 中的数据点的比例，则基于概率的熵 E 定义如下：

$$E = -\sum_{i=1}^{m} \left(p_i \log(p_i) + (1-p_i) \log(1-p_i) \right) \tag{5-1}$$

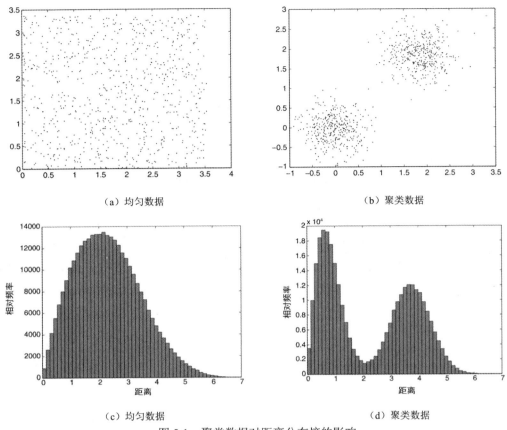

（a）均匀数据　　　　　　　　　　　（b）聚类数据

（c）均匀数据　　　　　　　　　　　（d）聚类数据

图 5-1　聚类数据对距离分布熵的影响

均匀数据在聚类上表现较差，具有较大的熵，而聚类数据具有较小的熵，因此，熵可以提供特征子集的聚类质量的反馈信息。

由于高维数据上网格区域会变得越来越稀疏，因此概率密度 p_i 的计算开始变得困难。同时，因为需要将 ϕ 四舍五入为整数，在不同维度 k 的特征子集上选择合适数量的网格区域（m）也变得困难。因此，可以在数据样本上计算一维点对点距离的分布，并将其用作熵。图 5-1 所示的分布就是一维点对点距离的分布示例。在这种方法中，p_i 表示第 i 个一维离散化范围内距离所占的比例，从而得到熵的计算结果。虽然这种方法并没有完全解决高维难题，但对于维度适中的数据而言，是一种更好的选择。

为了确定熵 E 最小的特征子集，需要尝试多种特征搜索策略。基本的方法是从全部特征开始，首先使用简单的贪心策略来剔除导致熵减小最多的特征，然后重复使用贪心策略剔除特征，直到熵不再显著减小或熵增加为止。

4）霍普金斯统计量

霍普金斯统计量通常用于衡量数据集的聚类倾向，也可以应用于特定特征子集，其计算结果还可以和前文提到的贪心策略等特征搜索策略结合使用。

设 $\mathcal{D}$ 是需要评估聚类倾向的数据集。首先，在数据空间的域中随机生成一个包含 r 个合成数据点的样本 S，同时从 $\mathcal{D}$ 中选择包含 r 个数据点的样本 R。设 $\alpha_1, \alpha_2, \cdots, \alpha_r$ 是样本 $R \subseteq \mathcal{D}$ 中数据点到原始数据集 $\mathcal{D}$ 最近的距离，$\beta_1, \beta_2, \cdots, \beta_r$ 是样本 S 中合成数据点到 $\mathcal{D}$ 最近的距离。

霍普金斯统计量 H 定义如下：

$$H = \frac{\sum\limits_{i=1}^{r} \beta_i}{\sum\limits_{i=1}^{r} (\alpha_i + \beta_i)} \tag{5-2}$$

霍普金斯统计量的取值范围为 $(0,1)$。对于均匀数据，α_i 和 β_i 的值相近，霍普金斯统计量为 0.5；对于聚类数据，α_i 的值通常会比 β_i 低得多，霍普金斯统计量更接近 1。因此，霍普金斯统计量 H 越高，表示数据点之间的聚集度越高。

考虑到该方法使用了随机抽样，因此霍普金斯统计量将随着不同的随机样本而变化。如果需要，可以在多次试验中重复随机抽样，并进行统计尾部置信度检验来确定霍普金斯统计量大于 0.5 的置信水平，最终根据多次试验中的均值选择特征子集。霍普金斯统计量可以评估特定特征子集的质量，进而确定该特征子集的聚类倾向，可以将这个方法与贪心策略结合使用，以找到与聚类结果相关的特征子集。

5.1.2　包装器模型

包装器模型将聚类有效性标准和应用于适当特征子集的聚类算法结合使用，其思想是使用具有特征子集的聚类算法进行聚类，并使用一个聚类有效性标准评估这个聚类的质量。为此，包装器模型需要不停地探索不同特征子集的搜索空间，以确定最优的特征组合。由于特征子集的搜索空间与维度成指数关系，因此可以使用贪心策略，不断剔除当前的最优特征，直到无法进一步提高聚类有效性为止。这样可以有效地搜索特征子集，并找到对聚类任务最有帮助的特征组合。但是，这种方法的主要缺点是，它对聚类有效性标准的选择很敏感并且计算复杂。

一种简单的方法是使用来自分类算法的特征选择标准来评估单个特征。这时，要对特征单独考虑和评估，而不是将它们作为一个特定的子集来集体评估。聚类算法会人为地创建一个标签集合 L，这些标签对应于各个数据点的聚类标识符。可以借鉴分类算法的特征选择标准，并使用 L 中的标签，这个标准用于识别最具有区分度的特征。

（1）使用已选择的特征子集 F 运行聚类算法，以确定数据点的标签集合 L。

（2）使用任意监督标准来量化单个特征相对于 L 的质量，并根据这个结果选择排名前 k 的特征。

上述框架具有很大的灵活性，每一步都可以使用不同种类的聚类算法和特征选择标准。此外，可以将这两步进行迭代，这时，第（1）步不再选择前 k 个特征，而是将前 k 个特征的权重设置为 1，将其余特征的权重设置为 α（$\alpha < 1$）。经过数次迭代，在最后一步时，再选择前 k 个特征。

通常将包装器模型会与过滤器模型结合，以创建更高效的混合模型。先用过滤器模型构建候选特征子集，再用聚类算法来评估每个候选特征子集的质量。对于特征选择的质量，可以采用两种方法来进行评估。一种方法是使用聚类有效性标准，另一种方法是将聚类标签作为监督学习问题的类别标签，使用分类算法来评估特征质量。由于混合模型结合了两种方法的优点，因此通常能够提供更好的准确性，同时比包装器模型更加高效。

5.2 基于代表的聚类

基于代表的聚类算法是一种简单直观的聚类算法，它直接使用距离（或相似性）的概念来对数据点进行聚类。在这种算法中，簇是一次性创建的，不同簇之间没有层次关系。基于代表的聚类算法使用一组特定的数据点来代表整个数据集中的不同簇，这些数据点被称为分区代表。创建分区代表的方法可以是根据簇中数据点的函数值（如均值）来计算，也可以直接从簇中现有的数据点中选择。基于代表的聚类算法的主要思想是，如果能够找到一组高质量的分区代表，那么就相当于找到了一组高质量的簇。一旦确定了分区代表，就可以使用距离函数将其他数据点分配给离它们最近的分区代表，从而完成聚类过程。

5.2.1 *K*-Means 算法

在 *K*-Means 算法[2]中，使用数据点到其最近分区代表的欧几里得距离的平方和来量化聚类的目标函数。距离表示为：

$$\text{Dist}\left(\boldsymbol{X}_i, \boldsymbol{Y}_j\right) = \left\|\boldsymbol{X}_i - \boldsymbol{Y}_j\right\|_2^2 \tag{5-3}$$

式中，$\|\cdot\|_2$ 表示二范数，$\text{Dist}\left(\boldsymbol{X}_i, \boldsymbol{Y}_j\right)$ 可以看作用最近的分区代表来近似一个数据点时产生的平方误差，目标就是最小化所有数据点的平方误差之和，称为 SSE。此时，每个"优化"迭代步骤的最佳分区代表 $\boldsymbol{Y}_j$ 是聚类 $\mathcal{C}_j$ 中数据点的均值。*K*-Means 算法的步骤如图 5-2 所示。

```
K-Means算法
开始
    数据集D、聚类数量k、初始化分区代表集S
重复
    ①通过使用距离函数Dist(·,·)给D中每个数据点分配S中
      最近的分区代表创建聚类(C₁,C₂,···,Cₖ)；
    ②将每一类的数据点均值作为新的代表Yⱼ重新创建S。
直到收敛
返回(C₁,C₂,···,Cₖ)
结束
```

图 5-2 *K*-Means 算法的步骤

K-Means 算法的一个变体是使用局部马氏距离将数据点分配给聚类。每个聚类 $\mathcal{C}_j$ 都有它自己的 $d \times d$ 的协方差矩阵 $\boldsymbol{\Sigma}_j$，该矩阵可以用上一次迭代中分配给该聚类的数据点来计算。用协方差矩阵定义数据点 $\boldsymbol{X}_i$ 与分区代表 $\boldsymbol{Y}_j$ 之间的马氏距离的平方如下：

$$\text{Dist}\left(\boldsymbol{X}_i, \boldsymbol{Y}_j\right) = \left(\boldsymbol{X}_i - \boldsymbol{Y}_j\right)^{\text{T}} \boldsymbol{\Sigma}_j^{-1} \left(\boldsymbol{X}_i - \boldsymbol{Y}_j\right) \tag{5-4}$$

K-Means 算法的优缺点如图 5-3 所示，当聚类沿着某些方向呈椭圆形伸展时，使用马氏距离通常是有用的。$\boldsymbol{\Sigma}_j^{-1}$ 提供了局部密度归一化的功能，可以帮助处理具有不同局部密度的数据集，所得到的算法被称为马氏 *K*-Means 算法。

K-Means 算法在簇具有不规则形状时表现不佳，因为它偏向于寻找球形簇。如图 5-3（a）所示，由于簇 *A* 具有非凸形状，所以 *K*-Means 算法将其不恰当地分成了两个部分，并将其中的一部分与簇 *B* 合并，以使其划分更符合球形簇的特性。即使使用马氏 *K*-Means 算法进行了改进，能更好地适应聚类的伸展性，在这种情况下也表现不佳。如图 5-3（b）所示，由于马

氏 *K*-Means 算法通过使用聚类特定的协方差矩阵对局部距离进行了标准化，考虑了数据点之间的相关性，因此能够很好地适应不同的聚类密度。

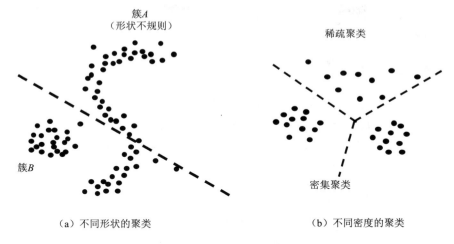

（a）不同形状的聚类　　　　　　　（b）不同密度的聚类

图 5-3　*K*-Means 算法的优缺点

5.2.2　核 *K*-Means 算法

核 *K*-Means 算法可以使用核技巧来发现任意形状的簇。核技巧可以将数据隐式地变换到一个新空间，使得原本的任意形状的簇在这个新空间中变成了欧几里得簇。这样做的目的是让原本难以用传统的 *K*-Means 算法发现的非线性的簇在新空间中变得更容易聚类。核 *K*-Means 算法的主要问题是核矩阵的计算复杂度与数据点的数量呈现二次方关系。

核 *K*-Means 算法的关键思想是计算某数据点与聚类中心的欧氏距离时使用了点积运算。设某个数据点 $\boldsymbol{X}$，某个聚类 $\mathcal{C}$ 的中心 $\bar{\boldsymbol{\mu}}$，二者的距离表示为：

$$\left\| \boldsymbol{X} - \bar{\boldsymbol{\mu}} \right\|^2 = \left\| \boldsymbol{X} - \frac{\displaystyle\sum_{\boldsymbol{X}_i \in \mathcal{C}} \boldsymbol{X} \cdot \boldsymbol{X}_i}{|\mathcal{C}|} \right\|^2 = \boldsymbol{X} \cdot \boldsymbol{X} - 2 \frac{\displaystyle\sum_{\boldsymbol{X}_i \in \mathcal{C}} \boldsymbol{X} \cdot \boldsymbol{X}_i}{|\mathcal{C}|} + \frac{\displaystyle\sum_{\boldsymbol{X}_i, \boldsymbol{X}_j \in \mathcal{C}} \boldsymbol{X}_i \cdot \boldsymbol{X}_j}{|\mathcal{C}|^2} \tag{5-5}$$

其中，点积 $\boldsymbol{X}_i \cdot \boldsymbol{X}_j$ 使用核函数 $K\left(\boldsymbol{X}_i, \boldsymbol{X}_j\right)$ 来替换，核函数的公式在 4.5.3 节进行了介绍。数据点根据式（5-5）中核函数替换点积后计算的最小距离来确定。

5.2.3　*K*-Medians 算法

在 *K*-Medians 算法中，选择曼哈顿距离作为目标函数。因此，距离函数 $\mathrm{Dist}\left(\boldsymbol{X}_i, \boldsymbol{Y}_j\right)$ 定义如下：

$$\mathrm{Dist}\left(\boldsymbol{X}_i, \boldsymbol{Y}_j\right) = \left\| \boldsymbol{X}_i - \boldsymbol{Y}_j \right\|_1 \tag{5-6}$$

曼哈顿距离就是一范数。在这种情况下，最佳分区代表 $\boldsymbol{Y}_j$ 是集群 $\mathcal{C}_j$ 中每个维度的数据点的中位数，因为对于分布在一条直线上的一组数据点来说，到所有数据点的曼哈顿距离之和最小的数据点就是该组数据点的中位数。由于中位数是在每个维度下独立进行选择的，因此得到的 d 维分区代表不属于原始数据集 $\mathcal{D}$。

K-Means 算法与 K-Medians 算法的区别在于 K-Medians 算法将距离函数 $\mathrm{Dist}\left(\boldsymbol{X}_i, \boldsymbol{Y}_j\right)$ 实例化为曼哈顿距离，并将分区代表设置为聚类的局部中位数，在每个维度上独立计算。K-Medians 算法通常能比 K-Means 算法更好地选择分区代表，因为中位数对数据集中异常值的存在并不像均值那样敏感。

5.2.4　K-Medoids 算法

K-Medoids 算法也使用分区代表的概念，但其算法结构不同于 K-Means 算法，只是聚类的目标函数与 K-Means 算法具有相同的形式。K-Medoids 算法的主要特点是总是从数据集 $\mathcal{D}$ 中选择分区代表，而正是由于这种差异，需要对 K-Means 算法的基本结构进行修改。通用 K-Medoids 算法的步骤如图 5-4 所示。

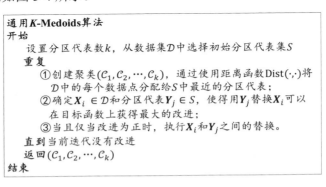

图 5-4　通用 K-Medoids 算法的步骤

为什么有时候从数据集 $\mathcal{D}$ 中选择分区代表是有益的呢？有两个原因，一个原因是在 K-Means 算法中簇的分区代表可能会受到簇中异常值的影响而产生扭曲，分区代表落在空区域，不能真实地反映该簇中大多数数据点的特征。这样会导致不同簇之间出现重叠，这是不理想的。通过仔细处理异常值和使用像 K-Medians 算法这样的异常值的鲁棒变体，这个问题可以在一定程度上得到解决。另一个原因是有时很难计算复杂数据类型的数据集的最佳分区代表。例如，如果将 K-Means 算法应用于一组长度不同的时间序列，那么应该如何定义这些异构时间序列的分区代表？这时，就可以从原始数据集中选择分区代表。只要从每个簇中选择一个分区代表，就可以得到高质量的结果。因此，K-Medoids 算法的优势在于：只要可以在数据类型上定义适当的相似性或距离函数，就几乎可以适用于任何数据类型。因此，K-Medoids 算法直接将距离函数的设计与聚类相关联。

K-Medoids 算法使用通用的爬山策略，其中的分区代表集 S 被初始化为来自原始数据集 $\mathcal{D}$ 的一组数据点。随后，将集合 S 中单个的数据点与从数据集 $\mathcal{D}$ 中选择的数据点交换，迭代地改进该集合。为了使聚类算法成功，爬山策略应该至少在一定程度上改进问题的目标函数。就如何进行交换而言，有以下两种方法。

（1）可以尝试使用所有 $|S| \cdot |\mathcal{D}|$ 种替换方案。首先将集合 S 中的一个分区代表替换为数据集 $\mathcal{D}$ 中的一个数据点，然后选择最佳分区代表。然而，这样计算成本很大，因为对于每种替换方案，计算其对目标函数的增量变化需要的时间与原始数据集中的数据点数量成正比。

（2）随机选择 r 对 $\left(\boldsymbol{X}_i, \boldsymbol{Y}_j\right)$，从数据集 $\mathcal{D}$ 中选择 $\boldsymbol{X}_i$，从集合 S 中选择 $\boldsymbol{Y}_j$，从 r 对中选择

最佳对进行交换。

方法（2）需要的时间与数据集大小的 r 倍成正比，可以适用于规模适中的数据集。当目标函数没有改进，或者在之前的迭代中平均目标函数改进低于事先指定，那么方法（2）就会收敛。K-Medoids 算法比 K-Means 算法慢得多，但在不同的数据类型下具有更好的适用性。

5.3　层次聚类

层次聚类算法是一种将数据点按照距离或相似性进行层次化聚类的算法。虽然通常使用距离函数来衡量数据点之间的相似性，但并不强制要求必须使用距离函数。在层次聚类算法中，可以使用其他聚类算法进行构建层次结构的子过程，如基于密度或基于图的算法。层次聚类的过程可以灵活选择不同的聚类算法来处理数据点之间的关系，而不仅局限于使用距离函数。这样的灵活性使得层次聚类算法可以适应不同类型的数据点，并且在构建层次结构时能够更好地捕捉数据点之间的相似性。

从应用角度来看，为什么层次聚类算法是有用的呢？一个主要的原因是层次聚类算法提供了一个分类体系，数据点被分层次地组织成不同的簇。每个层次代表着不同的聚类粒度。通过查看不同层次的聚类结果，可以获得不同粒度上的信息。

根据簇层次树的构建方式不同，可以将层次聚类分为两种。

（1）自下而上的聚类：将单个数据点逐步合并成较高层级的簇。不同算法之间的差异主要在于用于合并簇的目标函数。

（2）自上而下的聚类：采用从顶向下的方式，将数据点依次划分为树状结构。在每一步中，使用平面聚类算法对数据点进行划分。这种聚类算法的优势在于它提供了非常大的灵活性，可以根据需要调整树的结构和每个节点中数据点的数量。例如，如果采用树生长策略，则会将最"重"的节点分裂，保证叶子节点（最终的子节点）中的数据点数量相似。如果选择构建一个平衡的树结构，即每个节点上都有相同数量的子节点，那么在整个树的结构中，各个叶子节点所包含的数据点数量将会有所不同。这是因为在树的不同层次上，可能会有不同数量的数据点被划分到不同的叶子节点中，从而导致叶子节点中的数据点数量不均衡。因此，在使用自上而下的聚类算法时，可以根据具体应用需求选择适合的树生长策略来达到所需的聚类效果。

5.3.1　自下而上的聚类

自下而上的聚类也被称为凝聚层次聚类，在该算法中，数据点逐步聚集成具有更高层次的簇。整个过程从单个数据点作为一个簇开始，通过不断合并相似的簇来形成更大的簇，直到所有数据点都聚集在一个大的簇中。每次迭代会把两个相似的簇合并，并用合并后的新簇替代，每次合并都会使得簇的数量减少一个。簇之间的相似性通过计算它们之间的距离来衡量，有多种不同的方法可以用来计算簇间距离，因此不同算法之间的差异主要来源于对簇间距离计算的不同处理。

设 d 维数据库 $\mathcal{D}$ 中共有 n 个数据点，并且 $n_t = n - t$ 是聚集后的簇的数量。在每一次迭代中，选择距离矩阵中的最小距离（非对角线），并将相应的簇合并。该方法会实时更新一个 $n_t \times n_t$ 的距离矩阵 $\boldsymbol{M}$，经过一次迭代后，距离矩阵将更新为 $(n_t - 1) \times (n_t - 1)$。这种增量更新距离矩阵的过程比从头开始计算所有距离更有效率，然而，在内存有限的情况下，无法将整个距离矩阵保存在内存中，这时增量更新距离矩阵的优势无法发挥。如果内存无法容纳整个距离矩阵，则无法避免重新计算所有距离。因此，对于内存有限的情况，只能使用传统的方法，即在每次迭代中重新计算所有数据点之间的距离，这会大大增加计算的时间和成本。

终止条件可以采用两种方式：一种是设置两个合并的簇之间的距离的最大值，另一种是设置终止时簇的数量的最小值。当使用第一种方式来终止聚类时，簇的数量就是由数据中自然的簇结构决定的。然而，这个距离的值要根据数据点的特点来确定，没有一个简单直观的方法来准确估计它。因此，在使用这种方式时，可能需要进行多次试验和调整，才能得到理想的聚类结果。第二种方式的优点在于，从聚类的角度来看，它更加直观和易于解释，聚类算法会一直合并簇直到达到指定的最小簇数。

由于聚类的合并顺序，数据集自然地形成了一个类似树状结构的层次体系，展示了不同簇之间的关系，这被称为树状图（Dendrogram），如图 5-5（a）所示，其中 A、B、C、D、E、F 六个数据点被连续合并。

图 5-6 所示为自下而上的聚类算法的步骤。距离被编码在 $n_t \times n_t$ 的距离矩阵 M 中，该矩阵提供了使用合并标准计算得出的成对簇之间的距离。将矩阵 M 中的第 i 行（列）和第 j 行（列）对应的两个簇合并，需要计算这两个簇中每个对象之间的距离，对于包含 m_i 和 m_j 个对象的两个簇，它们之间共有 $m_i \times m_j$ 对距离。例如，在图 5-5（b）中，存在 $2 \times 4 = 8$ 对由相应边表示的对象之间的距离，需要将这 $m_i \times m_j$ 对距离的信息计算为两个簇之间的总距离。

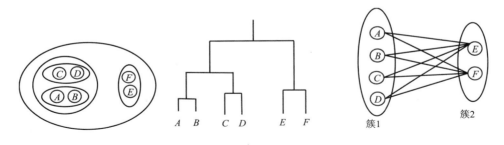

（a）树状图　　　　　　　　　　　　　　　（b）簇间距离计算

图 5-5　自下而上的聚类步骤

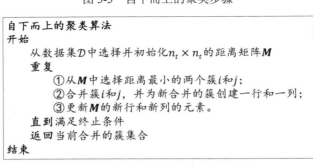

图 5-6　自下而上的聚类算法的步骤

接下来，将讨论不同的计算距离的方法。

假设要合并的两个簇分别用 i 和 j 表示。在基于组的标准中，两组对象之间的距离是作为组成对象之间的 $m_i \times m_j$ 对距离的函数来计算的。计算两组对象之间距离的不同方法如下。

1）最佳（单个）连接

在最佳（单个）连接情况下，两个簇之间的距离等于所有 $m_i \times m_j$ 个对象之间的最小距离，即两个簇之间距离最近的一组对象。在进行合并时，删除第 i 行和第 j 行的数据，并用新的距离替代它们，更新距离矩阵 $\boldsymbol{M}$。最佳（单个）连接是凝聚层次聚类的一种实例化，具有任意形状的簇中的数据点可以通过具有最小距离的"链对"进行逐步合并。因此，最佳（单个）连接可以发现具有不同形状的簇，但是，"链对"可能会受噪声影响，错误地合并不同的簇。

2）最差（完整）连接

在最差（完整）连接情况下，两个簇之间的距离等于所有 $m_i \times m_j$ 个对象之间的最大距离，即两个簇之间距离最远的一组对象。相应地，距离矩阵 $\boldsymbol{M}$ 使用行（列）的最大值进行更新。最差（完整）连接隐含着尝试最小化簇的最大直径，即用簇中所有数据点对之间的最大距离定义直径。

3）组平均连接

在组平均连接情况下，两组对象之间的距离等于两个簇中所有 $m_i \times m_j$ 对连接之间的平均距离，即使用距离矩阵 $\boldsymbol{M}$ 第 i 行（列）和第 j 行（列）加权均值计算 $\boldsymbol{M}$ 中合并聚类的行（列）。对于任何 $k \neq i, j$，该距离等于 $\dfrac{m_i \cdot M_{ik} + m_j \cdot M_{jk}}{m_i + m_j}$（对于行）或 $\dfrac{m_i \cdot M_{ki} + m_j \cdot M_{kj}}{m_i + m_j}$（对于列）。

4）基于方差的标准

基于方差的标准将最小化目标函数值的变化（如簇方差）作为合并的结果。由于粒度损失，合并会使目标函数的值变差，因此，一般希望这种变差的情况越少越好。为了实现这个目标，每个簇都会计算和更新零阶矩、一阶矩和二阶矩的统计信息。第 i 个簇的平均平方误差 SE_i 可以根据该簇中的数据点数量 m_i（零阶矩）、该簇在每个维度 r 上的数据点之和 S_{ir}（一阶矩）和该簇在每个维度 r 上的数据点平方和 S_{ir}（二阶矩）的函数计算得出：

$$\text{SE}_i = \sum_{r=1}^{d} \left(\frac{S_{ir}}{m_i} - \frac{S_{ir}^2}{m_i^2} \right) \tag{5-7}$$

这种关系可以用方差的基本定义来表示，并被许多聚类算法使用，因此，对于每个簇，只需要维护这些特定于簇的统计信息即可。当两个簇 i 和 j 被合并时，可以将它们各自的矩统计信息相加来计算合并后的矩统计信息。$\text{SE}_{i \cup j}$ 表示两个潜在可合并簇 i 和 j 之间的方差，执行簇 i 和 j 合并时的方差变化如下：

$$\Delta \text{SE}_{i \cup j} = \text{SE}_{i \cup j} - \text{SE}_i - \text{SE}_j \tag{5-8}$$

合并操作引起的变化始终为整数。在聚类算法中，在多个候选的簇对中，选择方差增量最小的那对进行合并，确保合并操作对整体的数据分布影响最小。因此，选择方差增量最小的簇对合并可以更好地保证聚类的质量。当使用这种方法时，距离矩阵 $\boldsymbol{M}$ 中存储的是簇 i 和 j 合并时的方差变化 $\Delta \text{SE}_{i \cup j}$。在簇 i 和 j 合并之后，距离矩阵 $\boldsymbol{M}$ 的第 i 行和 j 行，以及第 i 列和第 j 列将被删除，并添加新的行和列表示合并后的簇。在计算新的行和列之后，距离矩阵 $\boldsymbol{M}$ 的索引会更新以说明其尺寸缩小。

不同的聚类标准有各自的优缺点。例如，最佳（单个）连接标准能够逐步合并相近的"链对"以发现任意形状的簇。然而，当这种"链对"受噪声的影响时，可能会合并两个无关的簇。最佳（单个）连接聚类的正反案例如图 5-7 所示。最佳（单个）连接标准的性能取决于噪声的相对存在程度和其对数据点的影响程度。

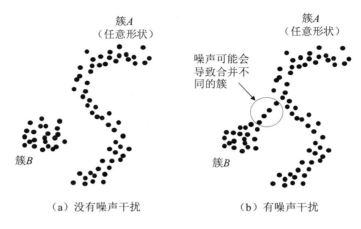

（a）没有噪声干扰　　　　　　　　　（b）有噪声干扰

图 5-7　最佳（单个）连接聚类的正反案例

最差（完整）连接标准旨在最小化聚类中数据点对之间的最大距离，这种距离可以近似认为是簇的直径。因为它的重点是最小化直径，所以它将尝试创建簇，使所有簇具有相似的直径。但是，如果一些自然簇比其他的簇大，则该标准将拆分较大的簇。它还倾向于将数据点分成球形或近似球形的簇，而不考虑数据点在底层分布上的真实特征。最差（完整）连接标准的另一个问题是，由于它关注簇中任意数据点对之间的最大距离，因此它过于重视簇中噪声边缘上的数据点。由于在距离计算中使用了多个连接，因此组平均连接标准、基于方差的标准对噪声的鲁棒性更强。

5.3.2　自上而下的聚类

自下而上的聚类算法通常是基于距离的算法，而自上而下的聚类算法可以被看作通用算法，其中几乎可以使用任何聚类算法。自上而下的聚类算法在树的整体结构和不同分枝之间的平衡方面实现了更好的控制。

自上而下的聚类总体上使用通用平面聚类算法 A 作为子程序。该算法在包含全部数据点的根节点处初始化树。在每次迭代中，当前树的特定节点处的数据集被分成多个节点（集群）。通过改变节点选择的标准，可以创建高度平衡的树或聚类数量平衡的树。例如，使用随机种子的 K-Means 算法，可以在特定节点处使用多次相同的算法进行尝试，并选择最佳结果。自上而下的聚类算法的步骤如图 5-8 所示，该算法自上而下递归式拆分节点，直到树达到特定高度或每个节点包含的数据对象少于预定的数量为止。算法 A 可以是任何的聚类算法，而不仅仅是一个基于距离的算法。

二分 K-Means 算法是一种自上而下的聚类算法。在二分 K-Means 算法中，首先会随机进行多次分裂尝试，然后选择对整体聚类目标影响最小的分裂方式，将每个节点分裂为两个子节点。该算法的几种不同变体采用不同的增长策略来选择要分裂的节点。例如，可以优先分裂最重要的节点，或者优先分裂距离根节点最近的节点，不同的选择会影响簇的权重或树高度的平衡性。

```
自上而下的聚类算法
开始
        将树𝒯初始化为包含数据集𝒟的根节点
    重复
            ①根据预定义的标准选择树𝒯中的一个叶子节点L；
            ②使用算法𝒜将L分裂成L₁, L₂, …, Lₖ；
            ③将L₁, L₂, …, Lₖ作为𝒯中节点L的子节点添加。
    直到满足终止条件
    返回树𝒯
结束
```

图 5-8　自上而下的聚类算法的步骤

5.4　基于网格和密度的聚类

基于距离和概率的聚类算法的一个主要问题是，底层距离函数或概率分布已经隐含地定义了底层簇的形状。例如，K-Means 算法假设簇呈球形，具有广义高斯分布的 EM 算法假设簇呈椭圆形。而事实上，簇的形状可能是复杂的、多样的，不仅仅局限于这些典型形状，这就意味着使用这些隐含的典型形状去建模簇可能会导致模型不准确或无法捕捉到真实的簇结构，因此需要更灵活的算法来处理具有不同形状的簇。对于如图 5-9（a）所示的聚类，很明显，数据中存在两个正弦形状的簇，然而，在 K-Means 算法中，无论如何选择分区代表，它们都将吸引该聚类中的数据点，并将其拉离其他簇，强制簇形成球形。

基于密度的聚类算法可以很好地解决上述问题。这种算法的核心思想是首先识别集合中数据点较为集中的区域，这些区域就是可以构建任意形状簇的"构建块"。它们也可以被视为需要仔细重新聚类的伪数据点，将会被组合成任意形状的群组。因此，大多数基于密度的聚类算法都可以看作两层的层次结构算法。由于第二层的"构建块"数量较第一层的数据点数量少，因此可以使用更详细的分析将它们组织到一起形成复杂的形状。换句话说，第二层可以利用较少的"构建块"来构建具有更多细节的复杂形状。这个详细分析（或后处理）阶段在概念上类似于单连接自下而上的聚类算法，更适合从少量（伪）数据点中确定任意形状的簇。根据所选择的具体"构建块"类型，该算法存在许多不同的变体。例如，在基于网格的聚类算法中，细粒度簇在数据空间中以网格状区域的形式存在。当使用单连接自下而上的聚类算法对密集区域中预先选择的数据点进行聚类时，这种算法称为 DBSCAN 算法，其他更复杂的基于密度的聚类算法，如 DENCLUE 算法，在核密度估计上使用梯度上升法来创建"构建块"。

5.4.1　基于网格的聚类算法

在基于网格的聚类算法[3,4]中，数据点被离散为 p 个区间，通常使用等宽度间隔，即每个间隔内的数据点数量是相等的，也可以使用等深度间隔，将每个间隔内的数据点划分为相等的深度。但是等宽度间隔更符合密度的直观概念，可以更好地表示数据点的分布情况，所以在实际应用中，常常使用等宽度间隔来划分数据点。

对于一个 d 维的数据集，会在底层数据点中产生 p^d 个超立方体，图 5-9（b）、图 5-9（c）和图 5-9（d）分别展示了具有不同粒度（$p = 3, 25, 50$）的网格，所得到的超立方体（图 5-9 中的矩形）是聚类定义的基本"构建块"。使用密度阈值 τ 来确定超立方体集合中满足一定密度要求的子集合。在大多数真实数据集中，形状不规则的簇将导致多个密集的区域，这些区域通过一条边或至少一个角连接在一起。如果两个网格区域共享一条边，即它们有一条公共的边界线，则认为它们是相邻连接的。此外，较弱定义认为，如果两个网格区域共享一个角，则它们也被视为相邻连接。在许多基于网格的聚类算法中，更多地使用边而不是角作为相邻连接的标准，以更精确地确定网格区域之间的连接关系，从而更好地进行网格聚类分析。一般来说，如果两个 k 维超立方体共享至少 r 维的表面（$r<k$），就认为它们是相邻连接的。

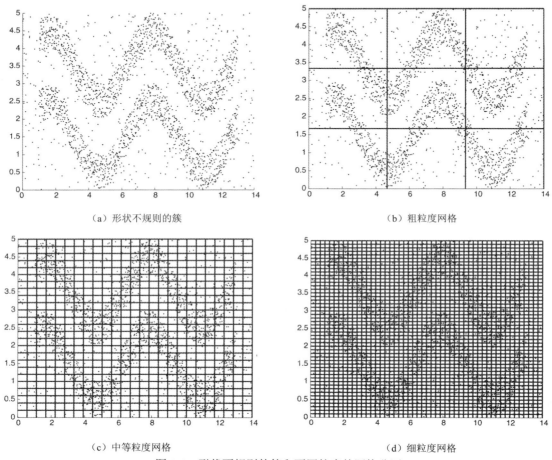

（a）形状不规则的簇　　　　　　　　　　　　（b）粗粒度网格

（c）中等粒度网格　　　　　　　　　　　　（d）细粒度网格

图 5-9　形状不规则的簇和不同粒度的网格分区

这种直接相邻的连接性可以推广到网格区域之间的间接的密度连接性，即那些不直接相邻的网格区域之间的连接性。如果两个网格区域之间存在一条路径，且这条路径上的每个相邻网格区域都与前一个网格区域直接相邻，那么这两个网格区域就是密度连接的。基于网格的聚类算法的目标是确定由这些网格创建的连接区域，可以通过在网格上使用基于图的模型来确定这些连接区域。每个网格在图中对应一个节点，而多个节点之间的边表示它们在网格中是相邻的。可以通过在图上使用广度优先或深度优先遍历算法，从不同组件的节点开始，确定图中的连接组件，这些连接组件中的数据点最终形成簇。图 5-10 说明了如何从"构建块"中创建任意形状的簇。在使用基于网格的聚类算法进行聚类时，簇的边界会受到网格的限制而被矩形化。基于网格的聚类算法的步骤如图 5-11 所示。

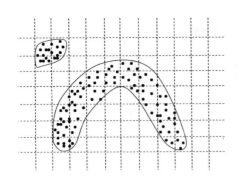 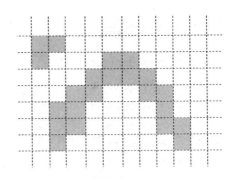

数据点和网格 聚集相邻的网格

图 5-10 从"构建块"中创建任意形状的簇

```
基于网格的聚类算法
开始
    设置粒度p和密度阈值τ；
    将数据集D的每个维度离散化为p个区间；
    根据密度阈值τ确定密集网格；
    创建图形，其中密集网格相邻时连接在一起；
    确定图形的连接组件。
    返回每个连接组件中的数据点作为一个簇
结束
```

图 5-11 基于网格的聚类算法的步骤

基于网格的聚类算法（及其他大部分基于密度的聚类算法）具有一个理想的特性，就是数据点的聚类数量不需要预定义，这与 K-Means 算法不同。相反，基于网格的聚类算法的目标是返回数据点中的自然簇及它们对应的形状。然而，这需要定义两个不同的参数，即粒度 p 和密度阈值 τ。由于没有明确的规则或标准来指导，因此这些参数的选择具有一定困难，选择不准确的参数可能会出现不好的结果。

（1）当选择的网格数量太少时，如图 5-9（b）所示，多个簇的数据点将出现在同一个网格区域中，导致不相关的簇被合并。当选择的网格数量太多时，如图 5-9（d）所示，即使在簇内部也会出现许多空的网格，数据点中的自然簇可能被分开。同时，随着网格数量的增加，计算成本会随之增加。

（2）密度阈值的选择对聚类具有类似的影响。例如，当密度阈值 τ 太低时，包括环境噪声在内的所有集群将会被合并成一个大集群。此外，不必要的高密度阈值可能会导致部分或完全覆盖一个集群。

5.4.2 DBSCAN 算法

DBSCAN 算法[5]的工作原理与基于网格的聚类算法非常类似，不同的是，DBSCAN 算法使用数据点的密度特征将它们合并成簇。因此，DBSCAN 算法将密集区域中的单个数据点根据密度特征进行分类后用作"构建块"。

数据点的密度定义为落在以该点为圆心、半径为 Eps 的范围内的点的数量（包括该点本身）。这些球形区域的密度用于将数据点划分为核心点、边界点或噪声点，这些概念的定义如下。

（1）核心点（Core Point）：如果一个数据点包含至少 τ 个数据点，则定义该数据点为核心点。

（2）边界点（Border Point）：如果一个数据点包含少于 τ 个数据点，但在半径为 Eps 的范围内至少包含一个核心点，则定义该数据点为边界点。

（3）噪声点（Noise Point）：既不是核心点又不是边界点的数据点定义为噪声点。

图 5-12 展示了在 $\tau=10$ 的情况下，核心点、边界点和噪声点的例子。数据点 A 是一个核心点，因为它在半径为 Eps 的范围内包含了 10 个数据点。数据点 B 在半径为 Eps 的范围内只包含了 6 个数据点，但它包含了核心点 A，因此，它是一个边界点。数据点 C 是一个噪声点，因为它在半径为 Eps 的范围内只包含了 4 个数据点，并且不包含任何核心点。

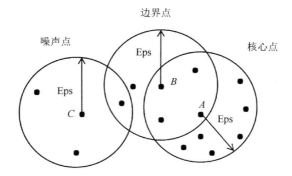

图 5-12　核心点、边界点和噪声点的例子

在确定了核心点、边界点和噪声点之后，DBSCAN 算法进行如下操作。首先，根据核心点构建一个连接图，其中每个节点对应一个核心点，当且仅当两个核心点间的距离小于 Eps 时，在它们之间添加一条边。要注意的是，该连接图是在数据点上构建的，而不是像基于网格的聚类算法那样在分区区域上构建的。然后，识别出该连接图的所有连接组件，这些组件对应于在核心点上构建的簇。接着，将边界点分配给与其连接度最高的连接组件。最后，将数据点按照分组结果形成簇，噪声点被报告为异常值。DBSCAN 算法的步骤如图 5-13 所示。基于图的聚类算法的第一步与使用 Eps 距离作为终止条件的单连接自下而上的聚类算法完全相同，但是基于图的聚类算法只能应用于核心点，而不是所有的数据点。因此，DBSCAN 算法可以看作对边界点和噪声点进行特殊处理后的单连接自下而上的聚类算法。这种特殊处理可以减少单连接自下而上的聚类算法对异常值敏感的连接特性，同时不会丧失创建任意形状簇的能力。例如，在如图 5-7（b）所示的情况下，如果 Eps 和 τ 被适当选择，则噪声点将不会用于聚类过程。这样，即使数据点中存在噪声点，DBSCAN 算法仍将发现正确的聚类。

```
DBSCAN算法（数据集：D，半径：Eps，密度阈值：τ）
开始
    设置半径Eps和密度阈值τ；
    在水平(Eps, τ)上确定数据集D的核心点、边界点和噪声点；
    创建连接图，其中核心点在半径Eps内相互连接；
    在连接图中确定连接组件；
    将每个边界点分配给与其连接度最高的连接组件。
    返回每个连接组件中的点为一个簇
结束
```

图 5-13　DBSCAN 算法的步骤

5.4.3　DENCLUE 算法

DENCLUE 算法[6]基于统计学中的核密度估计，是一种对数据点空间中的每个数据点进行加权平均来估计概率密度分布的算法，可以用来创建轮廓平滑的密度分布。在核密度估计中，数据点 X 处的密度 $f(X)$ 定义为在数据集 $\mathcal{D}$ 中 n 个不同数据点的影响（核函数）的均值：

$$f(X) = \frac{1}{n} \sum_{i=1}^{n} K(X, X_i)$$

（5-9）

核函数通常选择高斯核函数，对于 d 维数据集，高斯核函数的定义为：

$$K(X, X_i) = \left(\frac{1}{\sigma\sqrt{2\pi}}\right)^d e^{-\frac{\|X-X_i\|_2^2}{2\sigma^2}}$$

（5-10）

式中，σ 代表调节估计平滑度的估计带宽，较大的带宽值可以平滑噪声影响，但可能会失去一些关于分布的细节。在实践中，以数据驱动的方式启发式选择 σ 的值。

直观地说，核密度估计算法将每个离散的数据点转换为一个平滑的"凸起"，即一个连续、平滑的密度分布曲线，在这个算法中，每个数据点的密度值是所有"凸起"的和。这样的转换过程抑制了数据中的随机影响或噪声，使得平滑后的密度估计更加稳定和可靠。图 5-14 给出了一个包含三个自然簇的数据集的核密度估计示例。

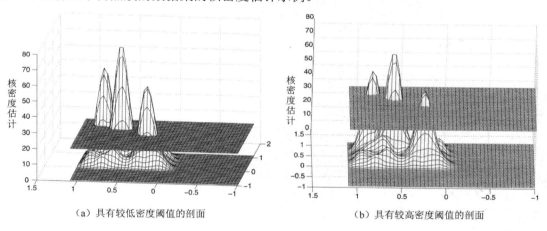

（a）具有较低密度阈值的剖面　　　　　　　　（b）具有较高密度阈值的剖面

图 5-14　核密度估计示例

如图 5-14 所示，把密度阈值 τ 与平滑密度分布曲线的交叉点作为簇的边界，随后，位于交叉点轮廓内的数据点将被归类到对应的簇中。有时，由于使用了爬坡方法将数据点与簇关联，所以一些位于交叉点轮廓外的边界点也可能被归类到相应的簇中。τ 的选择将影响数据集中的簇数量，例如，图 5-14（a）使用了较低的密度阈值，导致两个不同的簇被合并。因此，结果显示只有两个簇，而在图 5-14（b）中，使用了较高的密度阈值，因此结果显示存在三个簇。需要注意的是，如果密度阈值继续增加，则一个或多个簇将被完全覆盖。如果一个簇的峰值密度低于指定的密度阈值 τ，那么该簇会被视为噪声簇。

DENCLUE 算法使用密度吸引子的概念将数据点划分成集群，其思想是首先将密度分布的每个局部峰值视为一个密度吸引子，并通过向其相关峰值爬坡的方法将每个数据点与其关联，然后将密度至少为 τ 的路径连接的不同峰合并。图 5-14（a）和图 5-14（b）中各有三个密度吸引子，然而，由于图 5-14（a）中有两个峰合并了，因此只会发现两个簇。

DENCLUE 算法采用梯度上升法，其中每个数据点 $X \in \mathcal{D}$ 通过使用相对于密度分布的梯度来迭代更新 X。设 $X(t)$ 是第 t 次迭代中 X 的值，$X(t)$ 的更新如下：

$$X(t+1) = X(t) + \alpha \nabla f(X(t)) \tag{5-11}$$

式中，$\nabla f(X(t))$ 为核密度函数在 $X(t)$ 处关于每个坐标的偏导数组成的一个 d 维向量；α 为步长。使用上述规则不断更新数据点，直到它们收敛到局部最优。当它们收敛时，会稳定在其中一个密度吸引子附近，多个数据点可能会收敛到同一个密度吸引子。这种迭代更新过程会隐式地将数据点分成多个簇，其中每个簇对应一个密度吸引子或局部峰值。每个密度吸引子的密度根据式（5-9）进行计算。那些密度未达到指定密度阈值 τ 的密度吸引子被排除在外，因为它们被认为是小的噪声簇。此外，如果存在一个密度至少为 τ 的路径将具有连接的密度吸引子的两个簇连接起来，那么这两个簇将被合并。类似于基于网格的聚类算法和 DBSCAN 算法中的后处理步骤，这里采取的合并策略解决了多个密度峰的合并问题。DENCLUE 算法的步骤如图 5-15 所示。

```
DENCLUE算法
开始
    对于数据集 D 中每个数据点，采用梯度上升法确定密度吸引子；
    创建收敛到相同密度吸引子的簇；
    丢弃密度小于密度阈值 τ 的密度吸引子对应的簇，并记录为异常值；
    合并簇：将密度至少为 τ 的可连接密度吸引子对应的簇相合并。
    返回每个簇中的数据点
结束
```

图 5-15　DENCLUE 算法的步骤

5.5　聚类的有效性

聚类有效性验证[7]是在对数据进行聚类分析后，对聚类结果进行评估和验证的过程。常见的聚类有效性验证方法包括内部验证方法和外部验证方法。内部验证方法使用数据集本身的信息来评估聚类质量，外部验证方法则将聚类结果与事先已知的标签或类别进行比较来评估聚类质量。聚类有效性验证方法的选择取决于数据集的性质和聚类的目标。

5.5.1　内部验证方法

当没有可用的外部验证方法来评估聚类质量时，可以使用内部验证方法。内部验证方法可以直接从聚类算法优化的目标函数中借用评估指标，例如，在基于代表的聚类、EM 算法和凝聚层次聚类等算法中，几乎任何目标函数都可以用于内部验证。然而，内部验证方法的问题在于，如果不同的聚类算法使用了不同类型的目标函数，则特定的内部验证方法可能更偏向于使用相似目标函数进行优化的算法。常用的内部验证方法包括 4 种。

1）离心距离的平方和方法

在离心距离的平方和方法中，先确定不同聚类的中心，再将离心距离的平方和（SSQ）作为相应的目标函数。SSQ 的值越小，表明聚类质量越好。相比于基于密度的聚类算法，SSQ 方法明显更适用于基于距离的聚类算法，如 K-Means 算法。SSQ 方法的问题在于，虽然较小的 SSQ 值可能意味着较好的聚类，但绝对距离不提供有关数据本身或聚类质量的具体信息，

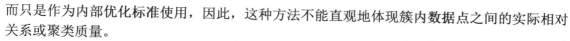

而只是作为内部优化标准使用，因此，这种方法不能直观地体现簇内数据点之间的实际相对关系或聚类质量。

2）簇内和簇间距离比方法

簇内和簇间距离比方法比 SSQ 方法更复杂，其思想是从原始数据中随机抽取 r 对数据点，将这些数据点对分为两组：一组是属于聚类结果中同一个簇的数据点对，记为集合 P；另一组是不属于聚类结果中同一个簇的数据点对，记为集合 Q。平均簇内和簇间距离定义如下：

$$\text{Intra} = \sum_{(\mathbf{X}_i, \mathbf{Y}_j) \in P} \text{dist}(\mathbf{X}_i, \mathbf{Y}_j) / |P| \tag{5-12}$$

$$\text{Inter} = \sum_{(\mathbf{X}_i, \mathbf{Y}_j) \in Q} \text{dist}(\mathbf{X}_i, \mathbf{Y}_j) / |Q| \tag{5-13}$$

则平均簇内和簇间距离之比为 $\text{Intra} / \text{Inter}$，该值越小，表示聚类质量越好。

3）轮廓系数方法

设 $\text{Davg}_i^{\text{in}}$ 为数据点 $\mathbf{X}_i$ 到其所属簇内其他数据点之间的平均距离，$\text{Dmin}_i^{\text{out}}$ 为 $\mathbf{X}_i$ 到其他不包含它的簇内的所有数据点的平均距离的最小值，则 $\mathbf{X}_i$ 的轮廓系数 S_i 为：

$$S_i = \frac{\text{Dmin}_i^{\text{out}} - \text{Davg}_i^{\text{in}}}{\max\left\{\text{Dmin}_i^{\text{out}} - \text{Davg}_i^{\text{in}}\right\}} \tag{5-14}$$

整体轮廓系数是所有数据点的轮廓系数的均值，其取值范围为 $(-1, 1)$。当轮廓系数取较大的正值时，表示不同簇之间的距离较大，这是一个好的聚类结果。相反，当轮廓系数取负值时，表示聚类结果中的数据点之间存在一定程度的混合，即不同簇之间的距离较小，簇内的数据点相似度较低，这通常意味着聚类质量较差。轮廓系数的一个优点是，它的绝对值能够直观地反映聚类质量。

4）概率方法

概率方法使用概率模型来评估特定聚类的质量。首先假设每个发现的簇对应一个混合成分，然后根据该成分的中心来确定簇的中心，最后通过类似于 EM 算法的步骤，估计每个成分的其他参数，如协方差矩阵，以得到更完整的概率模型。这里使用整体的对数似然来评估特定聚类的质量，使用这种方法的前提是已知簇应该具有特定的形状，从而验证聚类结果是否符合预期的数据分布模式。

虽然内部验证方法对特定的聚类算法有很强的偏向性，但是在一些实际场景中，内部验证方法确实有用。例如，它可以用于比较同一算法产生的不同聚类结果，或者同一算法的不同运行次数得到的不同聚类结果。此外，内部验证方法对聚类数量比较敏感。例如，当不同算法确定的聚类数量不同时，就无法使用特定标准来比较两个不同的聚类结果。在通常情况下，如果一个聚类结果比较精细，那么这个聚类会在内部验证方法中有更好的表现。总之，聚类是一个无监督问题，在没有外部标准的情况下，不存在对"正确"聚类模型的明确定义。

5.5.2　外部验证方法

当底层数据中聚类的情况真实可用时，可以使用外部验证方法。当底层数据真实聚类的"Ground Truth"信息可知时，可以使用外部验证方法来评估聚类算法的性能。但是，在大多数真实数据集中，很难获得这样的"Ground Truth"信息。不过，当使用已知基准数据集生成合成数据时，可以将合成数据中的聚类标识符与生成的记录关联起来。在真实数据集的情况下，虽然无法获得真实的聚类信息，但如果有类别标签信息可用，则可以将它们用作近似的聚类标识符，用于评估聚类算法的性能。这些类别标签是基于特定应用特征的，可能并不能完全反映底层数据的真实聚类情况。但相对于内部验证方法，类别标签可以避免在多个数据集上产生一致的评估偏见，所以仍然是可取的。

数据中的自然聚类数量可能不能反映类别标签（或聚类标识符）的数量。假设 k_t 表示类别标签的数量，k_d 表示算法确定的聚类数量，在一般情况下，$k_t \neq k_d$，当 $k_t = k_d$ 时，可以创建一个混淆矩阵，将真实聚类与算法确定的聚类进行对应映射。混淆矩阵的每一行对应一个真实类别标签，而每一列对应算法确定的聚类中的数据点。因此，混淆矩阵的第 (i, j) 个元素表示真实聚类 i 映射到算法确定的聚类 j 中的数据点数量。同一行 i 上所有元素之和反映了数据中真实聚类 i 的大小，在不同的聚类算法中是相同的。

通过观察混淆矩阵，可以直观地了解聚类的效果。对于较大的数据集和复杂的聚类结果，混淆矩阵的可视化可能变得不太实际。而且，当 $k_t \neq k_d$ 时，混淆矩阵的分析和解释会更加困难，因为不同类别之间可能存在混淆和重叠。因此，为了更准确地评估混淆矩阵的整体质量，需要设计一些严格的评估方法和指标。两种常用的评估指标是聚类纯度和基于类别的基尼指数。设 m_{ij} 表示来自类别 i 的数据点映射到聚类 j 的数量，其中 $i \in [1, k_t]$，$j \in [1, k_d]$，同时假设真实类别 i 中的数据点数量为 N_i，算法确定的聚类 j 中的数据点数量为 M_j，不同类别中的数据点数量可以表示为 $N_i = \sum_{j=1}^{k_d} m_{ij}$ 和 $M_j = \sum_{i=1}^{k_t} m_{ij}$。

一个好的聚类应该有大部分数据点属于同一个真实类别。因此，对于算法确定的聚类 j 来说，遍历不同的真实类别 i，在每个类别 i 中找到聚类 j 中包含的该类别的数据点数量，即 m_{ij}，聚类 j 中的主导类别的数据点数量 P_j 为 m_{ij} 中的最大值（$P_j = \max_i m_{ij}$）。这里，$P_j \leqslant M_j$，聚类的质量越好，P_j 越接近 M_j，整体聚类纯度可以通过以下公式计算：

$$\text{Purity} = \frac{\sum_{j=1}^{k_d} P_j}{\sum_{j=1}^{k_d} M_j} \tag{5-15}$$

聚类纯度有两种不同的计算方法。上面介绍的方法是第一种方法，它首先计算了每个算法确定的聚类相对于真实聚类的纯度，然后基于此计算整体聚类纯度。第二种方法可以计算每个真实聚类相对于算法确定的聚类的纯度。这两种方法的结果通常不相同，尤其当 k_d 和 k_t 的值显著不同时，差异会更加明显，因此可以将这两个值的均值作为单独的衡量标准。由于第一种方法更加直观，因此更受欢迎，并被广泛使用。

思考题

1. 基于第 4 章思考题第 1 题中的鸢尾花分类数据集，使用 K-Means 算法进行聚类，将聚类结果与真实类别进行对比分析，观察聚类算法的效果。

2．分析比较 *K*-Means 算法、*K*-Medians 算法和 *K*-Medoids 算法的不同之处。

3．使用 Python 的 Scikit-Learn 库生成 500 个样本的环形数据集（调用 make_circles 函数，将 samples 设置为 500，factor 设置为 0.5，noise 设置为 0，random_state 设置为 0），编程实现 DBSCAN 算法，分析 eps 和 min_samples 参数设置对聚类结果的影响。

4．什么是轮廓系数？试编程计算第 3 题中的轮廓系数，分析聚类效果。

5．在聚类有效性验证方法中，内部验证方法和外部验证方法的适用范围是什么？

6．在聚类有效性验证方法中，内部验证方法有哪些？分析各个方法的优缺点。

本章参考文献

[1] AGGARWAL CC. Data Mining: The Textbook[M]. Switzerland: Springer International Publishing, 2015.

[2] JAIN A, MURTY M, FLYNN P. Data clustering: A review[J]. ACM Computing Surveys(CSUR), 1999, 31(3): 264-323.

[3] GOIL S, NAGESH H, CHOUDHARY A. MAFIA: Efficient and scalable subspace clustering for very large data sets[C]. ACM KDD Conference, 1999: 443-452.

[4] SHEIKHOLESLAMI G, CHATTERJEE S, ZHANG A. Wavecluster: a multi-resolution clustering approach for very large spatial databases[C]. VLDB Conference, 1998: 428-439.

[5] ESTER M, KRIEGEL H P, SANDER J, et al. A density-based algorithm for discovering clusters in large spatial databases with noise[C]. ACM KDD Conference, 1996: 226-231.

[6] HINNEBURG A, KEIM D. An efficient approach to clustering in large multimedia databases with noise[C]. ACM KDD Conference, 1998: 58-65.

[7] AGGARWAL C, REDDY C. Data clustering: algorithms and applications[M]. Florida: CRC Press. 2014.

第6章　深度学习

深度学习（Deep Learning）是一类基于人工神经网络的机器学习方法，旨在模拟人脑神经网络的结构和功能，使计算机能够模拟和理解人类的感知和决策过程。深度学习涉及内容较为广泛，本章仅针对 BP 神经网络、卷积神经网络、循环神经网络、图神经网络的部分知识进行介绍。

6.1　深度学习概述

深度学习通过层次化地表示学习，逐渐提取数据的高级特征和抽象表示，从而实现自动化的模式识别和决策。深度学习的核心是人工神经网络模型，神经网络由多个层次组成，每一层都包含多个神经元（也称为节点）。这些神经元通过优化算法自动调整权重和偏差，从而对输入数据进行特征提取和表示学习。信息经过网络在层与层之间传递，每一层都对输入数据进行特征提取和表示学习。首先，输入层接收原始数据，如图像中的像素值或文本中的字词；然后，经过多个中间层的非线性转换网络，逐渐形成对数据的深层特征表示；最后，输出层根据任务的不同进行相应的预测或决策。由于神经网络模型一般比较复杂，从输入到输出的信息传递路径一般比较长，所以复杂神经网络的学习可以看作一种深度的机器学习，即深度学习。但神经网络和深度学习并不等价，深度学习可以采用神经网络模型，也可以采用其他模型（如深度信念网络是一种概率图模型）。由于神经网络模型可以比较容易地解决贡献度分配问题，因此神经网络模型成为深度学习中主要采用的模型。

早期深度学习的研究可以追溯到 20 世纪 40 年代，但囿于任务数据规模、算力等种种因素，深度学习曾一度受到冷落。近些年来，随着大数据技术的出现和计算资源的增多，深度学习再次受到学者的追捧，并且获得了前所未有的关注。深度学习模型需要大量的标注数据来进行训练，从而调整网络参数，避免陷入过拟合的情况。高速 GPU 的出现、网络计算速度和能够处理的数据规模的提升，让极大规模的深度学习模型的训练成为可能。与此同时，越来越多的训练数据确保了这些复杂模型能够具有很好的泛化能力。强大的计算资源和大量的数据让深度学习技术在不同的研究领域获得了巨大的成功和极大的社会影响力。深度学习模型在各种各样的应用上的表现都远远超过了传统方法。在计算机视觉领域，深度学习模型可以实现图像分类、目标检测、人脸识别等任务。在自然语言处理领域，深度学习模型可以进行文本分类、机器翻译、情感分析等任务。此外，深度学习模型还在语音识别、推荐系统、医学诊断等领域展示了出色的性能。

然而，深度学习模型面临一些挑战和限制。首先是标注数据的获取，深度学习模型通常需要大量的标注数据来进行训练，而数据收集和标注可能是耗时和昂贵的；其次是对计算资源的性能要求较高，深度学习模型需要进行大规模并行计算来提升效率，因此在某些情况下可能面临计算效率和存储需求的挑战。此外，深度学习模型的复杂性导致其解释性较差，模型内部类似于“黑箱”，难以理解模型的决策过程。

尽管存在一些挑战，但深度学习作为一种强大的机器学习方法，具有广泛的应用前景，并在许多领域取得了重要的突破。它提供了一种强大的工具，能够处理和理解复杂的数据，为科学研究和实际应用带来了许多新的机遇。

6.2　BP 神经网络

BP 神经网络是一种典型的前馈神经网络。前馈神经网络（Feedforward Neural Network，FNN），是一种最简单的神经网络，也是深度学习中使用非常广泛的神经网络结构。前馈神经网络采用一种单向多层结构，其中每一层包含若干个神经元。在这种神经网络中，各神经元可以接收前一层神经元的信号，并产生输出到下一层。第 0 层叫输入层，最后一层叫输出层，其他中间层叫隐藏层（或隐层），隐藏层可以是一层，也可以是多层。

BP 算法（Back Propagation Algorithm）也叫反向传播算法，这种算法在深度神经网络训练中应用非常成功。BP 算法有许多前身算法，这些算法可追溯到 20 世纪 60 年代，最早被 Werbos 用来训练神经网络。BP 算法现在依然是训练深度学习模型的主要算法，它是一种通过计算预测输出与实际输出之间的误差，并将误差从输出层向输入层反向传播的技术。由于多层前馈神经网络的训练经常采用误差 BP 算法，因此人们常把多层前馈神经网络直接称为 BP 神经网络。

BP 算法是一种有监督的学习算法，其主要思想是：输入学习样本，使用反向传播方式对网络的权重和阈值进行反复调整训练，使输出向量与期望向量尽可能地接近，当网络输出层的误差平方和小于指定的数值时，训练完成，保存网络的权重和阈值。

6.2.1　激活函数

在介绍 BP 神经网络结构之前，首先介绍下激活函数（Activation Function）。激活函数是神经网络中的一种非线性函数，能够实现输入信号到输出信号的非线性映射，可作用于神经网络中的每个神经元。激活函数的作用是引入非线性变换，增强网络的表示能力和学习能力。如果神经网络中的激活函数都是线性函数，那么整个网络的表示能力将与单层感知器（Perceptron）相当，无法解决复杂的非线性问题。下面介绍几种在神经网络中常用的激活函数。

1）Sigmoid 型函数

Sigmoid 型函数是指一类 S 形曲线函数，为两端饱和函数。常用的 Sigmoid 型函数有 Logistic 函数和 Tanh 函数。Logistic 函数的定义见 4.3.1 节式（4-10）。

如图 6-1（a）所示，Logistic 函数将输入映射到 $(0,1)$ 的数值范围内。具体来说，当 Logistic 函数的输入为负数时，输入越小，输出越接近 0；当输入为正数时，输入越大，输出越接近 1。因为 Logistic 函数的性质，装备 Logistic 函数的神经元的输出可以直接看作概率分布的，这使得神经网络可以更好地和统计学习模型结合[1]。

Tanh 函数的定义为：

$$\text{Tanh}(z) = \frac{\exp(z) - \exp(-z)}{\exp(z) + \exp(-z)} \tag{6-1}$$

Tanh 函数可以看作放大并平移的 Logistic 函数，其值域是 $(-1,1)$。如图 6-1（b）所示，当 Tanh 函数的输入为负数时，输入越小，输出越接近 -1；当输入为正数时，输入越大，输出越接近 1。Tanh 函数的输出是零中心化的，而 Logistic 函数的输出恒大于 0。非零中心化的输出会使得其后一层的神经元的输入发生偏置偏移，并进一步使得梯度下降的收敛速度变慢。

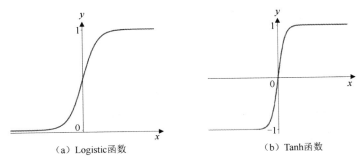

（a）Logistic函数　　　　　　　　（b）Tanh函数

图 6-1　Logistic 函数和 Tanh 函数

2）ReLU 函数

ReLU（Rectified Linear Unit，修正线性单元）函数也叫 Rectifier 函数，是目前深层神经网络中经常使用的激活函数。如图 6-2 所示，ReLU 函数类似于线性函数，唯一的区别是当输入为负数时，其输出为 0。ReLU 函数的定义为：

$$\mathrm{ReLU}(z) = \max\{0, z\} = \begin{cases} z & z \geq 0 \\ 0 & z < 0 \end{cases} \tag{6-2}$$

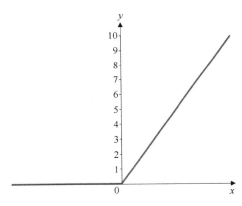

图 6-2　ReLU 函数

ReLU 函数的优点是，采用 ReLU 函数的神经元只需要进行加、乘和比较的操作，计算上更加高效。在优化方面，与 Sigmoid 型函数的两端饱和相比，ReLU 函数为左饱和函数，且在 $z > 0$ 时其导数为 1，这在一定程度上缓解了神经网络的梯度消失问题，加速了梯度下降的收敛速度[2]。

ReLU 函数也存在不足。ReLU 函数的输出是非零中心化的，给后一层的神经元引入偏置偏移，会影响梯度下降的效率。此外，ReLU 神经元在训练时比较容易"死亡"。在训练时，如果参数在一次不恰当的更新后，第一个隐藏层中的某个 ReLU 神经元在所有的训练数据上都不能被激活，那么这个 ReLU 神经元自身参数的梯度将始终为 0，并且在以后的训练过程中永远不会被激活。这种现象被称为死亡 ReLU 神经元问题，它也可能发生在其他隐藏层中。

在实际使用中，为了避免上述情况，有几种 ReLU 函数的变体被广泛应用，如带泄露的 ReLU（Leaky ReLU）函数、带参数的 ReLU（Parametric ReLU，PReLU）函数、ELU（Exponential Linear Unit）函数等。

3）Softmax 函数

Softmax 函数是常用于多分类问题的激活函数，在多分类问题中，若超过两个类标签，则需要知道类成员关系。如图 6-3 所示，对于长度为 K 的任意实向量，Softmax 函数可以将其压缩为长度为 K，值在 $(0,1)$ 范围内，并且向量中元素的总和为 1 的实向量。其计算公式为：

$$\text{Softmax}(z_i) = \frac{e^{z_i}}{\sum_{j=1}^{K} e^{z_j}} \tag{6-3}$$

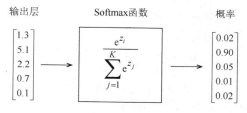

图 6-3 Softmax 函数示意图

Softmax 函数与正常的 max 函数不同，max 函数仅输出最大值，但 Softmax 函数会确保较小的值具有较小的概率被输出，不会直接被丢弃，因此可以把 Softmax 函数看作 Argmax 函数的概率版本或 Soft 版本。

4）Swish 函数

Swish 函数是一种自门控（Self-Gated）激活函数，定义为：

$$\text{Swish}(z) = z\sigma(\beta z) \tag{6-4}$$

式中，$\sigma(\cdot)$ 为 Logistic 函数；β 为可学习的参数或一个固定超参数。$\sigma(\cdot) \in (0,1)$ 可以看作一种软性的门控机制。当 $\sigma(\beta z)$ 接近于 1 时，门处于"开"状态，激活函数的输出近似于 z 本身；当 $\sigma(\beta z)$ 接近于 0 时，门处于"关"状态，激活函数的输出近似于 0。图 6-4 给出了 Swish 函数的示例。当 $\beta = 0$ 时，Swish 函数变成线性函数 $z/2$；当 $\beta = 1$ 时，Swish 函数在 $z > 0$ 时近似线性，在 $z < 0$ 时近似饱和，同时具有一定的非单调性；当 $\beta \to +\infty$ 时，$\sigma(\beta z)$ 趋向于离散的 0-1 函数，Swish 函数近似为 ReLU 函数。因此，Swish 函数可以看作线性函数和 ReLU 函数之间的非线性插值函数，其形态由参数 β 控制。

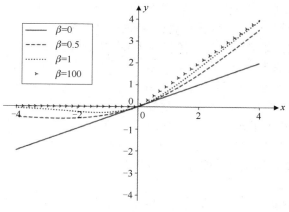

图 6-4 Swish 函数的示例

5）Maxout 单元函数

Maxout 单元函数是一种分段线性函数。Sigmoid 型函数、ReLU 函数等激活函数的输入是神经元的净输入 z，是一个标量，而 Maxout 单元函数的输入是上一层神经元的全部原始输出，是一个向量 $\boldsymbol{x} = (x_1, x_2, \cdots, x_d)^{\mathrm{T}}$。

每个 Maxout 单元有 K 个权重向量 $\boldsymbol{w}_k \in \mathbf{R}^d$ 和偏置 b_k（$1 \leqslant k \leqslant K$）。对于输入 $\boldsymbol{x}$，可以得到 K 个净输出 z_k，$1 \leqslant k \leqslant K$。

$$z_k = \boldsymbol{w}_k^{\mathrm{T}} \boldsymbol{x} + b_k \tag{6-5}$$

式中，$\boldsymbol{w}_k = (w_{k,1}, w_{k,2}, \cdots, w_{k,d})^{\mathrm{T}}$ 为第 k 个权重向量。

Maxout 单元的非线性函数定义为：

$$\mathrm{Maxout}(z) = \max_{k \in [1,K]} (z_k) \tag{6-6}$$

Maxout 单元函数不仅是净输入到输出之间的非线性映射关系，还是整体学习输入到输出之间的非线性映射关系。Maxout 单元函数可以看作任意凸函数的分段线性近似，并且在有限的点上不可微。

6.2.2　BP 算法的基本原理

BP 算法的训练一般分为两个关键步骤：信号的前向传播和误差的反向传播，应用到深度学习方法中就是前向传播求损失，反向传播求偏导。

下面是 BP 算法的基本步骤。

第一步，初始化：随机初始化神经网络的连接权重。

第二步，前向传播（Forward Propagation）：输入样本从输入层进入网络，经隐藏层逐层传递至输出层，计算得到网络的预测输出。

第三步，计算误差：将网络的预测输出与实际输出进行比较，计算输出层的误差，可以使用某种损失函数（如均方误差）来度量误差。

第四步，反向传播（Backward Propagation）：首先从输出层开始，将误差反向传播回隐藏层和输入层。对于每个神经元，计算其对误差的贡献，这个贡献是通过将前一层的误差与当前神经元的权重相乘并传递给前一层来计算的。然后，根据激活函数的导数，将误差传递给前一层的神经元。

第五步，计算权重更新：使用反向传播得到的误差梯度来更新连接权重。根据误差梯度和学习率的乘积，更新每个连接权重的数值，并使用学习率控制每次迭代中权重更新的幅度。

第六步，重复迭代：重复执行前向传播、计算误差、反向传播和计算权重更新的步骤。通常，迭代的次数和终止条件是预先指定的，或者可以根据训练数据的性能表现进行动态调整。

第七步，终止：当满足终止条件（如达到最大迭代次数或误差收敛）时，终止训练。

通过重复迭代，BP 算法可以调整神经网络的权重，使网络的预测输出与实际输出更加接近，从而提高网络的性能和准确性。需要注意的是，BP 算法假设神经网络是可微的，因此激活函数通常选择可微函数，并且该算法通常与梯度下降等优化算法结合使用来更新权重。

下面详细介绍信号的前向传播过程和误差的反向传播过程。

1）信号的前向传播

在信号的前向传播阶段，输入进入神经网络，神经网络基于当前的参数计算出对应的输出，然后用输出计算损失函数值。

以图 6-5 为例，该网络是含一个输入层、两个隐藏层和一个输出层的四层全连接神经网络，为了推导方便，第一层输入层含两个神经元，第二层和第三层隐藏层都含三个神经元，第四层输出层含两个神经元。在用 BP 算法训练神经网络处理实际问题时，输入层神经元数应当和从一个样本中提取的特征数保持一致，输出层神经元数应当根据实际情况设置。若用 BP 算法实现对手写数字识别分类，从每张图片样本中提取的特征数都是 28×28=784，则输入层神经元数应当设置成 784，数字有 0～9 共 10 个类别，那么输出层神经元数应当设置成 10，每个神经元输出的数值代表 10 个数字各自可能的概率。图 6-5 中第二层到第四层每个神经元的激活函数都采用 Sigmoid 型函数。下面对符号进行说明：w_{ij}^k 表示第 $k-1$ 层的第 i 个神经元到第 k 层的第 j 个神经元的连接权重；b_i^k 表示第 k 层第 i 个神经元的偏置。

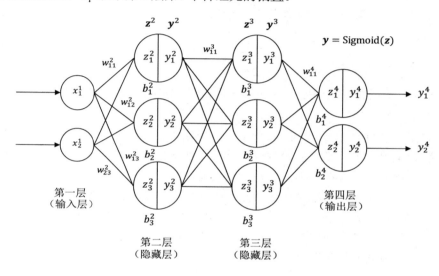

图 6-5　全连接神经网络

第一层神经元输入为：$\boldsymbol{x}^1 = \begin{bmatrix} x_1^1 & x_2^1 \end{bmatrix}$。第一层到第四层神经元的连接权重和阈值参数为：

$$\boldsymbol{w}^2 = \begin{bmatrix} w_{11}^2 & w_{12}^2 & w_{13}^2 \\ w_{21}^2 & w_{22}^2 & w_{23}^2 \end{bmatrix} \quad \boldsymbol{w}^3 = \begin{bmatrix} w_{11}^3 & w_{12}^3 & w_{13}^3 \\ w_{21}^3 & w_{22}^3 & w_{23}^3 \\ w_{31}^3 & w_{32}^3 & w_{33}^3 \end{bmatrix} \quad \boldsymbol{w}^4 = \begin{bmatrix} w_{11}^4 & w_{12}^4 \\ w_{21}^4 & w_{22}^4 \\ w_{31}^4 & w_{32}^4 \end{bmatrix}$$

$$\boldsymbol{b}^2 = \begin{bmatrix} b_1^1 & b_2^2 & b_3^2 \end{bmatrix} \quad \boldsymbol{b}^3 = \begin{bmatrix} b_1^3 & b_2^3 & b_3^3 \end{bmatrix} \quad \boldsymbol{b}^4 = \begin{bmatrix} b_1^4 & b_2^4 \end{bmatrix}$$

第二层到第四层神经元输入为：$\boldsymbol{z}^2 = \begin{bmatrix} z_1^2 & z_2^2 & z_3^2 \end{bmatrix}$，$\boldsymbol{z}^3 = \begin{bmatrix} z_1^3 & z_2^3 & z_3^3 \end{bmatrix}$，$\boldsymbol{z}^4 = \begin{bmatrix} z_1^4 & z_2^4 \end{bmatrix}$。第二层到第四层神经元输出为：$\boldsymbol{y}^2 = \begin{bmatrix} y_1^2 & y_2^2 & y_3^2 \end{bmatrix}$，$\boldsymbol{y}^3 = \begin{bmatrix} y_1^3 & y_2^3 & y_3^3 \end{bmatrix}$，$\boldsymbol{y}^4 = \begin{bmatrix} y_1^4 & y_2^4 \end{bmatrix}$。

在信号的前向传播阶段，每个神经元的输入都是前一层神经元输出的加权求和，神经元的输出是当前神经元的输入通过 Sigmoid 型函数映射后的值。以第二层的第一个神经元为例，其输入为：$z_1^2 = w_{11}^2 x_1^1 + w_{12}^2 x_1^1 + b_1^2$，输出为：$y_1^2 = \text{Sigmoid}\left(z_1^2\right) = \dfrac{1}{1 + e^{-z_1^2}}$。

将图 6-5 中所有层的神经元的输入输出以矩阵的形式计算汇总如下，即得到 BP 算法的前向传播推导：$\boldsymbol{y}^1 = \boldsymbol{x}^1$；第二层输入：$\boldsymbol{z}^2 = \boldsymbol{y}^1 \boldsymbol{w}^2 + \boldsymbol{b}^2$，第二层输出：$\boldsymbol{y}^2 = \text{Sigmoid}\left(\boldsymbol{z}^2\right)$；第三层

输入：$z^3 = y^2 w^3 + b^3$，第三层输出：$y^3 = \text{Sigmoid}(z^3)$；第四层输入：$z^4 = y^3 w^4 + b^4$，第四层输出：$y^4 = \text{Sigmoid}(z^4)$。信号前向传播的计算公式概括为：$z^k = y^{k-1} w^k + b^k$，$y^k = \text{Sigmoid}(z^k)$。

2）误差的反向传播

在神经网络中，神经元之间的连接权重及阈值是随机初始化的，因此神经网络的输出是无法确定的，可能与目标输出相差甚远。对于一个能够自主学习的神经网络而言，只能对样本特征数据进行随机变换是远远不够的，为了能让神经网络进行自主学习，即对网络进行训练，需要使其可根据误差自行调整权重参数和偏置向量，从而使其输出不断接近目标输出。

首先，使用损失函数来表示预测值和真实值的差距程度。在此，使用均方误差损失函数，定义损失函数 E 如下：

$$E = \frac{1}{2} \sum_k (y_k - t_k)^2 \tag{6-7}$$

式中，k 表示样本特征数据的维度；y_k 表示神经网络的输出（预测值）；t_k 表示训练数据的真实标签值（真实值）。

显然，当损失函数的值越小，即 E 越小时，说明神经网络的预测值越接近真实值，神经网络的预测能力越强。神经网络的预测值可以看作样本特征数据经过权重向量 $\boldsymbol{w}$ 和偏置向量 $\boldsymbol{b}$ 的函数映射，样本特征数据是事先确定无法改变的，权重向量 $\boldsymbol{w}$ 和偏置向量 $\boldsymbol{b}$ 是随机初始化的，可进行调整，从而使神经网络的预测值更加接近真实值。损失函数 E 是关于参数 $\boldsymbol{w}$ 和 $\boldsymbol{b}$ 的函数，为了使损失最小，就需要使用梯度下降法求出 E 对 $\boldsymbol{w}$ 和 $\boldsymbol{b}$ 的偏导，更新 $\boldsymbol{w}$ 和 $\boldsymbol{b}$。这里依旧以如图 6-5 所示的神经网络为例，对误差的反向传播进行推导，步骤如下。

第一步：求出 E 对 $\boldsymbol{w}^k$ 和 $\boldsymbol{b}^k$ 的偏导。

对输入层有：

$$\boldsymbol{\delta}^k = \frac{\partial E}{\partial z^k} = \frac{\partial E}{\partial z^{k+1}} \frac{\partial z^{k+1}}{\partial y^k} \frac{\partial y^k}{\partial z^k} = \boldsymbol{\delta}^{k+1} \boldsymbol{w}^k \text{diag}\left(y^k \left(1 - y^k\right)\right) \tag{6-8}$$

对输出层有：

$$\boldsymbol{\delta}^{\text{o}} = \frac{\partial E}{\partial z^4} = \frac{\partial E}{\partial y^4} \frac{\partial y^4}{\partial z^4} = \left(y^4 - t\right) y^4 \left(1 - y^4\right) \tag{6-9}$$

式中，$\boldsymbol{t} = [t_1, t_2]$ 表示真实值矩阵；$\text{diag}\left(y^k \left(1 - y^k\right)\right)$ 表示对角线元素都为 $y^k \left(1 - y^k\right)$ 的对角矩阵。当得知最后一层的 $\boldsymbol{\delta}$ 时，就能根据式（6-8）从后往前计算出网络每一层（不包含输入层）的 $\boldsymbol{\delta}$。

第二步：根据梯度下降法更新权重向量 $\boldsymbol{w}^k$ 和偏置向量 $\boldsymbol{b}^k$。

$$\boldsymbol{b}^k = \boldsymbol{b}^k - \eta \times \frac{\partial E}{\partial \boldsymbol{b}^k} = \boldsymbol{b}^k - \eta \times \frac{\partial E}{\partial z^k} \frac{\partial z^k}{\partial \boldsymbol{b}^k} = \boldsymbol{b}^k - \eta \times \boldsymbol{\delta}^k \tag{6-10}$$

$$\boldsymbol{w}^k = \boldsymbol{w}^k - \eta \times \frac{\partial E}{\partial \boldsymbol{w}^k} = \boldsymbol{w}^k - \eta \times \frac{\partial E}{\partial z^k} \frac{\partial z^k}{\partial \boldsymbol{w}^k} = \boldsymbol{w}^k - \eta \times (y^{k-1})^{\text{T}} \boldsymbol{\delta}^k \tag{6-11}$$

式中，η 表示学习率。此阶段的目标是计算损失函数关于参数的梯度，根据链式法则，模型可以从输出层反向动态计算所有参数的梯度。

6.3 卷积神经网络

卷积神经网络（Convolutional Neural Network，CNN）是一种具有局部连接、权重共享等特性的深层前馈神经网络，使用 BP 算法进行训练。卷积神经网络一般由卷积层、汇聚层、全连接层交叉堆叠而成。全连接层的每一个节点（神经元）都与上一层的所有节点相连。

6.3.1 从全连接到卷积

全连接层和卷积层的根本区别在于，前者从输入特征空间学到的是全局模式，而后者学到的是局部模式。例如，对于 MNIST 数据集的数字，全局模式就是涉及所有像素的模式，局部模式就是小窗口内发现的模式（见图 6-6）。基于这个特性，卷积神经网络相对全连接前馈神经网络在处理图像时具有以下优势。

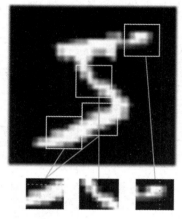

（1）卷积神经网络提高了大尺寸图像的应用效果。在全连接前馈神经网络中，如果第 m 层有 n_m 个神经元，第 $m-1$ 层有 n_{m-1} 个神经元，则两层之间共有 $n_m \times n_{m-1}$ 个连接边，每个边都对应一个权重参数。随着隐藏层神经元数量的增多，参数的规模会急剧增加。这种全连接结构导致整个神经网络训练效率低下，并且大量参数会很快导致过拟合的出现。卷积神经网络局部连接、权重共享的特性使其网络需要训练的参数更少。全连接

图 6-6 图像被分解为局部模式

层和卷积层的对比如图 6-7 所示。

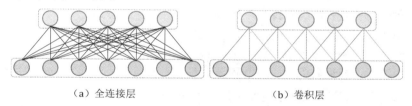

（a）全连接层　　　　　　　　　　（b）卷积层

图 6-7 全连接层和卷积层的对比

（2）卷积神经网络对相同的图像特征具有相似的反应，而不过度在意特征出现的位置，具有平移不变性（Translation Invariant）。卷积神经网络通过深度聚合前面几层卷积层学习到的局部特征而可以有效学习更复杂和抽象的视觉概念，具有空间层次结构（Spatial Hierarchies of Patterns）。

6.3.2 卷积层

图像是一个包括两个空间轴（高度和宽度）和一个深度轴（通道/颜色）的三维张量。对于黑白图像，通道（Channel）数为 1，表示灰度等级。对于 RGB 图像，通道数为 3：红色、绿色和蓝色。这些通道为后续层的学习提供了空间化特征，也被称为特征映射（Feature Maps）。

1）互相关运算

首先考虑单个输入通道和输出通道的情况，此时输入数据、卷积核和输出数据都看作二

维张量。卷积层对输入图像和卷积核（Convolution Filter）权重进行互相关运算。第 1 次卷积操作从输入图像的左上角开始，由卷积核中参数与输入图像对应位置的像素逐位相乘后累加得到一个单一的标量值作为第 1 次卷积操作的输出，即 $0×4+0×0+0×0+0×0+1×0+1×0+1×0+0×0+1×0+2×(-4)=-8$，如图 6-8（a）所示。类似地，当步幅为 1 时，卷积核在输入图像上从左到右、自上而下依次进行卷积操作，最终输出 5×5 大小的卷积特征，如图 6-8（b）～图 6-8（d）所示，同时该输出是下一层操作的输入。假设输入大小为 $n_h×n_w$，卷积核大小为 $k_h×k_w$，则输出大小为 $(n_h-k_h+1)×(n_w-k_w+1)$。

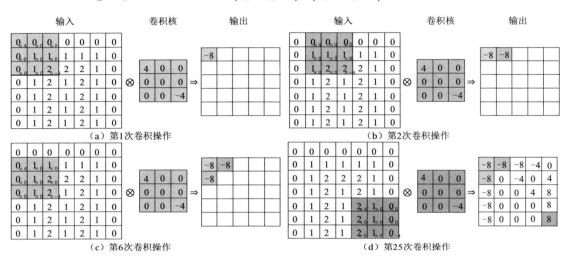

图 6-8 单个输入通道和输出通道的卷积操作

卷积是一种局部操作，通过一定大小的卷积核作用于局部图像区域获得图像的局部信息。不同的卷积核相当于不同的特征提取器。

当输入包括多个通道时，需要构造一个与输入具有相同通道数的卷积核，以便与输入进行互相关运算。假设输入通道数为 c_i，则卷积核大小为 $k_h×k_w×c_i$。此时的卷积操作为：首先每个通道输入的二维张量和卷积核对应通道的二维张量分别进行互相关运算，然后所有通道结果对应位置相加得到输出的二维张量。如图 6-9 所示，阴影部分是第一个输出及用于计算这个输出的输入和卷积核：$(0×0+1×1+1×1+2×0)+(0×0+1×1+1×1+2×2)=8$。

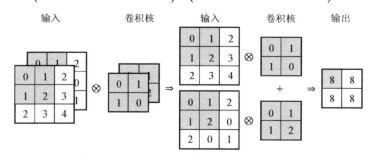

图 6-9 多个输入通道、单个输出通道的卷积操作

以上两种情况的输出通道数都为 1。事实上每层有多个输出通道是至关重要的，不同的输出通道可以用于提取不同的空间特征，如有的输出通道用于识别边缘，有的输出通道用于识

别纹理。假设输出通道数为 c_o，每个输出通道都需要创建一个大小为 $k_h \times k_w \times c_i$ 的卷积核，则卷积核的最终大小为 $k_h \times k_w \times c_i \times c_o$。在互相关运算中，每个输出通道先获取所有输入通道，再用对应该输出通道的卷积核计算出结果。多个输入通道、多个输出通道的卷积操作如图 6-10 所示。

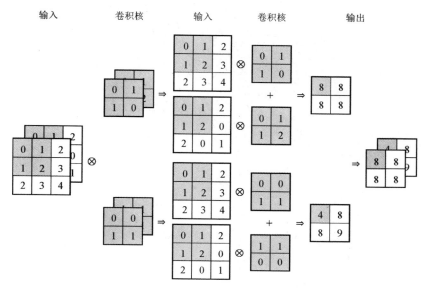

图 6-10　多个输入通道、多个输出通道的卷积操作

在复杂深层网络设计中，通常包含 1×1 卷积核，即 $k_h = k_w = 1$。这种卷积核在高度和宽度的维度上失去了识别相邻像素间特征的作用，唯一的运算发生在通道上，主要作用在于调整网络层的通道数和控制模型的复杂性。1×1 卷积核的卷积操作如图 6-11 所示。

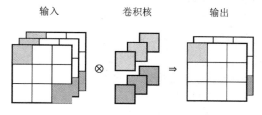

图 6-11　1×1 卷积核的卷积操作

2）感受野

卷积神经网络是受生物学上感受野机制的启发提出的。感受野（Receptive Field）是听觉、视觉等神经系统中一些神经元的特性，即神经元只接收其所支配的刺激区域内的信号。在视觉神经系统中，视觉皮层中的神经元的输出依赖于视网膜上的光感受器。当光感受器受刺激兴奋时，将神经冲动信号传到视觉皮层，但不是所有视觉皮层中的神经元都会接收这些信号。一个神经元的感受野是指视网膜上的特定区域，只有这个区域内的刺激才能够激活该神经元。

在卷积神经网络中，对于某一层的任意神经元 x，其感受野是指在前向传播中影响 x 的所有神经元。如图 6-12（a）所示，在卷积核大小为 7×7、步幅为 1 的卷积操作中，后层神经元 x 的感受野即前层深色区域。卷积神经网络存在多层甚至超多层卷积操作，随着网络深度的增加，后层神经元在第一层（输入层）的感受野会逐渐增大。如图 6-12（b）所示，在卷积核大小为3×3、步幅为 1 的卷积操作中，$l+1$层对l层的感受野仅为3×3，随着卷积操作的叠加，$l+3$层对l层的感受野增加至7×7。

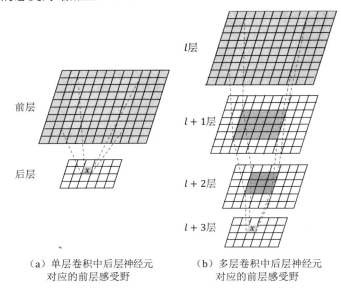

（a）单层卷积中后层神经元对应的前层感受野　　（b）多层卷积中后层神经元对应的前层感受野

图 6-12　感受野示意图

3）填充和步幅

由于卷积核的高度和宽度都大于 1，因此在连续应用卷积操作之后，得到的输出远小于输入，常常会丢失图像的边缘信息。解决这个问题的最简单办法即填充：在输入图像的边缘填充像素，通常填充 0（Zero Padding），填充操作如图 6-13 所示。若填充行数和列数分别为p_h和p_w，则输出大小为$(n_h-k_h+p_h+1)\times(n_w-k_w+p_w+1)$。通常设置$p_h=k_h-1$和$p_w=k_w-1$，这样会使输入和输出具有相同的高度和宽度，方便在构建网络时预测每层的输出大小，并避免随着网络深度增加，输入的急剧减小。此外，卷积神经网络中卷积核的高度和宽度通常为奇数，如 1、3、5 或 7，目的是在保持空间维度的同时，可以使顶层和底层填充相同数量的行，左侧和右侧填充相同数量的列。当卷积核的高度和宽度不同时，可以进行填充，以达到输入输出大小相同的目的。

−8 ×1	−8 ×0	−8 ×1	−4	0
−8 ×0	0 ×1	−4 ×0	0	4
−8 ×1	0 ×0	0 ×1	4	8
−8	0	0	0	8
−8	0	0	0	8

（a）未填充

0 ×1	0 ×0	0 ×1	0	0	0	0
0 ×0	−8 ×1	−8 ×0	−8	−4	0	0
0 ×1	−8 ×0	0 ×1	−4	0	4	0
0	−8	0	0	4	8	0
0	−8	0	0	0	8	0
0	−8	0	0	0	8	0
0	0	0	0	0	0	0

（b）填充后

图 6-13　填充操作

在进行互相关运算时，卷积核从输入图像的左上角开始，向下、向右滑动。滑动的像素数量默认为 1 个。有时为高效运算或缩减采样次数，卷积核每次可以滑动多个像素。滑动的像素数量称为步幅。图 6-14 所示为垂直步幅和水平步幅都为 2 的卷积操作。当垂直步幅为 s_h，水平步幅为 s_w 时，输出大小为 $\left[\left(n_h - k_h + p_h + s_h\right)/s_h\right] \times \left[\left(n_w - k_w + p_w + s_w\right)/s_w\right]$。

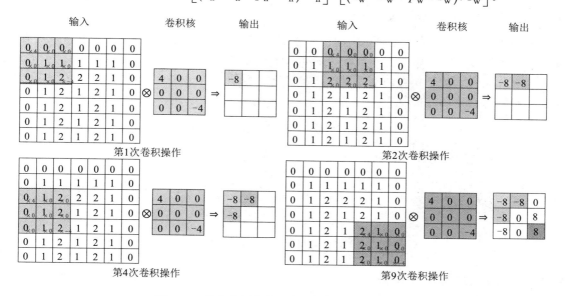

图 6-14　垂直步幅和水平步幅都为 2 的卷积操作

6.3.3　汇聚层

汇聚层（Pooling Layer）也叫子采样层（Subsampling Layer）。与卷积层类似，汇聚层由一个固定大小的窗口按步幅在输入数据上从上到下、从左到右滑动，在每个窗口范围内进行降采样（Down Sampling）得到一个值，作为对这个区域的概括。不同的是，汇聚层是确定的，不包含需要学习的参数，使用时仅需指定汇聚操作的类型、汇聚窗口的大小和汇聚操作的步幅。汇聚层的主要作用有两个：降低卷积层对位置的敏感性和特征降维。汇聚操作使模型更关注是否存在某些特征而不是特征的具体位置，使得特征学习包含一定自由度，能容忍一些特征的微小位移，从而降低卷积层对位置的敏感性。在特征降维方面，由于汇聚操作的降采样作用，输出数据中的一个元素对应于输入数据的一个子区域，因此汇聚操作在空间范围降低了特征维数，避免过拟合的出现。

汇聚操作的类型包括最大汇聚（Max-Pooling）、平均汇聚（Average-Pooling）和随机汇聚（Stochastic-Pooling），其中前两种操作更常用。假设汇聚层的输入特征映射组为 $X \in \mathbf{R}^{M \times N \times D}$，对于其中每一个输入特征映射 X^d（表示第 d 个输入特征的映射），将其划分为很多区域 $R_{m,n}^d$，$1 \leqslant m \leqslant M'$，$1 \leqslant n \leqslant N'$，这些区域可以重叠，也可以不重叠。

（1）最大汇聚：一般是取汇聚窗口内所有神经元的最大值。

$$Y_{m,n}^d = \max_{i \in R_{m,n}^d} x_i \tag{6-12}$$

（2）平均汇聚：一般是取汇聚窗口内所有神经元的均值。

$$Y_{m,n}^d = \frac{1}{\left|R_{m,n}^d\right|} \sum_{i \in R_{m,n}^d} x_i \tag{6-13}$$

117

（3）随机汇聚：对汇聚窗口内所有神经元按照一定概率随机选择。

对每一个输入特征映射 X^d 的 $M' \times N'$ 个区域进行子采样，得到汇聚层的输出特征映射 $Y^d = \left\{ Y^d_{m,n} \right\}$ ，$1 \leqslant m \leqslant M'$ ，$1 \leqslant n \leqslant N'$ 。

典型的汇聚层使用的汇聚窗口一般设定为较小的值，如 2×2 或 3×3 ，步幅通常设定为 2，采用最大汇聚或平均汇聚的方式进行降采样。图 6-15 给出了一个窗口大小为 2×2 、步幅为 2 的汇聚操作。过大的汇聚窗口会急剧减少神经元的数量，造成过多的信息损失。汇聚层不是卷积神经网络必需的元件[3]。

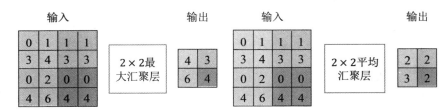

图 6-15　窗口大小为 2×2 、步幅为 2 的汇聚操作

6.3.4　典型的卷积神经网络

1）LeNet-5

LeNet-5[4]是最早的卷积神经网络之一，主要用于识别图像上的手写数字。基于此，LeNet-5 在 20 世纪 90 年代被广泛应用于美国的自助取款机（ATM）中，以帮助识别处理支票上的数字。LeNet-5 的网络结构如图 6-16 所示。

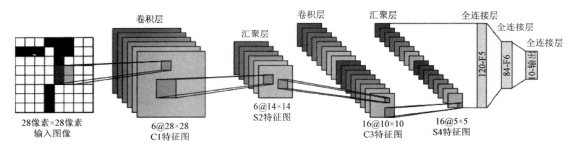

图 6-16　LeNet-5 的网络结构

LeNet-5 包括 2 个卷积层、2 个汇聚层和 3 个全连接层。每个卷积层都使用 5×5 的卷积核，其中卷积层 C1 有 6 个输出，卷积层 C3 有 16 个输出。汇聚层通过 2×2 平均汇聚操作（步幅为 2）将维数降为 5×5 。全连接层的输出分别为 120 维、84 维和 10 维。

2）AlexNet

AlexNet[5]于 2012 年出现，它在具有 1000 类 128 万多张图像的 ImageNet 数据集上证明了卷积神经网络强大的学习和表示能力，并以很大优势赢得 ImageNet 图像分类竞赛的冠军，成为计算机视觉中首个被广泛关注和使用的深度卷积神经网络模型，也为后续深度卷积神经网络模型的构建提供了范本。此外，AlexNet 首次提出了使用图形处理器（Graphics Processing Unit，GPU）进行并行训练，采用 ReLU 函数作为非线性激活函数，使用随机失活（Dropout）策略防止过拟合，使用数据增强（Data Augmentation）技术提高模型准确率等神经网络训练技巧。AlexNet 的网络结构如图 6-17 所示。

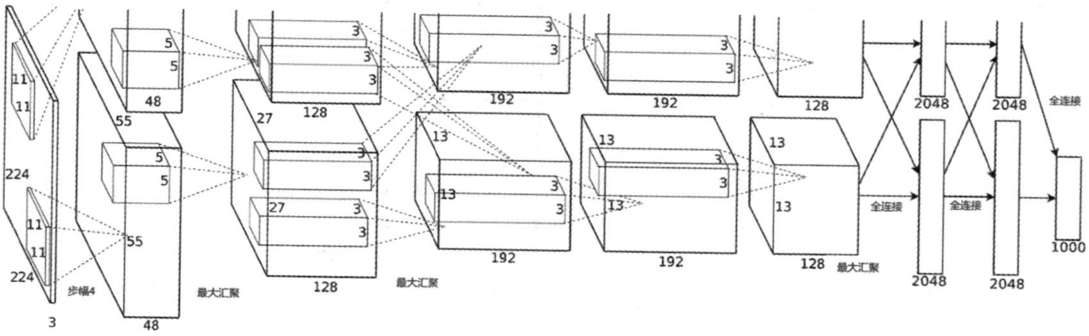

图 6-17　AlexNet 的网络结构

AlexNet 包含 5 个卷积层、3 个汇聚层和 3 个全连接层。因为网络规模超出了当时的单个 GPU 的内存限制，所以 AlexNet 将网络拆为两半，分别放在两个 GPU 上，GPU 间只在某些层（如第 3 层）进行通信。AlexNet 的具体细节如下。

输入层：输入大小为 224 像素×224 像素×3 像素 的图像。

第 1 个卷积层：使用 96 个 11×11×3 的卷积核（由于使用两个 GPU，因此分为两组，每组 48 个卷积核，共 96 个卷积核，下面的操作与此相同），步幅为 4，得到两个 55×55×48 的特征映射组（注：每张图像需要从 224 像素×224 像素×3 像素 填充为 227 像素×227 像素×3 像素 才能得到 55×55×3 的结果，或者直接将图像处理为 227 像素×227 像素×3 像素 ）。由于 ImageNet 数据集中图像的像素比较高，所以使用较大的卷积核捕获目标。

第 1 个汇聚层：使用窗口大小为 3×3 的最大汇聚操作，步幅为 2，得到两个 27×27×48 的特征映射组。

第 2 个卷积层：使用两组共 256 个大小为 5×5×48 的卷积核，步幅为 1，零填充数为 2，得到两个大小为 27×27×128 的特征映射组。

第 2 个汇聚层：使用窗口大小为 3×3 的最大汇聚操作，步幅为 2，得到两个大小为 13×13×128 的特征映射组。

第 3 个卷积层：为两个路径的融合层，使用两组共 384 个大小为 3×3×256 的卷积核，步幅为 1，零填充数为 1，得到两个大小为 13×13×192 的特征映射组。

第 4 个卷积层：使用两组共 384 个大小为 3×3×192 的卷积核，步幅为 1，零填充数为 1，得到两个大小为 13×13×192 的特征映射组；

第 5 个卷积层：使用两组共 256 个大小为 3×3×192 的卷积核，步幅为 1，零填充数为 1，得到两个大小为 13×13×128 的特征映射组；

第 3 个汇聚层：使用窗口大小为 3×3 的最大汇聚操作，步幅为 2，得到两个大小为 6×6×128 的特征映射组。

3 个全连接层的输出分别为 4096 维、4096 维和 1000 维。

网络结构中使用了零填充（Zero-padding）技术，零填充是指在输入图像矩阵的边缘使用 0 值进行填充，这样就可以对输入图像矩阵的边缘进行计算，以控制输出矩阵的维数。零填充数是指在图像矩阵边缘添加的行数和列数，零填充数为 1 表示在图像矩阵边缘添加 1 行和 1 列 0 值，这样图像矩阵的两个维度均增加 2。

LeNet-5 与 AlexNet 网络结构比较如图 6-18 所示。

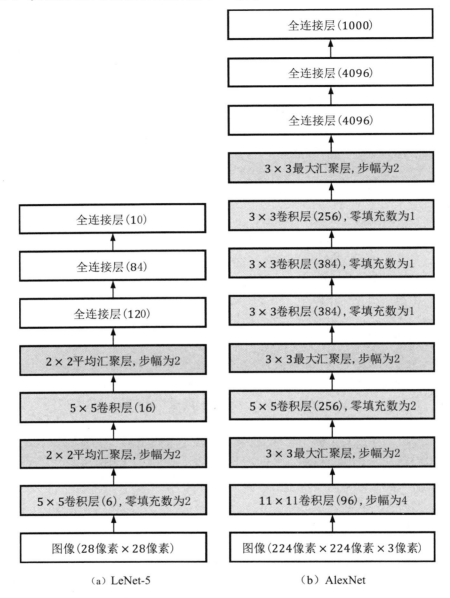

（a）LeNet-5　　　　　　　　（b）AlexNet

图 6-18　LeNet-5 与 AlexNet 网络结构比较

3）使用块的网络（VGG 网络）

虽然 AlexNet 证明了深层神经网络的有效性，但它没有提供一个通用的模板指导网络结构的设计。Simonyan 和 Zisserman[6]使用块的思想，首先搭建包含卷积层和汇聚层的 VGG 块，然后将多个 VGG 块循环和叠加，并结合全连接层构成 VGG 网络，其结构如图 6-19 所示。原始 VGG 网络有 5 个卷积块，前两个块各有 1 个卷积层，后三个块包含 2 个卷积层。第一个块有 64 个通道，后续块的通道数依次翻倍至 512 个。

4）Inception 网络

在卷积神经网络中，卷积层的卷积核大小对特征提取的效果十分关键。Inception 块在一个卷积层中使用多个不同大小的卷积核进行操作。如图 6-20 所示，Inception 块包括 4 条并行路径。前三条路径分别使用卷积核大小为1×1、3×3、5×5的卷积层，从不同的空间中提取特征。中间两条路径在输入上执行1×1卷积操作以减少通道数，从而降低模型复杂度。第四条路径首先执行3×3最大汇聚操作，然后执行1×1卷积操作改变通道数。4 条并行路径通过使用适当的填充保证输入和输出的高度与宽度一致。最后，4 条并行路径的输出在通道合并层上合并，构成 Inception 块的输出。Inception 块中通常调整的超参数是每层的输出通道数。

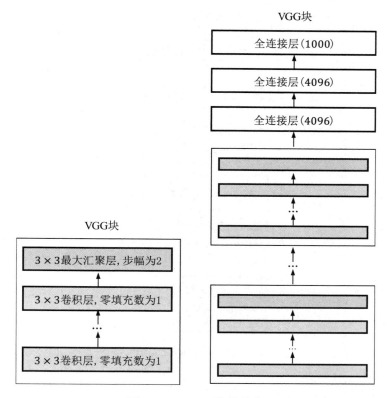

图 6-19　VGG 网络的结构

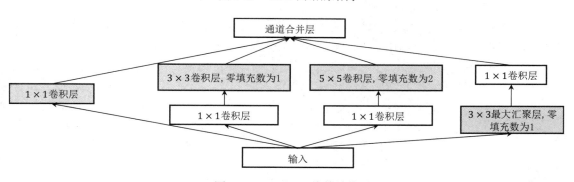

图 6-20　Inception 块的结构

Inception 网络最早的版本是 GoogLeNet[7]，由 Inception 块和汇聚层堆叠而成，其中 Inception 块间的最大汇聚层可降低网络维度。GoogLeNet 的结构如图 6-21 所示。

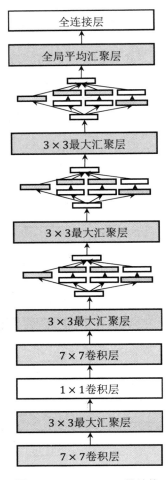

图 6-21 GoogLeNet 的结构

6.4 循环神经网络

在前馈神经网络中，每次的输入都是独立的，即网络的输出只依赖于当前的输入。但在很多实际任务中，网络的输出不仅依赖于当前的输入，还与过去一段时间的输出相关。例如，在机器翻译任务中，针对"I like eating apple."和"The Apple is a great company."两个句子中的"apple"一词，前馈神经网络采用逐个元素输入的方式，结果造成上下文信息的丢失，导致相同单词只会有相同的语义输出。此外，前馈神经网络要求输入和输出维度相同，而视频、语音、文本等序列数据的长度一般不是固定的。也就是说，序列数据很难采用前馈神经网络进行处理，其学习训练需要一种能力更强的模型。

卷积神经网络可以有效处理空间信息，循环神经网络（Recurrent Neural Network，RNN）则能够更好地处理序列信息。RNN 通过增加隐藏层，将过去一段时间的输入合并到经过时间向前传播的状态矩阵 H 中，使网络具有短期记忆能力。图 6-22 中的灰色方块表示单个时间延迟中的相互作用。

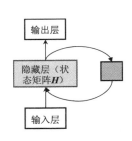

图 6-22 RNN 的结构

6.4.1　RNN 的展开

RNN 增加了从隐藏层到隐藏层的循环连接。假设在时刻 i，网络的输入为 x_i，隐藏层状态 h_i 不仅和当前的输入 x_i 相关，还和上一时刻的隐藏层状态 h_{i-1} 相关。

$$h_i = f\left(U \cdot x_i + W \cdot h_{i-1} + b\right) \tag{6-14}$$

$$y_i = \sigma\left(V \cdot h_i + c\right) \tag{6-15}$$

式中，$f(\cdot)$ 和 $\sigma(\cdot)$ 是非线性激活函数，通常 $f(\cdot)$ 为 Logistic 函数或 Tanh 函数，$\sigma(\cdot)$ 是 Softmax 函数；输入层到隐藏层的连接由权重矩阵 U 参数化；隐藏层到隐藏层的循环连接由权重矩阵 W 参数化；隐藏层到输出层的连接由权重矩阵 V 参数化；b 和 c 为偏置向量。

如果将 RNN 每个时刻的状态都看作前馈神经网络的一层，则 RNN 可按时间展开，如图 6-23 所示。展开后的 RNN 与经典的多层神经网络不同，因为经典的多层神经网络在每一层使用不同的训练参数，而 RNN 对同一序列不同时刻的输入执行同样的运算，使用相同的参数，即 U、V、W。由于共享相同的参数，因此 RNN 极大地减少了网络训练中的参数量，缩短了训练时间。RNN 采用随时间反向传播（Back-Propagation Through Time，BPTT）算法对网络进行训练。BPTT 算法将 RNN 看作一个展开的多层前馈神经网络，其中"每一层"对应 RNN 中的"每个时刻"。因此，RNN 就可以按照前馈神经网络中的 BP 算法进行参数梯度计算。在展开的 RNN 中，所有层的参数是共享的，因此参数的真实梯度是所有展开层的参数梯度之和。

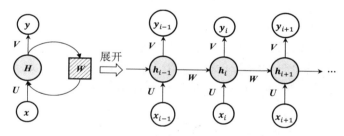

图 6-23　RNN 的展开形式

6.4.2　RNN 的结构

根据 RNN 中输入数据和输出数据长度的不同，可将 RNN 分为 N to N 结构、N to 1 结构、1 to N 结构和 N to M 结构 4 种类型。

1）N to N 结构的 RNN 模型

N to N 结构的 RNN 模型表示每一时刻的输入都有对应的输出，主要用于序列判断或分类任务，如序列标注（Sequence Labeling）、视频帧分类（视频内容分析、视频标记、视频检索等）、命名实体识别（Named Entity Recognize，NER）及分词等任务。在 N to N 结构的 RNN 模型中，输入 $x_{1:N} = (x_1, x_2, \cdots, x_N)$ 和输出 $y_{1:N} = (y_1, y_2, \cdots, y_N)$ 都是长度为 N 的序列。样本 x 按时序输入 RNN，并得到不同时刻的隐藏层状态 $h_{1:N} = (h_1, h_2, \cdots, h_N)$，每个时刻的隐藏层状态 h_i 包含了当前时刻和历史的信息。N to N 结构的 RNN 模型如图 6-24 所示。

2）N to 1 结构的 RNN 模型

N to 1 结构的 RNN 模型的输入为序列，输出为类别，主要用于序列数据的分类，其意义是序列的输出结果蕴含整个序列数据的语义信息及上下文信息。在 N to 1 结构的 RNN 模型中，输入 $\boldsymbol{x}_{1:N} = (x_1, x_2, \cdots, x_N)$ 为一个长度为 N 的序列，输出 $\boldsymbol{y} = (1, 2, \cdots, M)$ 表示类别。N to 1 结构的 RNN 模型如图 6-25 所示。

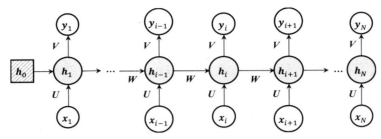

图 6-24　N to N 结构的 RNN 模型

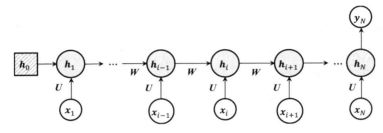

图 6-25　N to 1 结构的 RNN 模型

3）1 to N 结构的 RNN 模型

1 to N 结构的 RNN 模型是一个输入数据对应一个输出序列的模型。这种模型根据输入位置的不同，可分为只在首个时刻输入 [见图 6-26（a）] 和在每个时刻都输入 [见图 6-26（b）] 两种结构。1 to N 结构的 RNN 模型常见的应用包括根据图像生成文章，根据类别生成音乐、文章等。

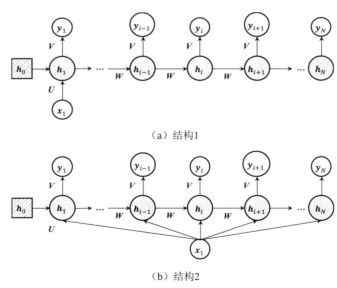

（a）结构1

（b）结构2

图 6-26　1 to N 结构的 RNN 模型

4）$N\text{ to }M$ 结构的 RNN 模型

$N\text{ to }M$ 结构的 RNN 模型也称为编码器—解码器（Encoder-Decoder）模型[8]，表示将输入序列映射为不一定等长的输出序列。$N\text{ to }M$ 结构的 RNN 模型的输入 $\boldsymbol{x}_{1:N}=(x_1,x_2,\cdots,x_N)$ 为长度为 N 的序列，输出 $\boldsymbol{y}_{1:M}=(y_1,y_2,\cdots,y_M)$ 为长度为 M 的序列，该模型可以采用 $N\text{ to }1$ 结构的 RNN 模型和 $1\text{ to }M$ 结构的 RNN 模型组合来实现。$N\text{ to }M$ 结构的 RNN 模型如图 6-27 所示。先将样本 $\boldsymbol{x}$ 在不同时刻输入第一个 RNN（编码器）中，并得到上下文向量 $\boldsymbol{c}$，向量 $\boldsymbol{c}$ 包含输入序列的语义信息，并作为第二个 RNN（解码器）的输入，最后得到输出序列 $\boldsymbol{y}$。$N\text{ to }M$ 结构的 RNN 模型适用于各类序列处理任务，包括机器翻译、语音识别、文本摘要等。

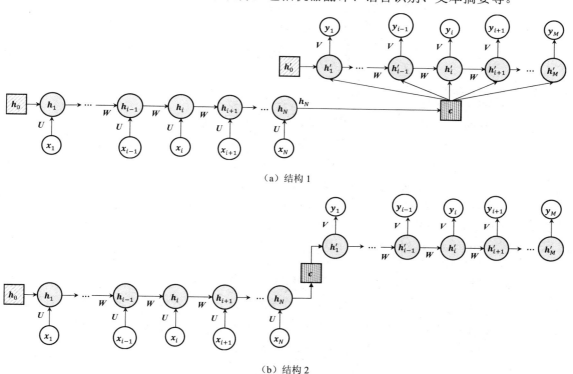

（a）结构 1

（b）结构 2

图 6-27　$N\text{ to }M$ 结构的 RNN 模型

6.4.3　双向 RNN

上述提到的 RNN 在时刻 i 的状态只能从过去的输入 $\boldsymbol{x}_1,\boldsymbol{x}_2,\cdots,\boldsymbol{x}_{i-1}$ 及当前的输入 $\boldsymbol{x}_i$ 中捕获信息。然而在很多应用中，输出 $\boldsymbol{y}_i$ 的预测可能依赖于整个输入序列。例如，在语音识别任务中，由于协同发音，当前声音的正确解释可能直接或间接取决于未来的几个词。双向 RNN 就是基于上述需求提出的。双向 RNN（Bidirectional Recurrent Neural Network，Bi-RNN）结合了时间上从序列起点开始移动的 RNN 和时间上从序列末尾开始移动的 RNN。图 6-28 展示了典型的双向 RNN，其中 $\boldsymbol{h}_i'$ 代表通过时间向后移动的子 RNN 的状态，$\boldsymbol{h}_i''$ 代表通过时间向前移动的子 RNN 的状态。假设第 1 层按时间顺序，第 2 层按时间逆序，则：

$$\boldsymbol{h}_i' = f\left(\boldsymbol{U}_1\boldsymbol{h}_{i-1}' + \boldsymbol{W}_1\boldsymbol{x}_i + \boldsymbol{b}_1\right) \tag{6-16}$$

$$\boldsymbol{h}_i'' = f\left(\boldsymbol{U}_2\boldsymbol{h}_{i+1}'' + \boldsymbol{W}_2\boldsymbol{x}_i + \boldsymbol{b}_2\right) \tag{6-17}$$

$$h_i = h'_i \oplus h''_i \tag{6-18}$$

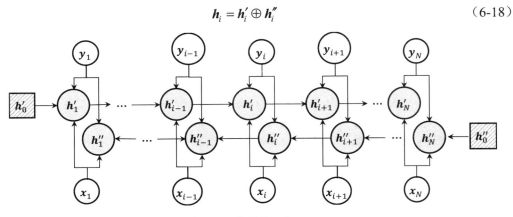

图 6-28　典型的双向 RNN

6.4.4　基于门控的 RNN

理论上 RNN 可以建立起长时间间隔的状态之间的依赖关系，但由于梯度消失（Gradient Vanishing）或梯度爆炸（Gradient Exploding）的问题，实际上 RNN 只能学习到短期的依赖关系。其中，梯度消失指的是在 BP 算法中，梯度太小以至于学习变得很慢甚至停止；梯度爆炸指的是梯度太大而导致学习不收敛。

为了改善 RNN 的长程依赖问题，一种解决方案是引入门控机制来控制信息的累积速度，包括有选择地加入新信息，并有选择地遗忘旧信息。基于门控的 RNN 包括长短期记忆（Long Short Term Memory，LSTM）网络和门控循环单元（Gated Recurrent Unit，GRU）网络。

1）LSTM 网络

LSTM 网络[9]引入遗忘门 f_i、输入门 I_i 和输出门 O_i 来控制信息传递的路径。这些门的值不是二元变量 $\{0,1\}$（0 代表关闭状态，不允许信息通过；1 代表开放状态，允许所有信息通过），而是由激活函数映射到区间 $[0,1]$ 上的变量，表示以一定的比例允许信息通过。此外，LSTM 网络引入一个新的内部状态 c_i 进行线性循环信息传递，同时输出信息给隐藏层的外部状态 h_i。

$$c_i = f_i \otimes c_{i-1} + I_i \otimes \widetilde{c_i} \tag{6-19}$$

$$h_i = O_i \otimes \mathrm{Tanh}(c_i) \tag{6-20}$$

式中，$\otimes$ 为向量的 Hadamard 积即向量的对应元素相乘；c_{i-1} 为上一时刻的内部状态；$\widetilde{c_i}$ 为通过激活函数得到的候选状态：

$$\widetilde{c_i} = \mathrm{Tanh}(W_\mathrm{c}x_i + U_\mathrm{c}h_{i-1} + b_\mathrm{c}) \tag{6-21}$$

LSTM 网络中三个门的作用如下。

（1）遗忘门 f_i 决定上一时刻的内部状态 c_{i-1} 需要遗忘多少信息：

$$f_i = \sigma(W_\mathrm{f}x_i + U_\mathrm{f}h_{i-1} + b_\mathrm{f}) \tag{6-22}$$

（2）输入门 I_i 控制当前时刻的候选状态 $\widetilde{c_i}$ 有多少信息需要保存：

$$I_i = \sigma(W_\mathrm{I}x_i + U_\mathrm{I}h_{i-1} + b_\mathrm{I}) \tag{6-23}$$

（3）输出门 O_i 控制当前时刻的内部状态 c_i 有多少信息需要输出给外部状态 h_i：

$$O_i = \sigma\left(W_{\mathrm{O}}x_i + U_{\mathrm{O}}h_{i-1} + b_{\mathrm{O}}\right) \tag{6-24}$$

LSTM 网络的循环单元结构如图 6-29 所示，其计算过程为：首先利用上一时刻的外部状态 h_{i-1} 和当前时刻的输入 x_i，计算出三个门及候选状态 $\widetilde{c}_i$；然后结合遗忘门 f_i 和输入门 I_i 更新内部状态 c_i；最后结合输出门 O_i 将内部状态的信息传递给外部状态 h_i。LSTM 网络已经在很多应用中取得重大成功，如无约束手写识别、语音识别、手写生成、机器翻译、图像标题生成等。

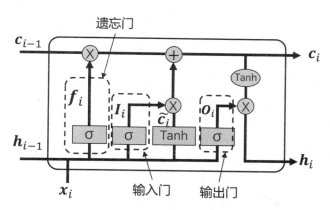

图 6-29　LSTM 网络的循环单元结构

2）GRU 网络

GRU 网络[10]是一种比 LSTM 网络更简单的 RNN。GRU 网络引入更新门（Update Gate）来控制当前状态需要从历史状态中保留多少信息，以及从候选状态中接收多少信息：

$$h_i = z_i \otimes h_{i-1} + \left(1 - z_i\right) \otimes g\left(x_i, h_{i-1}; \theta\right) \tag{6-25}$$

式中，$z_i \in [0,1]$ 为更新门：

$$z_i = \sigma\left(W_{\mathrm{z}}x_i + U_{\mathrm{z}}h_{i-1} + b_{\mathrm{z}}\right) \tag{6-26}$$

GRU 网络直接使用一个门控制输入和遗忘之间的平衡。当 $z_i = 0$ 时，当前状态 h_i 和上一时刻状态 h_{i-1} 之间为非线性函数关系；当 $z_i = 1$ 时，h_i 和 h_{i-1} 之间为线性函数关系。函数 $g\left(x_i, h_{i-1}; \theta\right)$ 的定义为：

$$\tilde{h}_i = \mathrm{Tanh}\left(W_{\mathrm{h}}x_i + U_{\mathrm{h}}\left(r_i \otimes h_{i-1}\right) + b_{\mathrm{h}}\right) \tag{6-27}$$

式中，$\tilde{h}_i$ 表示当前时刻的候选状态；$r_i \in [0,1]$ 为重置门（Reset Gate），用来控制候选状态 $\tilde{h}_i$ 的计算是否依赖上一时刻状态 h_{i-1}：

$$r_i = \sigma\left(W_{\mathrm{r}}x_i + U_{\mathrm{r}}h_{i-1} + b_{\mathrm{r}}\right) \tag{6-28}$$

当 $r_i = 0$ 时，候选状态 $\tilde{h}_i = \mathrm{Tanh}\left(W_{\mathrm{c}}x_i + b\right)$ 只和当前输入 x_i 相关，和上一时刻状态无关。当 $r_i = 1$ 时，候选状态 $\tilde{h}_i = \mathrm{Tanh}\left(W_{\mathrm{h}}x_i + U_{\mathrm{h}}h_{i-1} + b_{\mathrm{h}}\right)$ 和当前输入 x_i 及上一时刻状态 h_{i-1} 相关。综上，GRU 网络的状态更新方式为：

$$h_i = z_i \otimes h_{i-1} + \left(1 - z_i\right) \otimes \tilde{h}_i \tag{6-29}$$

当 $z_i = 0$，$r_i = 1$ 时，GRU 网络退化为简单 RNN；当 $z_i = 0$，$r_i = 0$ 时，当前状态 h_i 只和当前输入 x_i 相关，和上一时刻状态 h_{i-1} 无关；当 $z_i = 1$ 时，当前状态 h_i 等于上一时刻状态 h_{i-1}，和当前输入 x_i 无关。图 6-30 所示为 GRU 网络的循环单元结构。

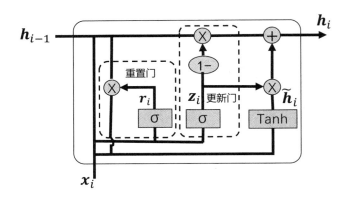

图 6-30　GRU 网络的循环单元结构

6.5 Word2Vec

Word2Vec 是一种将词转换为向量形式的工具。Word2Vec 的应用较为广泛，如图神经网络中节点的嵌入，因此在介绍图神经网络之前，首先对 Word2Vec 进行介绍。

Word2Vec 用于将文本处理的问题简化为向量空间中的向量运算，通过计算向量空间中的距离来表示文本语义上的相似性。Word2Vec 是由 Tomas Mikolov 和他在谷歌的同事[11]于 2013 年提出的。Word2Vec 基于这样一种思想，即一个词的意思可以从它周围的词中推断出来。

在 Word2Vec 出现之前，自然语言处理经常把词转化为离散的单独符号，如独热（One-hot）编码，用不重复的 0、1 序列来表示词。例如，我|爱|祖国|青山|绿水，可以表示为[1,0,0,0,0]、[0,1,0,0,0]、[0,0,1,0,0]、[0,0,0,1,0]、[0,0,0,0,1]。传统的 One-hot 编码仅仅将词符号化，不包含任何语义信息。而且词的 One-hot 表示是高维的，如在上面的 One-hot 编码例子中，如果不同的词不是 5 个而是 n 个，则 One-hot 编码的向量维度为 $1×n$。也就是说，在任何一个词的 One-hot 编码中，有一位为 1，其他 $n-1$ 位为 0，这会导致数据非常稀疏（0 特别多，1 很少），存储开销很大（在 n 很大的情况下），即在高维向量中只有一个维度描述了词的语义。所以需要解决两个问题：需要赋予词语义信息和降低维度。

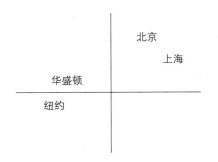

图 6-31　词嵌入后的城市向量可视化

使用向量表示方法可以有效解决上述维度灾难问题。Word2Vec 可以将 One-hot 编码转化为低维度的连续值，即稠密向量，并且其中意思相近的词将被映射到向量空间中相近的位置。词嵌入后的城市向量可视化如图 6-31 所示，其中华盛顿和纽约聚在一起，北京和上海聚在一起，而且北京到上海的距离与华盛顿到纽约的距离相近，也就是说模型既学习到了城市地理位置的向量表示，又学习到了城市地理位置之间的关系。

Word2Vec 是一种高效训练词向量的模型，它将词分为中心词和上下文词，上下文词即中心词周围的词。Word2Vec 包含两种主要结构，分别是 CBOW 和 Skip-gram，它们的最大区别是 CBOW 通过上下文词去预测中心词，而 Skip-gram 通过中心词去预测上下文词。CBOW 对小型数据库比较合适，而 Skip-gram 在大型数据库中表现较好。CBOW 和 Skip-gram 模型图如图 6-32 所示。

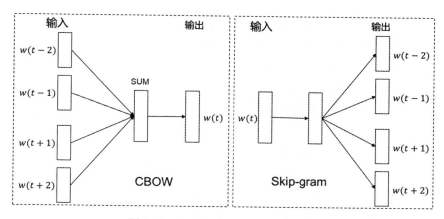

图 6-32　CBOW 和 Skip-gram 模型图

CBOW 通过当前中心词的上下文词信息预测当前中心词,相当于从一句话中抠掉一个词,来猜测这个被抠掉的词。从数学上来看,CBOW 模型等价于一个向量乘一个嵌入(Embedding)矩阵,从而得到一个连续的嵌入向量,CBOW 模型结构如图 6-33 所示。

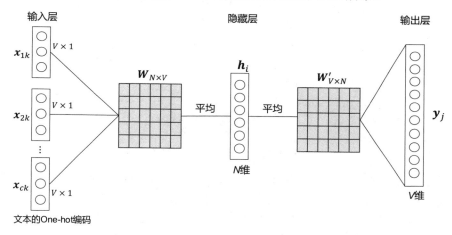

图 6-33　CBOW 模型结构

CBOW 模型的训练过程如下。

第一步:将当前中心词的上下文词的 One-hot 编码输入到输入层。假设词向量空间的维度为 V,即整个词库大小为 V,上下文词的数量为 C,输入值的维度为 $V \times C$(C 个 V 维的 One-hot 编码向量)。

第二步:初始化输入权重矩阵 $\boldsymbol{W}_{N \times V}$,分别将共享的输入权重矩阵 $\boldsymbol{W}_{N \times V}$ 乘 C 个 $V \times 1$ 的 One-hot 编码向量,得到 C 个 $N \times 1$ 的向量。

第三步:将 C 个 $N \times 1$ 的向量取均值,作为一个 $N \times 1$ 的隐藏层向量。

第四步:初始化输出权重矩阵 $\boldsymbol{W}'_{V \times N}$,将此矩阵乘隐藏层向量,得到一个 $V \times 1$ 的向量。

第五步:将 $V \times 1$ 的向量进行 Softmax 归一化处理后输出每个词的概率向量,此向量的每一维代表词库中的一个词。

第六步:概率值最大的数对应的词为预测出的中心词。

第七步:对预测结果 $V \times 1$ 的向量和真实标签 $V \times 1$ 的向量(真实标签中的 V 个值中有一个

是 1，其他是 0）计算误差（一般采用交叉熵损失函数），误差越小越好。

第八步：在每次前向传播信号后反向传播误差，根据误差采用梯度下降法更新 $W_{N \times V}$ 和 $W'_{V \times N}$。

Skip-gram 模型的思想是在每一次迭代中都取一个词作为中心词，尝试去预测它一定范围内的上下文词。Skip-gram 模型结构如图 6-34 所示，Skip-gram 模型是从前馈神经网络模型改进而来的。

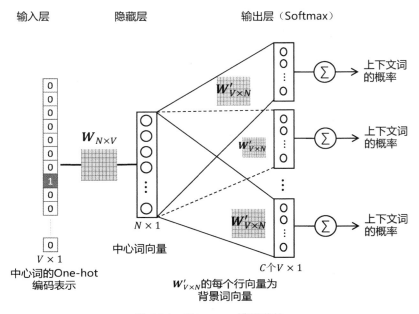

图 6-34　Skip-gram 模型结构

训练 Skip-gram 模型需要做以下事情：给定一个句子中的中心词（输入词），查看上下文词并随机选择一个词。该模型会学习每一对词出现频率的统计信息。例如，"我|爱|红色|这片|土地"，窗口大小设为 2，就是用"我""爱""这片""土地"这 4 个上下文词，来预测生成"红色"这个中心词的条件概率，即 $P(红色|我,爱,这片,土地)$。以"我爱北京天安门"为例，中心词取"爱"，窗口大小取 1，也就是上下文词为"我"和"北京"。

下面介绍 Skip-gram 模型的训练过程。

第一步：One-hot 编码，每个词形成 $V \times 1$ 的向量，整个词汇表就是 $V \times V$ 的矩阵。

第二步：词嵌入。初始化权重矩阵 $W_{N \times V}$ 和 $W'_{V \times N}$，用 $W_{N \times V}$ 乘中心词的 One-hot 编码向量后得到中心词的 $N \times 1$ 向量。

第三步：Skip-gram 模型训练。用 $W'_{V \times N}$ 与中心词向量相乘，可以得到一个 V 维向量。

第四步：使用 Softmax 方法计算某一个词作为上下文词的条件概率。

第五步：使得窗口内的词的输出概率最大，即 $-\lg P(w_0 | w_c)$ 最小。

第六步：采用梯度下降法更新参数，在窗口移动之后，可以进行同样的更新。

第七步：每个中心词对应的上下文词都可以进行上面的训练，词汇表中所有的词都被训练之后，就得到了 $W_{N \times V}$ 和 $W'_{V \times N}$。

第八步：在每次前向传播信号后反向传播误差，不断调整 $W_{N \times V}$ 和 $W'_{V \times N}$，最后取 $W'_{V \times N}$ 的每个行向量作为上下文词的向量表示。

6.6　图神经网络

图广泛存在于各种现实应用中，如社交网络、词共存网络和通信网络等。基于图的分析任务可以大致分为 4 类：节点分类、链接预测、聚类和可视化。其中，节点分类旨在基于其他标记的节点和网络拓扑来确定节点的标签；链路预测是指预测缺失链路或未来可能出现的链路；聚类用于发现相似节点的子集，并将它们分组在一起；可视化有助于深入了解网络结构。

由于图的结构不是规则网络，因此传统的神经网络无法直接应用到图结构数据上。图神经网络（Graph Neural Network，GNN）是旨在将深度神经网络应用于图结构数据的一类方法，可以看作一个关于图的特征的学习过程。本节在介绍图的概念和节点的中心性后，介绍基于深度学习理论的图嵌入和图卷积神经网络。

6.6.1　图的概念

图 6-35 所示的图由顶点的有穷非空集合和顶点之间的边的集合组成，通常表示为 $G = (V, E)$，其中，V 是顶点集合，E 是边集合。顶点集合 $V = \{v_1, v_2, v_3, v_4, v_5\}$，边集合 $E = \{e_1, e_2, e_3, e_4, e_5, e_6\}$。

图的邻接矩阵（Adjacency Matrix）是表示顶点之间相邻关系的矩阵。使用邻接矩阵表示图，能够很容易地确定图中任意两个顶点是否有边相连。设 $G = (V, E)$ 是一个图，其中 $V = \{v_1, v_2, \cdots, v_n\}$，$G$ 的邻接矩阵 A 是一个 n 阶方阵，并具有下列性质。

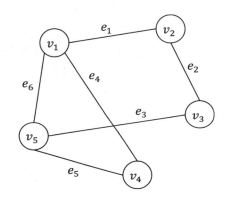

图 6-35　图的顶点和边

（1）对无向图而言，邻接矩阵一定是对称的，而且主对角线元素一定为零（在此仅讨论无向简单图），副对角线元素不一定为零，有向图则不一定如此。

（2）在无向图中，任一顶点 i 的度为第 i 列（或第 i 行）所有非零元素的个数；在有向图中，顶点 i 的出度为第 i 行所有非零元素的个数，入度为第 i 列所有非零元素的个数。

（3）用邻接矩阵表示图需要的空间大小为 n^2，由于无向图的邻接矩阵一定具有对称关系，主对角线元素为零，仅需要存储矩阵上三角形或下三角形的数据即可，因此仅需要 $n(n-1)/2$ 的空间大小。

图 6-35 对应的邻接矩阵为：

$$A = \begin{pmatrix} 0 & 1 & 0 & 1 & 1 \\ 1 & 0 & 1 & 0 & 0 \\ 0 & 1 & 0 & 0 & 1 \\ 1 & 0 & 0 & 0 & 1 \\ 1 & 0 & 1 & 1 & 0 \end{pmatrix}$$

6.6.2　节点的中心性

节点的中心性（Centrality）是判断图中节点重要性和影响力的指标。节点的中心性常用于无向图，也可以用于有向图。下面介绍 4 种常用的中心性计算方法。

1）点度中心性

在无向图中，基于重要的节点就是拥有许多连接的节点这一假设，可以用一个节点的度来衡量中心性，这种方法称为点度中心性（Degree Centrality）。点度中心性分为绝对点度中心性和相对点度中心性。绝对点度中心性为所有与节点 i 相连的边的度之和，其计算公式为：

$$C_{ADi} = d(i) = \sum_j X_{ij} \tag{6-30}$$

然而图的规模越大，绝对点度中心性越大，因此对绝对点度中心性进行平均化处理更为合理，即相对点度中心性，其计算公式为：

$$C_{RDi} = d(i) / (n-1) = \frac{\sum_j X_{ij}}{n-1} \tag{6-31}$$

2）特征向量中心性

特征向量中心性（Eigenvector Centrality）的基本思想是一个节点的中心性是相邻节点中心性的函数，因此一个节点的重要性既取决于其相邻节点的数量（该节点的度），又取决于其相邻节点的重要性。将图中每个节点的点度中心性组成的向量记作 $\boldsymbol{x}$，通过对 $\boldsymbol{Ax} = \boldsymbol{\lambda x}$ 进行求解，得到特征向量 $\boldsymbol{\lambda}$，$\boldsymbol{\lambda}$ 中的每个元素就是图中每个节点对应的特征向量中心性。

3）中介中心性

中介中心性（Betweenness Centrality）又称介数中心性，是用经过某个节点的最短路径数来刻画该节点的重要性指标的。中介中心性的计算公式为图中经过某个节点并连接两个节点的最短路径数占这两个节点之间的最短路径总数之比，表示如下：

$$C_B(v) = \sum_{s \neq v \neq t} \frac{\sigma_{st}(v)}{\sigma_{st}} \tag{6-32}$$

式中，σ_{st} 是从节点 s 到节点 t 的最短路径总数；$\sigma_{st}(v)$ 是这些从节点 s 到节点 t 的最短路径中经过节点 v 的那部分最短路径的数量。需要注意的是，节点 v 不能是最短路径的起点或终点。中介中心性的思想是：如果一个节点位于其他节点的多条最短路径上，那么该节点就是核心节点，就具有较高的中介中心性。如果这个节点的中介中心性高，那么它对整个图的信息转移会有很大的影响，因此，中介中心性指标可以衡量节点对于其他节点信息传播的控制能力。

4）接近中心性

接近中心性（Closeness Centrality）反映图中某个节点与其他节点之间的接近程度。如果某个节点到图中其他节点的最短距离都很小，那么它的接近中心性就很高。相比中介中心性，接近中心性更接近几何上的中心位置的效果。如果进行归一化处理，那么就是求这个节点到其他所有节点的平均最短距离，计算公式为：

$$d_i = \frac{\sum_{i \neq j} d_{ij}}{n-1} \tag{6-33}$$

一个节点的平均最短距离越小，那么这个节点的接近中心性越大，这个节点越重要。对平均最短距离取倒数，便得到了中介中心性，计算公式如下：

$$C_C = \frac{1}{d_i} = \frac{n-1}{\sum_{i \neq j} d_{ij}} \tag{6-34}$$

6.6.3 图嵌入

真实的图（网络）往往是高维、难以处理的。20 世纪初，研究人员发明了图嵌入（Graph Embedding）算法。首先根据实际问题构造一个 D 维空间中的图，然后将图中的节点嵌入 d （$d \ll D$）维向量空间，嵌入的思想是在向量空间中保持连接的节点彼此靠近。图嵌入是一种将图结构数据（通常为高维稠密的矩阵）映射为低维稠密向量的过程，能够学习图结构数据的分布信息，很好地解决图结构数据难以高效输入机器学习算法的问题。图嵌入的目的（见图 6-36）是将给定图中的每个节点映射到低维向量空间，这类方法通常被称为节点嵌入（Node Embedding）。

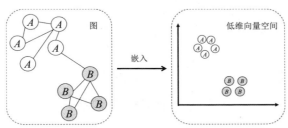

图 6-36 图嵌入的目的

图嵌入能够将特征图转换为向量或向量集，捕获图的拓扑结构、节点到节点的关系，以及关于图、子图和节点的其他相关信息。获取更多的特征嵌入编码可以在以后的任务中获得更好的结果。图嵌入方法有很多，本节主要介绍两种简单的图嵌入方法：DeepWalk 和 Node2Vec。

1）DeepWalk

DeepWalk[12]是使用随机游走方式来生成嵌入表示的无监督学习方法。该方法通过构建二叉树，最大化二叉树中的路径概率，并采用 Word2Vec 方法训练网络，实现图节点表示。随机游走是指从一个选定的节点开始，以相同的移动概率移动到一个相邻节点上，移动一定的步数，并记录访问到的节点。从一个节点开始，执行多次随机游走，便可生成以该节点为起点的节点序列。DeepWalk 包含三个步骤（见图 6-37）。

第一步，图的构造：将实际问题中的实体设置为节点，实体之间的联系作为节点之间的关系，构造为一个图。以用户上网行为为例，用户访问的每个页面作为节点，页面中的链接关系作为图中节点的关系。

第二步，生成随机游走序列：对图中的每个节点执行多次随机游走，生成多个随机游走序列。

第三步，训练神经网络，生成嵌入结果：将随机游走序列中的每个节点作为输入，使用 Word2Vec 中的 Skip-gram 方法进行训练，将网络的隐藏层输出作为节点的嵌入表示。

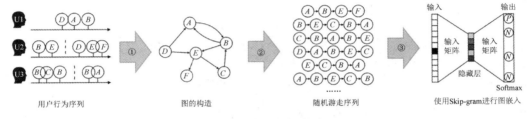

图 6-37 DeepWalk 的步骤

DeepWalk 算法伪代码如图 6-38 所示。

> **DeepWalk算法**
>
> 输入：图 $G(V,E)$、窗口大小 w、嵌入维度 d、游走次数 γ、游走步数 t
>
> 输出：节点的表征矩阵 $\boldsymbol{\Phi} \in \mathbf{R}^{|V| \times d}$
>
> *初始化矩阵* $\boldsymbol{\Phi}$
>
> *构建图中节点* V *的二叉树* T
>
> *对* $i = 0, 1, \cdots, \gamma$：
>
> $O = \text{Shuffle}(V)$
>
>   *遍历* O *中的每个节点* v_i
>
>   *执行随机游走*，$W_{v_i} = \text{RandomWalk}(G, v_i, t)$
>
>   *使用* Skip-gram *方法训练神经网络*，$\text{Skip-gram}(\boldsymbol{\Phi}, W_{v_i}, w)$
>
> ---
>
> $\text{Skip-gram}(\boldsymbol{\Phi}, W_{v_i}, w)$
>
> *对每个* $v_j = W_{v_i}$
>
>   *对每个* $u_k = W_{v_i}[j-w : j+w]$
>
> $J(\boldsymbol{\Phi}) = -\lg \text{Pr}(u_k | \boldsymbol{\Phi}(v_j))$
>
> $\boldsymbol{\Phi} = \boldsymbol{\Phi} - \alpha \times \frac{\partial J}{\partial \boldsymbol{\Phi}}$

图 6-38　DeepWalk 算法伪代码

2）Node2Vec

Node2Vec[13]是一种学习图中节点的连续特征表示的半监督学习算法框架。当面对加权图时，DeepWalk 无法学习边上的权重信息，Node2Vec 可以看作 DeepWalk 的扩展，是一种综合考虑深度优先搜索（DFS）邻域和广度优先搜索（BFS）邻域的节点嵌入方法。Node2Vec 中的 DFS 和 BFS 搜索过程如图 6-39 所示。

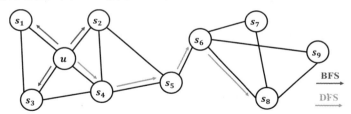

图 6-39　Node2Vec 中的 DFS 和 BFS 搜索过程

与 DeepWalk 相同，Node2Vec 最大化相邻节点的似然概率，二者的核心区别在于随机游走方式不同：Node2Vec 在随机游走过程中结合了 BFS 和 DFS 两种方式，BFS 生成的序列往往是由当前节点周边的节点组成的网络结构，因而更能体现图神经网络的"结构性"；DFS 更有可能游走到当前节点远方的节点，因而更能体现图神经网络的"同质性"。Node2Vec 采用未标准化的移动概率 π_{vx} 来刻画节点 v 到节点 x 的移动概率，生成节点 c_i 的计算公式如下：

$$\left(c_i = x \mid c_{i-1} = v\right) = \begin{cases} \dfrac{\pi_{vx}}{Z} & (v,x) \in E \\ 0 & \text{其他} \end{cases} \tag{6-35}$$

$$\pi_{vx} = \alpha_{pq}(t, x) w_{vx} \tag{6-36}$$

$$\alpha_{pq}(t, x) = \begin{cases} \dfrac{1}{p} & d_{tx} = 0 \\ 1 & d_{tx} = 1 \\ \dfrac{1}{q} & d_{tx} = 2 \end{cases} \tag{6-37}$$

式中，Z 是标准化常量；d_{tx} 是节点 t 到节点 x 之间的最短路径长度；p 是控制回到上一时刻节点 t 的概率参数；q 是控制到达上一时刻节点距离为 2 的节点的概率参数，由此可以控制随机游走是更倾向于 BFS 还是 DFS。Node2Vec 中的随机游走过程如图 6-40 所示。

Node2Vec 步骤如下。

第一步，生成整个图的移动概率矩阵 $\boldsymbol{W}$，移动概率矩阵 $\boldsymbol{W}$ 中包含了后续游走过程中进行 BFS 和 DFS 的概率信息；

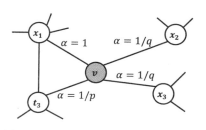

图 6-40　Node2Vec 中的随机游走过程

第二步，基于移动概率矩阵 $\boldsymbol{W}$ 生成随机游走序列；

第三步，对随机游走序列采用 Word2Vec 方法进行训练，得到节点的嵌入表示。

3）其他随机游走方式的图嵌入

基于随机游走的图嵌入的核心是先生成节点序列，再使用 Skip-gram 方法来进行向量化求解，DeepWalk、Node2Vec 均采用这个模式。除 DeepWalk 和 Node2Vec 外，Metapath2Vec、Struc2Vec 也是常用的图嵌入方法。Metapath2Vec[14]通过预定义异构图神经网络中的语义联系作为元路径，基于元路径建立随机游走策略，这样可以保证 Metapath2Vec 模型在生成节点序列时，可以同时建立节点之间的空间结构关系和语义关系。Struc2Vec[15]可以关注节点在网络结构上的位置特征，从而使得具有相似网络结构的节点嵌入后生成相似的向量。Struc2Vec 通过构造一个分层加权图进行实现，先在分层加权图上生成随机游走序列，再进行与上述方法相同的嵌入过程。

6.6.4　图卷积神经网络

DeepWalk 和 Node2Vec 都是基于随机游走的图嵌入方法，图嵌入还可以基于深度神经网络实现，如图卷积神经网络（GCN）、Line[16]、SDNE[17]等。本节对 GCN 进行介绍。

GCN[18]是一种从图结构数据中提取特征的方法，能够直接作用于图并且利用其结构信息，属于图神经网络的一种。对于图中的每个节点，GCN 考虑了所有相邻节点及其自身所包含的特征信息。

GCN 在处理图结构数据的过程中，将图的邻接矩阵信息作为网络输入的一部分。节点的特征矩阵作为输入 $\boldsymbol{X}$，$\boldsymbol{X}$ 经过多层 GCN 的传播变换过程如下：

$$\begin{cases} \boldsymbol{H}^{(l+1)} = \sigma\left(\tilde{\boldsymbol{D}}^{-\frac{1}{2}} \tilde{\boldsymbol{A}} \tilde{\boldsymbol{D}}^{-\frac{1}{2}} \boldsymbol{H}^{(l)} \boldsymbol{W}^{(l)} \right) \\ \boldsymbol{H}^{(0)} = \boldsymbol{X} \end{cases} \tag{6-38}$$

式中，$\tilde{\boldsymbol{A}} = \boldsymbol{A} + \boldsymbol{I}_N$，$\tilde{\boldsymbol{A}}$ 是邻接矩阵 $\boldsymbol{A}$ 与单位矩阵 $\boldsymbol{I}_N$ 的和；$\tilde{\boldsymbol{D}}$ 表示 $\tilde{\boldsymbol{A}}$ 的度矩阵，$\tilde{\boldsymbol{D}}$ 的主对角线之外的元素均为 0，$\tilde{D}_{ii} = \sum_j \tilde{A}_{ij}$，$\tilde{A}_{ij}$ 表示矩阵 $\tilde{\boldsymbol{A}}$ 的第 i 行第 j 列元素；σ 为激活函数，如 $\text{ReLU}(\cdot) = \max(0, \cdot)$；$\boldsymbol{H}^{(l)}$ 为网络隐藏层第 l 层经过激活函数后的输出。GCN 的网络结构如图 6-41 所示。其中，$\boldsymbol{Z}_i$ 表示输出层的节点输出值，$\boldsymbol{Y}_i$ 表示节点的真实标签，C 表示输入层中图的通道。

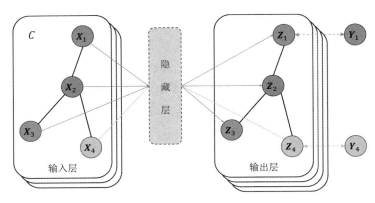

图 6-41 GCN 的网络结构

使用 GCN 得到的图的嵌入表示，可以完成对图的节点分类、图分类、边预测等任务。接下来以图的节点分类为例，说明如何学习 GCN 的参数。首先计算 $\hat{A} = \tilde{D}^{-\frac{1}{2}}\tilde{A}\tilde{D}^{-\frac{1}{2}}$，则前馈传播模型可用如下公式表示：

$$Z = f(X, A) = \mathrm{Softmax}\left(\hat{A}\,\mathrm{ReLU}\left(\hat{A}XW^{(0)}\right)W^{(1)}\right) \tag{6-39}$$

式中，$W^{(0)}$ 为实现输入层到隐藏层映射的权重矩阵；$W^{(1)}$ 为实现隐藏层到输出层映射的权重矩阵；Z 为网络输出的节点类别的概率矩阵。Z 的第 i 行表示预测的节点 v_i 的类别分布，通常取其中的概率最大值所对应的标签作为预测结果。

在模型训练的过程中，一般最小化如下的目标函数：

$$L = \sum_{v_i \in V} l(Z_i, Y_i) \tag{6-40}$$

式中，Y_i 表示节点 v_i 对应的真实标签；l 表示常用的损失函数，如交叉熵损失函数，则此时损失值的计算公式为：

$$L = -\sum_{v_i \in V} Y_i \lg Z_i \tag{6-41}$$

通过最小化损失函数，便可以完成 GCN 参数的学习。

GCN 的节点嵌入效果非常好，即使是不经过训练的 GCN，也可以和 DeepWalk、Node2Vec 这种经过复杂训练得到的节点嵌入效果媲美[18]。GCN 利用了图的整个邻接矩阵和图卷积操作融合相邻节点的信息，因此一般用于处理直推式（Transductive）任务而不能用于处理归纳式（Inductive）任务，即处理动态图问题。直推式任务是指要预测的节点在训练时已经出现过，已知图中部分节点的标签，用整个网络训练 GCN，最后预测未知标签的节点。归纳式任务是指要预测的节点在训练时没有出现过，用已知的图进行训练，最后预测未出现过的节点标签。GCN 及基于随机游走的图嵌入方法都无法处理未见过的新节点，但是 GraphSAGE[19]可以有效解决这个问题，感兴趣的读者可以阅读相关文献。

思考题

1. BP 神经网络中参数更新的原理是什么？试结合简单的神经网络给出一个参数更新的例子。

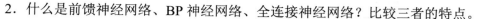

2．什么是前馈神经网络、BP 神经网络、全连接神经网络？比较三者的特点。

3．卷积神经网络中什么是卷积运算？什么是卷积核？卷积核的作用是什么？

4．什么是 RNN？这种网络容易产生梯度消失和梯度爆炸的原因是什么？

5．什么是 LSTM 网络？其门控机制和作用是什么？

6．Word2Vec 中 CBOW 和 Skip-gram 两种结构实现词向量化的步骤是什么？

7．什么是图嵌入？其作用是什么？

8．节点嵌入中随机游走算法的实现步骤是什么？

9．GCN 训练的实现原理是什么？

本章参考文献

[1] 邱锡鹏. 神经网络与深度学习[M]. 北京：机械工业出版社，2020.

[2] 龙良曲. TensorFlow 深度学习——深入理解人工智能算法设计[M]. 北京：清华大学出版社，2020.

[3] SPRINGENBERG J T, DOSOVITSKIY A, BROX T, et.al. Striving for simplicity: the all convolutional net[C]. Proceedings of International Conference on Learning Representation Workshop, 2015: 1-9.

[4] LECUN Y, BOTTOU L, BENGIO Y, et al. Gradient-based learning applied to document recognition[J]. Proceedings of the IEEE, 1998, 86(11): 2278-2324.

[5] KRIZHEVSKY A, SUTSKEVER I, HINTON G E. ImageNet classification with deep convolutional neural networks[J]. Communications of the ACM, 2017, 60(6): 84-90.

[6] SIMONYAN K, AND ZISSERMAN A. Very deep convolutional networks for large-scale image recognition[C]. Proceedings of International Conference on Learning Representations, 2015: 1-14.

[7] SZEGEDY C, LIU W, et al. Going deeper with convolutions[C]. Proceedings of the IEEE conference on computer vision and pattern recognition, 2014, 1-9.

[8] CHO K, VAN MERRIËNBOER B, GULCEHRE C, et al. Learning phrase representations using RNN encoder-decoder for statistical machine translation[C]. Proceedings of the Conference on Empirical Methods in Natural Language Processing. Stroudsburg: Association for Computational Linguistics, 2014: 1724-1734.

[9] HOCHREITER S, SCHMIDHUBER J. Long short-term memory[J]. Neural computation, 1997, 9(8):1735-1780.

[10] CHUNG J, GULCEHRE C, CHO K H, et al. Empirical Evaluation of Gated Recurrent Neural Networks on Sequence Modeling[EB/OL].[2014-12-11]. https://arxiv.org/pdf/1412.3555.pdf.

[11] MIKOLOV T, CHEN K, CORRADO G, et al. Efficient Estimation of Word Representations in Vector Space[EB/OL].[2013-09-07].http://www.arxiv.org/pdf/1301.3781.pdf.

[12] BRYANP, AL-RFOUR, SKIENAS. Deepwalk: Online learning of social representations[C]. Proceedings of the 20th ACM SIGKDD international conference on Knowledge discovery and data mining, 2014: 701-710.

[13] ADITYAG, LESKOVECJ. Node2vec: Scalable feature learning for networks[C]. Proceedings of the 22nd ACM SIGKDD international conference on Knowledge discovery and data mining, 2016: 855-864.

[14] YUXIAOD, CHAWLAN V, SWAMIA. Metapath2vec: Scalable representation learning for heterogeneous networks[C]. Proceedings of the 23rd ACM SIGKDD international conference on knowledge discovery and data mining, 2017:135-144.

[15] RIBEIRO L F R, SAVERESE P H P, FIGUEIREDO D R. Struc2vec: learning node representations from structural identity[C]. Proceedings of the 23rd ACM SIGKDD International Conference on Knowledge Discovery and Data Mining, 2017: 385-394.

[16] TANG J, QU M, WANG M, et al. LINE: Large-scale information network embedding[C]. 24th International Conference on World Wide Web, 2015: 1067-1077.

[17] WANG D, CUI P, ZHU W. Structural deep network embedding[C]. The 22nd ACM SIGKDD International Conference, 2016: 1225-1234.

[18] KIPF T N, WELLING M. Semi-Supervised Classification with Graph Convolutional Networks[C]. Proceedings of the 5th International Conference on Learning Representations, 2017:1-14.

[19] HAMILTON W L, YING R, LESKOVEC J. Inductive representation learning on large graphs[C]. Proceedings of the 31st International Conference on Neural Information Processing Systems, 2017: 1025-1035.

能源系统与能源大数据应用

本书第一部分主要针对通用的大数据处理与分析技术进行了介绍，第二部分则围绕能源系统的基本知识、能源大数据及应用情况进行讲述。本部分共包含两章：第 7 章介绍能源系统的基本知识，包括各类能源与能源系统的概念、典型的能源系统、能源互联网与智能能源体系；第 8 章主要介绍典型的能源大数据的应用场景与应用技术体系，针对能源经济与管理大数据应用、煤炭大数据应用、油气大数据应用和电力大数据应用进行讲述。通过本部分内容的学习，读者能够了解能源大数据处理与分析技术应用的复杂环境和技术体系，熟悉能源大数据处理与分析技术的应用场景。

第7章 能源系统

大数据技术不断融入并改变着各个行业，能源行业也不例外，能源大数据技术的研究与应用越来越成为能源领域的重要内容。能源系统理论是能源大数据技术应用的基础，本章针对能源系统的基础知识进行介绍，为后续章节的内容提供支撑。本章主要讲述能源的定义和分类、能源系统及其演化、能源互联网与智慧能源，进而针对典型的能源系统进行介绍，如煤炭系统、油气系统、电力系统等。

7.1 能源的定义和分类

能源也称能量资源或能源资源，是可产生各种能量（如热能、电能、光能等）或可做功的物质的统称。在物理学中，能源定义为动力的源头，它可以产生不同形式的能量，是人类活动的物质基础。从某种意义上讲，人类社会的推进和发展离不开优质能源的出现和先进能源技术的使用。能源在现代社会中扮演着至关重要的角色，支撑着人们的日常生活和经济发展。能源的利用与能源系统的发展是全世界、全人类共同关心的问题，也是我国经济发展的重要内容。

能源的形式多种多样，可以按不同的方式（来源、形式和使用方式等）对能源进行分类。能源可以按照能否再生、使用类型、产生方式、污染程度分类，如图 7-1 所示。

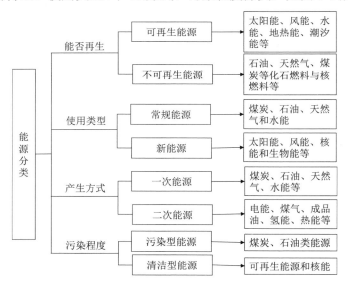

图 7-1 能源分类

按能否再生，能源可分为可再生能源和不可再生能源。可再生能源主要包括太阳能、风能、水能、地热能、潮汐能等。可再生能源是来自自然界的能源，是取之不尽用之不竭的，会自动再生，并且不会产生污染。不可再生能源主要包括石油、天然气、煤炭等化石燃料与核燃料等，它们是无法在短时间内再生的能源，并且它们的消耗速度远远超过再生速度，其开采和利用会产生大量的温室气体和污染物。

按使用类型，能源可分为常规能源和新能源。常规能源（传统能源）已被人类使用多年，目前仍在大规模使用，特点是使用技术较为成熟、使用较为普遍，主要包括不可再生的煤炭、石油、天然气和可再生的水能等。据相关统计，常规能源占全部能源生产消费总量的 90% 以上。新能源（非常规能源、替代能源）是新使用或正在着手开发的能源，主要包括太阳能、风能、核能和生物能等。

按产生方式，能源可分为一次能源和二次能源。一次能源指自然界中以原有形式存在的、未经加工转换的能源。一次能源又称为天然能源，主要包括煤炭、石油、天然气、水能等。二次能源指由一次能源直接或间接转换成的其他种类和形式的能源，主要包括电能、煤气、成品油、氢能、热能等。

按污染程度，能源可分为污染型能源和清洁型能源。污染型能源指人类使用过程中会污染环境的能源，如煤炭、石油等，它们在燃烧过程中会产生大量的二氧化碳、硫氧化物、氮氧化物及多种有机污染物，破坏环境且影响生态。清洁型能源也称为绿色能源，指不产生污染物、能够直接用于生产生活的能源，主要包括可再生能源和核能。

各类能源具有不同的特点，下面对几种典型的能源进行详细介绍。

1）煤炭

煤炭是地球上蕴藏量最丰富、分布地域最广的化石燃料。构成煤炭有机质的元素主要有碳、氢、氧、氮和硫等，此外，还有极少量的磷、氟、氯和砷等元素。煤炭有机质在一定温度和条件下，受热分解后产生的可燃性气体，被称为挥发分，它是由各种碳氢化合物、氢气、一氧化碳等组成的混合气体。挥发分是主要的煤质指标，在确定煤炭的加工利用途径和工艺条件时，挥发分有重要的参考作用。

根据煤炭的挥发分可以将煤炭分为烟煤、无烟煤和褐煤。1986 年我国颁布的煤炭分类标准将自然界中的煤炭划分为 14 大类（无烟煤、贫煤、贫瘦煤、瘦煤、焦煤、肥煤、1/3 焦煤、气肥煤、气煤、1/2 中粘煤、弱粘煤、不粘煤、长焰煤、褐煤），一般将瘦煤、焦煤、肥煤、气煤、弱粘煤、不粘煤、长焰煤等统称为烟煤，贫煤称为半无烟煤，挥发分大于 40% 的称为褐煤。无烟煤可用于制造煤气或直接用作燃料，烟煤用于炼焦、配煤、动力锅炉和气化工业，褐煤一般用于气化/液化工业、动力锅炉等。

煤炭中的无机物质含量很少，主要有水分和矿物质，它们的存在降低了煤炭的质量和利用价值。矿物质是煤炭中的主要杂质，如硫化物、硫酸盐、碳酸盐等，其中大部分属于有害成分。水分对煤炭的加工利用有很大影响，水分在燃烧时变成蒸汽要吸热，因而降低了煤炭的发热量。灰分是煤炭完全燃烧后剩下的固体残渣，是重要的煤质指标，主要来自煤炭中不可燃烧的矿物质。矿物质燃烧灰化时要吸收热量，大量排渣要带走热量，因而灰分含量越高，煤炭燃烧的热效率越低，煤炭燃烧产生的灰渣越多，排放的飞灰也越多。优质煤和洗精煤的灰分含量相对较低。

2）石油

未经加工处理的石油称为原油，它是一种黑褐色、带有绿色荧光、具有特殊气味的黏稠性油状液体，是烷烃、环烷烃、芳香烃和烯烃等多种液态烃的混合物。原油主要由碳和氢两种元素组成，分别占 83%～87% 和 11%～14%，还有少量的硫、氧、氮和微量的磷、砷、钾、钠、钙、镁、镍、铁、钒等元素，凝固点为 -50～+24℃。

原油的性质包含物理性质和化学性质两个方面，物理性质包括颜色、密度、黏度、凝固点、溶解度、发热量、荧光性、旋光性等，化学性质包括化学组成、组分含量和杂质含量等。原油的相对密度一般在 0.75～0.95 之间，少数大于 0.95 或小于 0.75，相对密度为 0.9～1.0 的原油称为重质原油，相对密度小于 0.9 的原油称为轻质原油。原油黏度是指原油在流动时所引起的内部摩擦阻力，原油黏度大小取决于温度、压力、溶解气量及其化学组成。黏度大的原油俗称稠油，稠油由于流动性差而开发难度较大，一般来说，黏度大的原油密度也较大。原油由液体变为固体时的温度称为凝固点，原油的凝固点大约在-50～+35℃之间，凝固点的高低与原油中的组分含量有关，轻质组分含量越高，则凝固点越低，重质组分含量越高（尤其是石蜡含量高），则凝固点越高。

成品油是石油经过现代化炼制加工生产出来的石油产品，广义的成品油是指经过原油生产加工而成的油品，可分为石油燃料、石油溶剂与化工原料、润滑剂、石蜡、石油沥青、石油焦 6 类；狭义的成品油是指日常所接触的燃油，如汽车燃油、航空燃油等。汽油是从原油中分馏或裂化、裂解出来的具有挥发性、可燃性的烃类混合物液体，主要用作由火花点燃的内燃机的燃料，其主要包括原油分馏得到的有机化合物和各种添加剂。

3）天然气

天然气是指天然蕴藏于地层中的烃类和非烃类气体的混合物。在石油地质学中，天然气通常指油田气和气田气，主要由甲烷（85%）组成，此外还有少量乙烷（9%）、丙烷（3%）、氮（2%）和丁烷（1%）。天然气蕴藏在地下多孔隙岩层中，包括油田气、气田气、煤层气、泥火山气和生物生成气等，也有少量出于煤层。天然气是一种重要的能源，广泛用作城市煤气和工业燃料，但通常所称的天然气只指贮存于地层较深部的一种富含碳氢化合物的可燃性气体，与石油共生的天然气常称为油田伴生气。天然气燃料是各种替代燃料中最早广泛使用的一种，它分为管道气（PNG）、液化天然气（LNG）和压缩天然气（CNG）等。PNG 是指通过天然气管道方式输送的天然气；天然气在常压下，冷却至约-162℃时，则由气态变成液态，称为 LNG；CNG 是指天然气加压并以气态存储在容器中，CNG 除可以用油田及天然气田里的天然气进行加工外，还可以使用人工制造生物沼气（主要成分是甲烷）进行加工。目前，天然气燃料以 PNG 和 LNG 为主，各种类型的天然气具有同质性，主要成分都是甲烷。

4）电能

电能主要来自其他形式能量的转换，包括水能（水力发电）、热能（火力发电）、核能（核能发电）、风能（风力发电）、化学能（电池发电）及光能（太阳能发电）等。

水力发电是指利用河流、湖泊等位于高处具有势能的水流至低处，将其中所含势能转换为水轮机的动能，再借助水轮机推动发电机产生电能。水力发电的基本原理是利用水位落差，配合发电机产生电能，也就是将水的势能转为水轮机的机械能，再用机械能推动发电机，从而得到电能。水能是一种取之不尽、用之不竭、可再生的清洁型能源。按照水源的性质，水电站可分为常规水电站和抽水蓄能水电站。常规水电站利用天然河流、湖泊等水源发电，抽水蓄能水电站则在电网负荷低谷时利用多余的电能，将低处水库的水抽到高处存蓄，待电网负荷高峰时放水发电。

火力发电是将可燃物在燃烧时产生的热能，通过发电动力装置转换为电能的一种发电方式。火力发电按原动机分为汽轮机发电、燃气轮机发电、柴油机发电，按所用燃料分为燃煤发电、燃油发电、燃气发电，按其作用分为纯凝发电和热电联产发电。当纯凝发电时，为了提高锅炉效率，需要将做功后的乏汽在冷凝器中凝结为水，因此大量低品位热能通过冷凝器传递给冷却水，散失到环境里，不仅会造成能源浪费，还会对环境造成污染。热电联产发电则将做功余热用于集中供热，可以实现热梯级充分利用，合理地利用了热能。

核能发电是利用原子核内部蕴藏的能量产生电能的发电方式。核电站用的燃料是铀，用铀制成的核燃料在一种叫反应堆的设备内发生裂变而产生大量热能，用处于高压力下的水把热能带出，在蒸汽发生器内产生蒸汽，蒸汽推动汽轮机带着发电机一起旋转，电就被源源不断地生产出来，并通过电网送到四面八方。中国核能行业协会发布的数据显示，截至 2023 年，我国运行核电机组共 55 台（不含台湾省），装机容量为 57031.34MWe（额定装机容量），2023年全国运行核电机组累计发电量为 4333.71 亿千瓦时，占全国累计发电量的 4.86%。

太阳能是指太阳的热辐射能，就是常说的太阳光。太阳能发电就是指光伏发电，是利用光伏组件进行发电的一种方式。光伏组件是一种暴露在阳光下便会产生直流电的发电装置，由几乎全部以半导体物料（如硅）制成的固体光伏电池组成。简单的光伏电池可为手表及计算机提供电能，较复杂的光伏系统可为房屋提供照明，也可以为交通信号灯和监控系统提供电能。光伏发电分为独立光伏发电、并网光伏发电、分布式光伏发电。独立光伏发电系统也叫离网光伏发电系统，主要由光伏组件、控制器、蓄电池组成，若要为交流负载供电，还需要配置交流逆变器；并网光伏发电系统中光伏组件产生的直流电经过并网逆变器转换为符合市电电网要求的交流电之后直接接入公共电网；分布式光伏发电系统是指在用户现场或靠近用电现场配置较小的光伏发电供电系统，以满足特定用户的需求，支持现存配电网的经济运行，或者同时满足这两个方面的要求。太阳能是人类取之不尽、用之不竭的可再生能源，具有充分的清洁性、绝对的安全性、相对的广泛性、确实的长寿性和免维护性、资源的充足性及潜在的经济性等优点，在长期的能源战略中具有重要地位。光伏发电在不远的将来会占据世界能源消费的重要席位，不仅会替代部分常规能源，还可能成为世界能源供应的主体。

风力发电是指把风的动能转换为电能。风能是一种清洁无公害的可再生能源，利用风力发电非常环保，且风能蕴藏量巨大，日益受到世界各国的重视。把风的动能转换为机械能，再把机械能转换为电能，这就是风力发电的原理。风力发电利用风力带动风车叶片旋转，再透过增速机将旋转的速度提升，来促使风力发电机发电。风力发电的优点包括：①环保，风力发电不产生二氧化碳、硫化物等，对环境没有污染，不会产生垃圾或废料；②可再生，风是一种可再生的资源，不会像化石能源一样有枯竭的问题；③经济，风力发电的成本较低，能够降低能源的依赖性，减少对外能源的进口，降低对能源价格的依赖；④建设方便，风力发电场的建设相对较简单，可以在短时间内完成，而且占地面积相对较小，可以在城市周边或山区建设。风力发电也存在一些缺点：①风速不稳定，风速不稳定会影响风力发电的稳定性和可靠性，同时不同的风速需要不同的风力发电机，增加了建设和维护成本；②需要较大的投资，尽管风力发电的成本较低，但其建设需要大量的资金投入，包括风力发电机、变压器等设备，以及建设风力发电场的费用，这使得其投资成本相对较高；③对生态的影响，风力发电机需要大面积的土地和较大的空间，其高耸的塔架和旋转的叶片可能会影响周围的生态环境，对野生动物也会产生一定的影响。

电能具备以下三个特征。

（1）供需瞬时平衡性。

电能在发出来的瞬间，或者很短的时间内，需要立即被用掉，所以只要有用电负荷，电厂里面的发电机组，就不会停止运转。因此，电能产生的总量，必须要和电能消费的总量持平，供需必须实现瞬时平衡。

（2）输送距离长。

我国幅员辽阔，这就决定了电能产生的地方距离电能消费的地方可能有很长的距离，因此我国的输电网络距离较长，电能从产生到消费需要远距离输送。

（3）存储难度大。

这里指的存储，不是电池这种小电量的存储，而是数额巨大的电量存储，如存储足以支撑一个工厂连续生产 8 小时的电量。目前，大规模存储电量的方式一般是抽水蓄能（将富余电能转换为水的势能，必要时再转换回来），还有就是新兴的电化学储能（磷酸铁锂电池储能），但是和抽水蓄能相比，两者的能量级别是相差甚远的。

7.2 能源系统及其演化

7.2.1 能源系统概述

能源系统是指煤炭、石油、天然气等一次能源从开采、加工、转换、传输、分配直到最终使用的各个环节组成的系统。能源系统的概念如图 7-2 所示。图 7-2 涵盖了能源的全生命周期，从能源的开采或生产加工，到能源的传输和分配，再到最终的能源消费和利用。能源系统既包括各种技术、设施、设备，还包括与能源相关的经济、社会和环境因素。

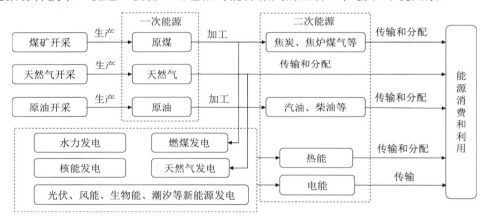

图 7-2 能源系统的概念

能源系统可以根据不同的角度和特点进行多种分类，以下是一些常见的能源系统分类方式。

（1）按能源类型，能源系统可分为化石能源系统、可再生能源系统和核能系统。化石能源系统包括石油、天然气、煤炭等化石燃料的生产、转换和利用过程。可再生能源系统包括太阳能、风能、水能、生物能等可再生能源的生产、转换和利用过程。核能系统包括核裂变和核聚变等核能的生产、转换和利用过程。

（2）按规模大小，能源系统可分为中心化能源系统和分布式能源系统。中心化能源系统是大型的能源生产和分配系统，如传统的电力发电厂、炼油厂等。分布式能源系统是小型的、分散的能源生产和分配系统，如分布式光伏发电厂、微型风力发电厂等。

（3）按用途，能源系统可分为工业能源系统、交通能源系统和居民与商业能源系统等。工业能源系统是用于工业生产过程的能源系统，如工业锅炉、工业炉等。交通能源系统是用于交通运输的能源系统，如汽油系统、柴油系统、电动交通系统等。居民与商业能源系统是用于住宅和商业用途的能源系统，如家庭供暖、商业建筑的电力系统等。

（4）按研究的地域大小和范围，能源系统可分为世界能源系统、国家能源系统、城市能源系统、农村能源系统、企业能源系统等。

各个能源系统之间并不是孤立的，部分系统之间存在复杂的关联，尤其是天然气系统、电力系统、热力系统等。综合能源系统（Integrated Energy Systems，IES）[1]以电力系统为核心，通过其内部种类众多的能量转换设备和能源存储设备，实现各种能源系统之间的协调规划、优化运行、协同管理、交互响应和互补互济。综合能源系统是提高能源利用率的重要途径，充分利用多能源的不同能量转换和传输特性进一步提升灵活性，对于提高可再生能源比重具有重要意义。综合能源系统的高效利用是实现提质增效、提升能源运行效率、实现能源清洁转型的必要手段，其结构如图 7-3 所示。

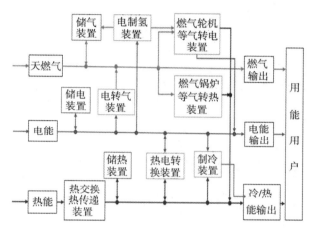

图 7-3　综合能源系统的结构

典型的综合能源系统含有电能、热能、天然气等多种能源，可以实现多种异质能源子系统之间的协调规划、优化运行、互补互济。综合能源系统除通过电力网络供电外，还通过供气网络和供热网络向负荷供应天然气和热能以满足负荷的多种用能需求。在电网、天然气网和热网的传输过程中，综合能源系统通过热电联产机组产生电能和热能，通过电转气技术连接电网和天然气网，通过热泵、电锅炉等设备实现电转热，实现电能对热能的补充。当各类能源的供需不平衡时，多余/不足的能量可以通过不同的储能设备（储电、储气、储热等）进行存储/释放，从而达到系统能量动态平衡。

7.2.2　典型的能源系统

本节选取煤炭系统、油气系统和电力系统进行介绍。

1）煤炭系统

煤炭系统包含煤炭的生产、加工、运输、利用及相关环保措施等全过程，如图 7-4 所示。

在勘探阶段，地质学家和工程师通过地质调查、地质勘探、地质分析等方法，寻找可能存在煤炭矿藏的区域。煤炭勘探的任务包括对含煤地层、煤层和可采煤层、煤质和煤类、构造、水文地质条件及其他开采技术条件（煤层顶底板工程地质条件、煤层瓦斯成分及含量、煤尘爆炸、煤自燃倾向、地温及梯度变化等）进行勘探。在建井和开采阶段，一旦确定了潜在的煤炭矿藏，工程师就会设计和建造井口设施，如坑道、巷道等；矿工使用采矿设备开采煤炭，将煤炭从地下取出；煤炭开采出来后要进行煤炭处理与分选，这个过程涉及煤炭的破碎、筛分、洗选等步骤，以将煤炭分离成不同质量和尺寸的产品。生产加工阶段是对开采分选出的煤炭进行生产利用，主要分为传统煤化工和新型煤化工。传统煤化工主要是煤焦化，在煤焦化过程中，煤炭被加热，除去杂质，得到焦炭煤焦油和焦炉气。焦炭是一种由冶金煤炭经过高温加热后得到的副产品，焦炭在冶金和工业生产中广泛用于炼钢和制造其他金属产品。新型煤化工主要有煤气化和煤液化。煤气化是将煤炭在高温和缺氧条件下转化为合成气（主要是一氧化碳和氢气）的过程，合成气可用于发电、化工和其他工业用途；煤液化是一种将煤炭转化为液体燃料的过程，通过高温、高压和催化剂，煤炭可以转化为液体燃料。煤炭经过生产加工后产生的不同产品，如焦炭、合成气、液体燃料等，可以用于多个领域，如电力生产、工业加工、交通运输等。

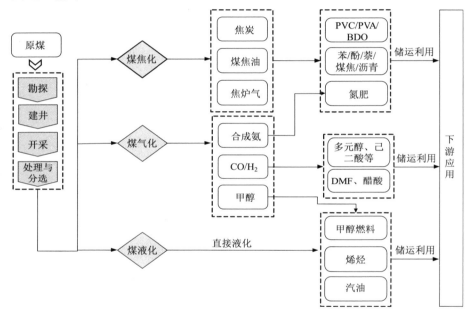

图 7-4　煤炭系统

2）油气系统

油气系统涵盖了从油气资源勘探到油气应用的整个过程，包括勘探、开采、生产、加工、运输和利用等多个环节，如图 7-5 所示。在勘探阶段，地质学家和工程师使用地质调查、地球物理勘测、地震探测等技术，寻找可能存在油气矿藏的地区，他们分析地质结构和地层特征来确定潜在的油气资源。在开采阶段，一旦确定了潜在的油气矿藏，工程师就会设计并建造油井或天然气井，通过钻井设备，将原油和天然气从地下储层中抽取出来。在生产阶段，开采出的原油和天然气需要进行初步的分离和处理。在油气生产设施中，原油和天然气被分离，并且可能进行一些初步处理，以去除杂质。接下来进行油气加工，原油和天然气可能需要经过更深层次的加工，如裂解、炼制、聚合等，以获得各种石化产品。原油的问题在于它含有几百种不同类型的烃，并且这些物质全部混合在一起，因此需要把不同种类的烃分离开来，以提炼出其中的有用物质，这就是原油精炼。原油精炼过程始于一个分馏柱，随着烃链长度的增加，其沸点逐渐升高，因此可以通过分馏法将其全部分离。在精炼过程中，原油被加热，在不同的蒸发温度下会将不同长度的烃链分离出来，每种长度不同的烃链都具有不同的性质，从而对应不同的用途。经过油气分配与运输，提取和加工后的油气需要被运输到各个消费地点。原油可以通过管道、邮轮、铁路等方式进行运输，天然气可以通过管道运输或液化后用 LNG 船运。原油和天然气都是重要的能源，被广泛应用于发电、交通、化工、加热等领域。原油通过炼油生产多种产品，天然气可以用于发电和燃料供应。

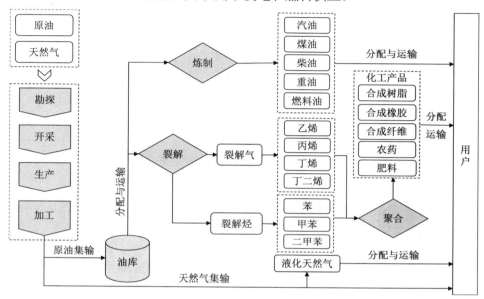

图 7-5　油气系统

我国天然气系统的产业链如图 7-6 所示。我国天然气产业链已发展较为成熟，包括上游、中游、下游三个部分。产业链上游负责气源开发和接收，主要由国产气田和 LNG 接收站组成；产业链中游负责管网运输，主要由跨省长输管网和省内管网组成；产业链下游为配气公司，主要由全国性或区域性的城市燃气公司组成。气井产出的天然气在气田集气站汇集，通过管道干线进行远距离运输，然后进入各省的省域管网，此后依次经过城市管网、入户管网送达终端用户。对于一些地理位置合适的终端用户，也会从管道干线、省域管网、城市管网通过专门的管道接收天然气。与国产天然气不同的是，进口 PNG 的天然气生产企业一般是国外的油（气）公司，因此从事天然气贸易的企业与生产企业隶属于不同的经济主体。天然气要先经过跨国的长输管道，从资源出口国运输到资源进口国境内，再进入国内天然气运输管道干线。在进口 LNG 方面，资源出口国需要先建设专用的天然气液化工厂，再通过 LNG 货运船运输到资源进口国，资源进口国需要建设 LNG 接收站，然后将 LNG 气化进入国内长输管道或通过 LNG 槽车运输到用户处。LNG 贸易需要具有高度资产专用性的液化工厂、运输船舶、LNG 接收站、槽车和气化设备。

管道运输是原油和天然气的重要运输方式，截至 2022 年年底，我国长输油气管道总里程约为 18 万千米，其中原油管道 2.8 万千米，成品油管道 3.2 万千米，天然气管道 12 万千米。预计到 2035 年，我国将新增天然气管道建设总里程约 6.48 万千米，其中新增干线管道 2.95 万千米，省级管道 3.53 万千米，同时新增原油管道约 2000 千米，成品油管道约 4000 千米。我国原油管道形成"西油东进、北油南下、海油登陆"的总体流向，成品油管道形成"西油东送、北油南运、沿海内送、周边辐射"的总体流向，天然气管道则形成"西气东输、北气南下、川气东送、海气登陆"的总体流向。

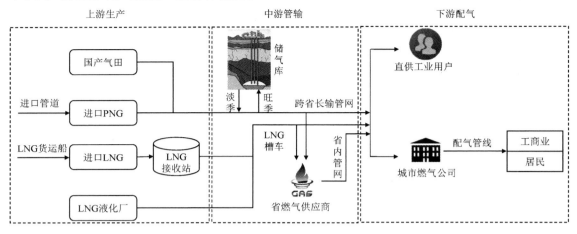

图 7-6　我国天然气系统的产业链

3）电力系统

电力系统是一个复杂的基础设施，用于生产、运输、分配和管理电能，以满足社会、工业和个人的用电需求，如图 7-7 所示。发电是电力系统的起点，涉及将各种能源（如化石燃料、核能、可再生能源等）转换为电能。发电厂通过燃烧、核反应、水力发电、风力发电、太阳能光伏发电等方式产生电能。发电厂产生的电能需要通过输电网运输到各个用电地点，高压输电线路和变电站是电能运输的关键设施，它们将电能从发电厂运输到城市、工厂和其他地区。在城市和社区，电能需要被分配到不同的用电点，这就是配电。配电系统通过变压器、配电变电站等设施，将高压电能转换为低压电能，以满足家庭和企业的用电需求。电能被用于家庭、工业、商业等各个领域，家庭用电包括照明、供暖等，工业用电包括生产过程和机械设备，商业用电包括办公、商店等场所。电力系统需要实时监控和管理电能的生产和分配，这就需要进行能源调度与管理。能源调度员通过监控系统来平衡供需关系，确保电网稳定运行，并应对突发事件和负荷波动。

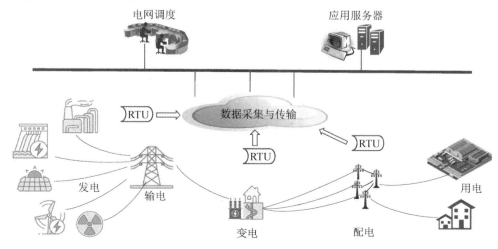

图 7-7　电力系统

我国电能的来源种类较多，火力发电、水力发电等是传统的发电方式，发电量占据较大的份额，可再生能源发电是近年来的重点建设方向。大力发展风光等可再生能源是推动能源绿色低碳转型的重要举措，未来可再生能源将同时成为装机和电量供应主体。但由于风光发电的间歇性、波动性，随着其在电网中的渗透率不断提高，传统电力系统面临两大核心挑战[2]：

（1）在高比例新能源并网下，以交流特高压为主的全国（或大范围）同步电网的运行面临高风险。未来海量的风光等新能源发电设备将分散式接入电网，这些低惯性甚至零惯性的发电设备将导致整个电力系统的转动惯性急剧降低，全国同步电网运行将面临高风险，可能无法满足供电可靠性要求。

（2）传统电力系统尚未形成强大的"源网荷储"协调互动能力，难以应对高比例新能源并网消纳问题。以火力发电为主体的传统电力系统可通过实时调整电源出力满足波动的电力系统负荷需求，即"源随荷动"模式。随着间歇性的风光电源逐步成为电源主体，源荷双侧均具有不确定性，亟须打造基于"源网荷储"强大调节能力的"源荷互动"模式，以促进新能源的高效开发和利用。

为更好利用具有高随机性的风光等新能源发电，需要整合电源侧、电网侧、负荷侧及储能侧等电力系统各环节的灵活资源，形成合力。充分发挥水力发电、火力发电等灵活调节电源的作用，利用超高压主网、主动配电网和微电网构建的坚强智能电网，电能替代、需求效应等负荷侧新能源消纳手段，抽水蓄能与新型储能等优势资源，推动"源网荷储"协调互动，全方位、立体化优化资源。因地制宜、集中与分布式并举实现风光新能源的友好利用，构建清洁低碳、安全可控、灵活高效、智能友好、开放互动的新型电力系统。

7.2.3　能源系统的演化

能源系统的演化过程是一个与技术、政策和社会需求紧密相关的历史进程。从传统的依赖化石能源的能源系统，到如今智能、数字化的智慧能源系统，这一过程充满了挑战、机遇和变革。最开始的阶段是传统能源系统阶段，传统能源系统主要依赖化石能源，包括石油、天然气和煤炭。这些能源的开采、生产和使用推动了工业革命和现代社会的发展。然而，长期的化石能源使用导致了环境问题，如空气污染、温室气体排放等，这迫使人们寻求更可持续和环保的能源解决方案。下一个阶段是可再生能源的崛起阶段，随着环境问题的日益突显，可再生能源开始崭露头角，太阳能、风能、水能等可再生能源成为能源系统的重要组成部分。人们开始探索如何将这些新型能源整合到传统能源系统中，以减少对化石能源的依赖，降低环境影响。可再生能源的技术不断创新，使得其成本逐渐降低，在能源市场上占据越来越重要的地位。随着技术的进步，能源系统开始向智慧能源系统转型，智慧能源系统结合信息技术、通信技术和能源技术，实现能源的高效、智能管理。这种系统可以监测能源生产和消费的数据，实现实时的优化调节。

本节以电力系统为例对能源系统的演化进行介绍。

电力相关技术的发明和应用是 19 世纪 60 年代至 20 世纪初发生的第二次工业革命的重要标志。此后，电力生产、传输、转换和利用的相关技术得到了快速发展，推动了经济社会和人类文明的不断进步。与此同时，与电力系统相关的生产方式、市场机制、商业模式、管理体系及政策环境不断发展和演化。根据电力系统生产、运行、组织和管理的特点，第二次工业革命以来电力系统的演化大致分为四个阶段[3]，如图 7-8 所示。

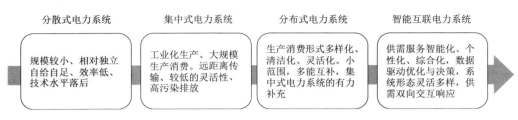

分散式电力系统	集中式电力系统	分布式电力系统	智能互联电力系统
规模较小、相对独立自给自足、效率低、技术水平落后	工业化生产、大规模生产消费。远距离传输、较低的灵活性、高污染排放	生产消费形式多样化、清洁化、灵活化。小范围，多能互补，集中式电力系统的有力补充	供需服务智能化、个性化、综合化，数据驱动优化与决策，系统形态灵活多样，供需双向交互响应

图 7-8　电力系统的演化

（1）分散式电力系统。在电力技术发明之初，电力生产和利用的技术水平相对较低，这一时期，人们的电力需求主要由技术水平落后、发电规模较小、空间分布零散的电力系统来满足。因此，这一时期电力生产和消费的模式基本上是自给自足的，这种分散式电力系统是相对独立的，运行效率较低。

（2）集中式电力系统。在工业化生产时期，电力生产、传输和利用等技术取得了显著进步，电力部门成为重要的独立工业部门，大型集中式发电成为电力供应的主要方式，以满足工业化生产的大规模电力需求。集中式电力系统的集中化生产、远距离传输和持续用能保障等特征，为提高电力供给的稳定性和可靠性提供了重要支撑。然而，以燃煤发电为主的集中式火力发电带来了许多严重的环境污染问题。此外，集中式电力系统在电力服务灵活性、多样性、个性化等方面的不足日益显现。

（3）分布式电力系统。随着大型集中式发电带来的资源环境问题日益严峻，建设绿色低碳、灵活高效的电力系统的需求愈加迫切。基于风力发电、太阳能发电等可再生能源发电及储能相关技术，并在先进的系统优化控制和智能决策技术的支持下，小型化、多样化、灵活化的分布式发电系统和微电网得到快速发展，成为电力开发和利用的重要形式。作为集中式电力系统的重要补充，分布式电力系统受到越来越多的关注，对促进电力供需平衡，提高电力利用效率，增加可再生能源消纳，推动电力系统绿色低碳转型具有重要意义。

（4）智能互联电力系统。随着互联网、5G 通信、云计算、大数据、人工智能等新一代信息技术的不断融入，传统的物理能源系统在能源生产、传输、存储、分配、消费全过程中逐渐数字化，能源生产和利用体系深刻变革，形成从生产到消费全过程以智能化、绿色化、网络化、互动化和个性化为主要特征的智能互联能源系统，衍生了能源互联网、互联网+智慧能源、综合能源服务、泛能网、泛在电力物联网、虚拟电厂等智能互联能源系统相关概念。在智能互联电力系统中，从电力生产、传输到存储、分配、消费等各环节获取的电力大数据成为一种新的战略资源，大数据分析和数据驱动的系统优化与智能决策成为智能互联电力系统高效稳定运行和服务模式创新的重要支撑和关键驱动力。供需交互响应、双向友好互动、系统灵活开放、多能协同互补的综合电力服务，以其清洁、智能、安全、高效等特征形成智能互联电力系统。通过用户价值创新、数据价值创新和效率价值创新实现的新产品、新服务和新商业模式，成为电力产品和服务提供商的核心竞争优势。

能源系统发展演化的动力一方面来自能源相关技术的不断进步，另一方面来自经济社会发展进步对能源服务不断提出的新需求。能源系统发展演化的最终目标是建立灵活多元、清洁低碳、经济高效、安全可靠、自主可控且可持续的能源生产和利用体系，为提高人们生活水平、提升组织运作效率、促进企业绿色生产、推动经济高质量发展和社会文明进步提供持续动力。

7.3　能源互联网与智慧能源

7.3.1　能源互联网的内涵

　　能源互联网这一概念最早是由美国经济学家杰里米·里夫金在《第三次工业革命》一书中提出的。杰里米·里夫金认为可以通过互联网技术与可再生能源相融合,将全球的电网变为能源共享网络,使亿万人能够在家中、办公室中、工厂中生产可再生能源并与他人分享。这个能源共享网络的工作原理类似互联网,其中的分布式可再生能源可以跨越国界自由流动,正如信息在互联网上自由流动一样,每个自行发电者都将成为遍布整个大陆的没有界限的绿色电网中的节点。

　　杰里米·里夫金的构想符合能源革命的方向,但不足之处在于:由于能源共享网络(电网)和互联网截然不同的特性,能源(电力)难以也没有必要像信息一样在任意两个节点之间自由交互;杰里米·里夫金提出的能源互联网构想仅能够在一个局部的区域(如一片社区或一座城市)内实现,大范围推广较难。能源互联网应该是智能电网和智慧能源网两种技术模式的外延。智能电网以电力系统为研究对象,以绿色化为主要目标。智慧能源网则重点研究各类能源的相互转换及各种能源网间的协同配合和优势互补等问题,主要目标是最大限度地提高能源的利用率及清洁型能源的消费比例。

　　能源互联网是以电力系统为核心,以智能电网为基础,以接入分布式可再生能源为主,采用先进信息和通信技术及电力电子技术,通过分布式智能能量管理系统(Intelligent EMS,IEMS)对分布式能源设备实施广域协调控制,实现冷、热、气、水、电等多种能源互补,提高用能效率的智慧能源系统[4]。能源互联网的结构如图 7-9 所示。

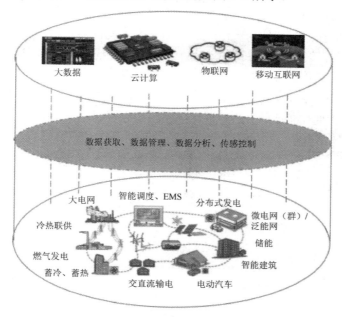

图 7-9　能源互联网的结构

　　能源互联网中的分布式能源系统是相对传统的集中式能源系统而言的。传统的集中式能源系统首先采用大容量设备、集中生产,然后通过专门的输送设施(大电网、大热网等)将各种能量输送给较大范围内的众多用户,分布式能源系统则是直接面向用户,按用户的需求就地生产并供应能量，具有多种功能，可满足多重目标的中小型能量转换利用系统。国家发展和改革委员会对分布式能源系统的定义是"利用小型设备向用户提供能源供应的新的能源利用方式"，国家能源局给出的定义是"接入配电网运行，发电量就近消纳的中小型发电设施，以及有电力输出的能源综合利用系统"。从以上定义可以得出，分布式能源系统主要包含五层含义：第一，分布式能源系统是以发电为主要目标的能源综合利用系统；第二，就地消纳，优先满足当地用能需求；第三，以可再生能源（太阳能、风能等）和清洁化石燃料（天然气、煤层气等）为能量来源；第四，实现电力智能化就地供需平衡，满足用户多能需求；第五，实现能源梯级利用与联供，以达到更高的能源综合效率。

我国的分布式能源系统主要以分布式光伏发电系统、天然气分布式能源系统、分布式风力发电系统为主。分布式光伏发电系统特指在用户场地或附近建设，运行方式以用户侧自发自用、多余电量上网，且单点并网总容量小于 $0.6×10^4$kW、具有配电系统平衡调节功能的光伏发电设施。天然气分布式能源是指利用天然气作为燃料，通过冷热电三联供等方式实现能源的梯级利用，综合能源利用效率在 70%以上，并在负荷中心就近实现能源供应的现代能源供应方式，是天然气高效利用的重要方式。天然气分布式能源系统是 110kV 以下配电网并网、就近消纳、通过梯级利用实现高综合能源利用效率的天然气冷热电联产系统。根据不同燃机系统，天然气分布式能源系统可分为燃气内燃机天然气分布式能源系统和燃气轮机天然气分布式能源系统；根据供能终端用户范围，天然气分布式能源系统可分为酒店、医院、数据中心等楼宇式场景和工业园区、城市新区等区域式场景的天然气分布式能源系统。分布式风力发电系统特指采用风力发电机作为分布式电源，将风能转换为电能的分布式发电系统，是单点并网总容量小于 $5×10^4$kW 的小型模块化、分布式、布置在用户附近的高效可靠的发电模式。

微电网（Micro-Grid）也称为微网，是指由分布式电源、储能装置、能量转换装置、负荷、监控和保护装置等组成的小型发配电系统。微电网不仅可以与外部电网之间达成并网运行的关系，还能够独立运行。与传统的大型电网不同，微电网能够供给负荷多种形式的能源，同时做到主动配电，在智能电网中有重要地位。微电网的结构如图 7-10 所示。微电网旨在实现分布式电源的灵活、高效应用，解决数量庞大、形式多样的分布式电源并网问题。微电网能够充分促进分布式电源与可再生能源的大规模接入，实现对负荷多种能源形式的高可靠供给，是实现主动式配电网的一种有效方式，使传统电网向智能电网过渡。

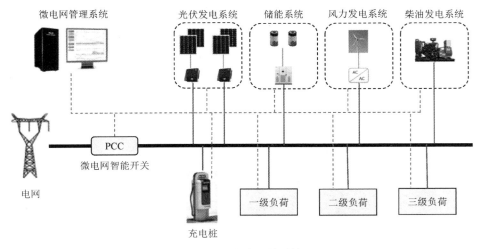

图 7-10　微电网的结构

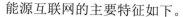

能源互联网的主要特征如下。

（1）可再生能源高渗透率。

可再生能源渗透率是指可再生能源技术占全部能源技术的百分比，它是一个重要的发展指标，可以反映一个国家可再生能源技术的发展水平。能源互联网中的能量供给主要是清洁的可再生能源，这大大有利于提高可再生能源的渗透率。

（2）非线性随机特性。

能源互联网中能量来源和使用的复杂使其呈现出非线性随机特性。能量来源主要是分布式可再生能源，相比传统能源，其不确定性和不可控性较高，能量使用侧用户负荷、运行模式等都会实时变化。

（3）多元大数据特性。

能源互联网工作在由类型多样、数量庞大的数据组成的高度信息化的环境中，这些数据既包括发电、输电、配电、用电的电量相关数据，又包括温度、压力、湿度等非电量数据。

（4）多尺度动态特性。

能源互联网是能量系统、物质系统和信息系统高度耦合的复杂系统，而这些系统对应的动态特性尺度各不相同。能源互联网按层次从上而下可分为主干网、广域网、局域网三层，每一层的工作环境和功能特性均不相同，这造成每一层的动态特性尺度差别巨大。

能源互联网还可以从物理、信息、市场三个维度分析其特征。从物理维度，能源互联网是一个以电力系统为核心，以可再生能源为主要一次能源，与天然气网络、交通网络等其他系统紧密耦合而形成的复杂多网流系统[5]。其特征如下。

（1）以电力系统为核心。电能是清洁、优质、高效、便捷的二次能源。随着经济水平的发展，全球电气化水平仍将日益提高，电能在能源供应体系中的地位呈加强趋势。以我国为例，我国电能在终端能源消费比例呈现快速上升趋势，2000 年这个比例为 15.9%，2012 年提高到 20.9%，2022 年则超过 27%。同时，目前清洁型能源大多需要转换为电能形式才能够高效利用，以电力系统为中心是低碳能源发展的必然要求。因此，建设能源互联网是构建以电能为核心的新型能源体系。

（2）高比例的分布式能源。由于资源分布不均衡的客观存在，规模化能源生产和远距离传输仍是能源互联网中的重要形式。但是，随着经济发展对电力需求的不断增长，分布式能源供应的占比将呈现快速上升的趋势。分布式能源将成为能源互联网的基础，改变现有能源系统（主要为电力系统）自上而下的传统结构和供需模式。

（3）多种能源深度融合。实际上，现有电力系统就是一个天然的多种能源融合的系统，其将煤、天然气、水能、风能、太阳能、地热能、核能等一次能源有机地结合在一起。能源互联网的多种能源融合更多体现在终端能源领域。在现有能源供应体系下，电、气、冷、热等终端能源之间基本是相互独立的，但在能源互联网下，各种能量转换和存储设备建立了多种能源的耦合关系，实现了电网、交通网、天然气管网、供热供冷网的"互联"。多能源的深度融合实现了能源梯级利用，保障综合能源系统的经济高效和灵活运行。

从信息维度，能源互联网是能量的开放互联与交换分享，它是与互联网信息分享相似的便捷的信息物理融合系统（Cyber-Physical System，CPS）。其特征如下。

（1）开放。能源互联网中为实现信息的随时随地接入与获取，需要建立开放式的信息体系结构，满足能源生产和消费的交互需求，满足多种能源之间的协同管理需求，满足分布式电源、储能等装置的"即插即用"。

（2）对等。能源互联网中能源参与者（生产者、用户或自治单元）基于一个对等的信息网络实现能源的分享，任意两个能源参与者之间可实现信息上的对等互联，一个能源参与者可向另一个能源参与者发布自己的能源供应/需求信息。信息的传输和服务在两个能源参与者之间发生，不需要中心化系统的介入，打破了现有集中式能源服务信息系统的 Client/Server 模式。

（3）共享。能源互联网的一个特征就是不同层次、不同部门信息系统间信息的交流与共享。信息共享是互联网时代的重要特征，能源互联网中的信息共享是提高信息资源利用率，避免在信息采集、存储和管理上重复浪费的一个重要手段。

从市场维度，能源互联网提供清洁型能源灵活交易的平台，构建开放、自由、充分竞争的市场环境，能激发市场中各商业主体的积极性。其特征如下。

（1）市场交易扁平分散化。以电力行业为例，国内外现有电力交易采用集中式的资源配置方式。从物理上看，分布式能源供应的广泛存在将促进形成若干自治平衡的微能量系统，为本地的能量平衡交易和微能量系统之间的能量交易提供了条件。另外，随着互联网与能源行业的融合，能源互联网中能源的供应者和消费者，都可以通过互联网快速、便捷、低成本地获得足够充分的信息，从而具备进行科学合理的局部交易，实现微平衡所需的信息基础[6]。在能源互联网中，分散化的微平衡将取代整体平衡成为主要的交易模式。

（2）各商业主体广泛参与。互联网思维下的市场模式就是广泛的互联，以信息为纽带，把分散的大量实体在信息系统中聚集起来。能源互联网中将涌现出大量的商业主体，各类能源生产企业，以及园区、楼宇甚至家庭等分散的用户，都能不同程度地参与能源市场交易。

（3）供需模式多变。与传统模式中固定的供需关系不同，在能源互联网交易市场中，类似于互联网中信息交互的特性，各商业主体在能源供应者和消费者之间的角色和权责可相互转换，自由选择参与或退出交易，这使得市场结构实现更为灵活的动态变化，从而提升资源协调优化配置的效率，同时使得市场可自发地实现利益分配的优化并形成更为高效公平的利益分配格局。

电网是能源互联网中的一个重要场景。智能电网就是电网的智能化，也被称为"电网 2.0"，它建立在集成的、高速双向通信网络的基础上，通过先进的传感和测量技术、设备技术、控制方法及决策支持系统技术的应用，实现电网的可靠、安全、经济、高效、环境友好和使用安全的目标。智能电网包括调度、发电、输变电、配电和用电几个方面的内容。智能电网的智能管理如图 7-11 所示。

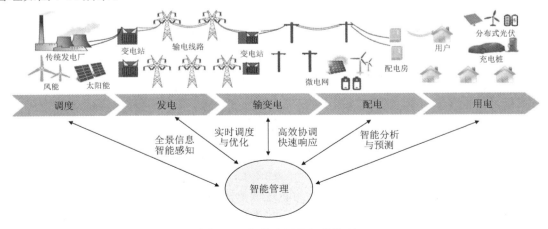

图 7-11　智能电网的智能管理

智能电网的智能管理主要体现在以下几个方面。

（1）自愈。

自愈是实现智能电网安全可靠运行的主要功能，是指不需要或仅需要少量人为干预，实现电网中存在问题元器件的隔离或使其恢复正常运行，最小化或避免用户的供电中断。通过进行连续的评估自测，智能电网可以检测、分析、响应，甚至恢复电力元器件或局部网络的正常运行。

（2）安全。

无论是物理系统还是计算机遭到外部攻击，智能电网均能有效抵御由此造成的对电力系统本身的攻击伤害及对其他领域形成的伤害，即使电力系统发生中断，也能很快恢复运行。

（3）兼容。

智能电网可安全、无缝地容许各种不同类型的发电和储能设备接入系统，简化连网过程，实现智能电网系统中的即插即用。

（4）交互。

在智能电网运行过程中，调度者或管理者可以与用户设备和行为进行交互，这种交互是电力系统的完整组成部分之一，促使电力用户发挥积极作用，实现电力运行和环境保护等多方面的收益。

（5）协调。

智能电网与批发电力市场甚至零售电力市场实现无缝衔接，有效的市场设计可以提高电力系统的规划、运行和可靠性管理水平，电力系统管理能力的提升能促进电力市场竞争效率的提高。

（6）高效。

智能电网引入先进的信息技术和监控技术来优化设备并提高资源的使用效益，以提高单个资产的利用效率，从整体上实现网络运行和扩容的优化，降低网络的运行维护成本和投资。

（7）优质。

在数字化、高科技占主导的经济模式下，电力用户的电能质量能够得到有效保障，实现电能质量的差别定价。

（8）集成。

集成的实现包括监测、控制、维护、能量管理（EMS）、配电管理（DMS）、市场运营（MOS）、企业资源规划（ERP）等和其他各类信息系统之间的综合集成，并在此基础上实现业务集成。

7.3.2 能源互联网的功能

各个国家、不同研究机构对能源互联网的设计都是从各自国情出发，考虑各自的能源需求背景，为了解决某一个具体问题或针对某些特定区域、特定目标而提出的，但是其中有一些重叠、交叉和共性的内容，本节通过归纳其中主要的共同点来梳理能源互联网的功能[4]和技术需求。

1）能源接入

能源互联网的功能之一就是实现各种能源的接入和交互。传统能源系统通常是单一能源的集中供应和传输，而能源互联网通过技术手段实现不同能源的接入和交互，从而实现能源的多样化和灵活性。

能源互联网可以接入以下各种能源。

（1）传统能源：传统能源包括煤炭、石油、天然气等化石能源，以及核能等。能源互联网可以通过技术和设施，将传统能源从不同地域和来源集成到能源互联网中，实现能源的优化配置。

（2）可再生能源：能源互联网可以实现可再生能源的大规模接入和高效利用，通过智能化的系统监测和调度，将可再生能源平稳地注入能源供应网络，实现可再生能源的高效率利用。

（3）分布式能源：能源互联网可以通过智能化的能源管理系统，实现分布式能源的有效整合和管理，提供优质的能源服务。通过能源互联网的多能源接入，不仅可以提高能源系统的灵活性和韧性，满足不同能源的供需平衡，还可以促进可再生能源的开发和利用，推动能源转型和减少碳排放。同时，能源互联网的强大功能使得能源供应更加安全可靠，降低了能源系统的风险和脆弱性。

2）能源供需优化

能源供需优化是指通过智能化的技术和手段，根据实际的能源需求和供应情况，实现能源的高效配置和调度，以提高能源利用效率、降低能源消耗，实现能源系统的供需平衡和优化。

为了在能源互联网中实现能源供需优化，可以通过物联网技术和智能传感器实时采集能源系统中各个环节的数据，并利用大数据处理和分析技术，提取能源供需的特征和规律；也可以用机器学习和预测技术预测和分析能源需求，以便制定相应的能源供应计划和策略；还可以根据当前的能源供需情况和优化目标，使用优化算法和智能调度系统，实时调整能源的生产和传输，保证能源供应和能源消费的平衡。能源互联网可以通过多能源协同和灵活调节，实现不同能源之间的相互补充和协同使用。当某种能源供应不足时，可以通过其他能源的灵活调节来满足能源需求，保障能源供应的连续性和可靠性。鼓励用户参与能源供需调节，通过灵活价格机制和能源市场机制，引导用户在不同时段调整能源消费行为，并且用户的参与能够提供更准确的能源需求信息，从而更好地实现能源供需的平衡和优化。

3）能源交易

能源交易是指通过能源市场进行的能源买卖活动，它是能源行业中的重要环节，通过市场机制和竞争机制，实现能源供需的合理匹配和优化配置。能源交易的目的是提供多样化的能源选择和交易渠道，促进能源资源的高效利用和经济效益的提升。能源互联网下的能源交易是指通过能源互联网平台进行的能源买卖活动。

在能源互联网下，能源交易具有以下特点。

（1）去中心化：能源互联网平台提供了一个去中心化的交易环境，能源供应者和消费者可以直接进行交易，不需要通过中介机构或其他第三方，降低了交易成本和提高了交易效率。

（2）智能化：能源互联网利用物联网、大数据等技术，实现对能源供需情况的实时监测和分析，能够准确预测能源需求和供应情况，提供智能化的能源交易建议和决策支持。

（3）多元化：能源互联网平台提供多样化的能源选择和交易渠道，能源供应者和消费者可以根据自身需求选择合适的能源产品和服务，促进了能源市场的多元化和竞争，提高了能源供需效率。

（4）灵活性：能源互联网下的能源交易具有灵活性，能源供应者和消费者可以根据市场需求和供应情况，自主决策能源的交易价格、交易方式和交货地点，实现供需平衡和优化配置。

（5）信息透明：能源互联网平台提供了一个公开透明的交易环境，能源供应者和消费者可以通过平台了解市场供需情况、能源价格和交易信息，提高了市场的透明度，促进了交易的公平性。

能源互联网下的能源交易为可持续能源发展和能源转型提供了新的机遇和挑战，将对未来的能源经济和能源市场产生深远的影响。

4）管理智能化

在能源互联网下，管理智能化可以应用于能源供应、能源消费、能源调度和能源运营等领域，以提高管理效率、降低成本、提升服务质量和优化运营。为实现管理智能化，需要依托信息技术和智能化设备的支持，包括物联网、云计算、大数据、人工智能等技术的应用；还需要建立完善的数据管理和隐私保护机制，确保数据的安全和合规性。

以下是管理智能化在能源互联网中的一些应用方向。

（1）能源供应管理：通过智能监测和预测技术，实时跟踪能源供应情况，包括能源生产、传输和存储等环节，以确保能源的稳定供应和优化配置。

（2）能源消费管理：通过智能计量和监测技术，对能源消费进行实时监测、分析和评估，帮助用户了解自己的能源消费情况，并提供节能建议和优化方案。

（3）能源调度管理：利用智能化的能源调度系统，实现对能源生产、传输和配送的智能调度和优化，以实现能源的高效利用和供需平衡。

（4）能源运营管理：通过智能化的能源运营系统，对能源市场进行实时监测和分析，提供市场预测和决策支持，以优化能源交易和运营策略，提高运营效率和经济效益。

（5）能源安全管理：利用智能化的能源安全监测系统，对能源网络进行实时监测和预警，及时发现和解决安全风险，确保能源网络的稳定运行和安全性。

管理智能化为能源互联网的发展和能源转型提供重要支撑和动力，随着技术的进一步发展和应用，管理智能化将在能源领域发挥更加重要的作用。

7.3.3　能源互联网的技术框架

本节按照能源互联网基础设施、信息和通信技术、能源互联网平台和标准架构四个层次来对未来能源互联网的相关技术进行梳理与分析。能源互联网的技术框架如图 7-12 所示，其中，能源互联网基础设施类似电力系统中"一次设备"的概念，主要是指直接参与能源生产、传输、转换、使用等过程的装备设施；信息和通信技术是通过信息物理系统附着在能源互联网基础设施之上来提供能源监控、管理、优化、交易等一系列功能的技术集合；能源互联网平台与信息和通信技术有一定的关联，这里主要指一些区域性、覆盖面较广的枢纽系统，为了某一个特定目的实现能源网络不同参与者的相互对接，以解决信息不对称条件下的能源

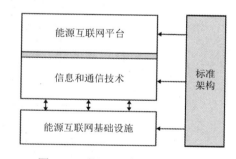

图 7-12　能源互联网的技术框架

交易与竞争问题；标准架构是组建能源互联网所依据的"总设计图"，它对以上这些技术的集成和部署有指导性的作用。

能源互联网基础设施充分体现了能源互联网的核心特征。能源互联网建设需要新型的基础设施提供支撑，基础设施的首要特征应当是具有较高的数字化、信息化、自动化、互动化、智能化水平，具体有以下几点。

第一，在能源生产环节，各类新型的分布式能源生产设备将成为能源互联网的重要组件。

第二，在能源传输和转换环节，以电力电子技术为基础的能量传输接口将成为未来能源

设备和能源网络相连的主要形式之一。其中，能量路由器被用来解决能量的精确分配问题，然而，不同的国家、不同的应用场景，对能量路由器的理解、定义是不完全相同的。各类能源转换技术可以实现多能源网络的连网，借助分布式基础设施和能量路由器技术，微电网技术被用于构造"集中-分布"式两级未来能源网络结构。其他的基础设施技术还包括大容量能量传输设备、主动配电网设备等。

第三，在能源使用环节，以新能源汽车为代表的新型用能设备将改变消费者的能源消费模式，若能科学配置各类能源梯级利用技术，则将显著提高能源使用效率。

信息和通信技术在能源网络中的应用具有鲜明的特色和创新性。能源互联网基础设施提供了基本的物质条件，信息和通信技术才是使得整个能源网络高效运行、良性互动的支撑。信息和通信技术大致可以分为四个层次：传感器层（物理层）、通信层、基础层和高级应用层。纵向整合这些不同层次，就形成了完整的能源优化管理系统，面对不同对象（家庭、楼宇、企业、燃气管网、热力管网、交通网及发电厂等）的能源优化管理系统的功能需求是不同的，技术路线也各有特点。图 7-13 所示为能源互联网的详细层级结构。

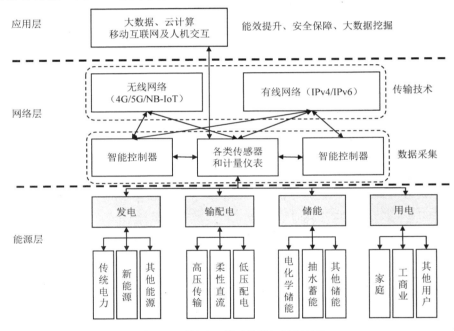

图 7-13　能源互联网的详细层级结构

能源互联网平台是对能源网络中不同参与者进行协调和对接的工具。能源互联网平台包括能源市场交易平台、能源需求侧管理平台、能源需求响应平台、碳排放交易平台、污染权交易平台、企业能源填报和审计平台等，这些平台不仅促进了信息的开放和共享，帮助能源网络中的参与者进行合理的决策，还降低了交易费用，使得资源能够通过交易实现低成本的最优配置。

架构是技术集成的基本思路和理念。在实现能源互联网的过程中，适当的顶层设计能够更好地促进技术进步和整合集成。目前比较成熟的架构设计方法包括面向服务的架构（Service Oriented Architecture，SOA）、分布式自治实时架构（Distributed Autonomous Real Time，DART）、软件定义光网络架构（Software Defined Optical Network，SDON），这些方法都提供了面向多参与主体的系统设计思路，可以作为能源互联网标准架构设计的参考。

7.3.4　智慧能源的内涵

智慧能源是一种先进信息和通信技术、智能控制和优化技术与能源生产、传输、存储、消费及能源市场深度融合的能源产业发展新形态。它是应用互联网和现代通信技术对能源的生产、使用、调度和效率状况进行实时监控，并在大数据、云计算的基础上进行实时检测、报告和优化处理，以形成最佳状态的开放、透明和广泛自愿参与的能源综合管理系统。

智慧能源重点研究各类能源的开发、利用、相互转换，以及各种能源网间的协同配合和优化互补等问题。智慧能源主要通过多目标优化方法，最大限度地提高能源的利用效率及清洁型能源的开发与消费比例[3]。关于智慧能源的内涵，必须关注到以下几点：第一，智慧能源不只是概念，必须是产业创新的实践。第二，智慧能源产业不是单一的产业，而是能源产业与互联网产业和现代通信技术的复合体。第三，智慧能源不仅包括传统的能源生产，还包括新能源的开发利用；不仅涵盖能源生产，还涵盖能源消费；不仅关系环境资源，还关系能效提升。

智慧能源的基本特征[4]如下。

（1）数字化：智慧能源采用传感器技术，实现能源互联网基础设施的数据采集、传输和处理，包括数字化的工具、系统、能力和技术等。

（2）信息化：信息化是智慧能源的实施基础，能实现实时和非实时信息的高度集成、共享与利用，促进能源供应与消费的实时匹配。

（3）自动化：自动化是智慧能源的重要实现手段，依靠数字化的自动控制技术及装备促进各能源领域各环节运行管理水平的全面提升。

（4）互动化：互动化是智慧能源的内在要求，能实现不同能源业务之间、能源服务提供商与用户之间、能量管理与能源企业之间的友好互动和相互协调。

（5）智能化：智慧能源采用智能算法对能源信息进行智能处理。

（6）精准计量：智慧能源采用智能仪表对能源进行精确计量。

（7）自律控制：智慧能源采用分布式控制技术及动态能源管理系统，利用本地信息，实现快速的能源控制与调节。

智慧能源建设可以帮助人类缓解资源和环境压力，为人类发展留下充分的时间和广大的空间，主要表现在以下两个方面。

第一，缓解环境破坏压力。智慧能源所使用的都是清洁型能源，不管是在生产、传输还是在消费过程中，它所产生的废料几乎为零，噪声、辐射等问题也能得到很好的控制，而且对水质、大气的影响也能得到很好的解决，让自然环境可以借助自身能力恢复，从而实现平衡。

第二，缓解资源短缺压力。现在人类长期大量使用化石能源，导致资源短缺，进而造成生产成本显著提升。智慧能源将通过创新的能源技术，降低能源消耗，减少新能源生产、消费成本，推进新型能源形成规模化和商业化运用，保障能源的持续、安全和稳定的供应。

7.3.5　智慧能源的体系架构

在传统能源结构中，能源的开采、生产、运输、存储和使用各环节之间的接口比较单一，基本通过能源交易合同来驱动。智慧能源采用大数据、人工智能和物联网技术将这些环节集成起来，通过充分的信息交流和智能合约系统，一方面消除内部信息孤岛，另一方面提升环节内部和环节之间的智能交互水平。智慧能源系统的基本结构[7]如图 7-14 所示。

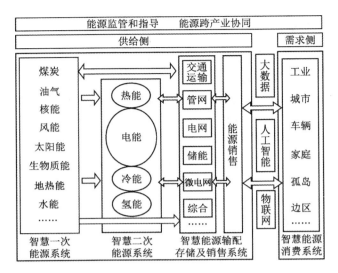

图 7-14　智慧能源系统的基本结构

智慧能源系统可以分为四个部分，包括供给侧的智慧一次能源系统、智慧二次能源系统、智慧能源输配存储及销售系统和需求侧的智慧能源消费系统。各分系统之间通过信息流和能量流连接，保证内部不同形式能源之间和分系统之间的协同互补，实现供需协同和管理协同。

1）一次能源开采和运输过程的智慧化

一次能源开采和运输过程的智慧化是在跨部门、跨企业、跨区域的开采和运输协同等方面推进新技术应用，形成高效的运营模式。可再生能源应聚焦于资源的智慧化配置和资源间的智慧化协同，优化一次能源结构，实现煤炭、油气、核能、水能、风能和太阳能等资源的配置合理、有序互补、协同优化开采。

2）二次能源生产过程的智慧化

人工智能在能源生产过程中的监测、控制、运维、安防、管理和服务等方面的深入应用和业务融合，促进了二次能源的企业级智慧化。电能凭借其最方便的输配和最广泛的应用，成为智慧能源系统的核心，电能与热能、冷能、氢能之间的相互耦合与互补将成为二次能源智慧化的主要切入点。

3）能源输配及存储过程的智慧化

在人工智能和大数据技术的推动下，形成智慧电网、智慧管网、智慧交通和智慧储能的发展格局，同时实现电能、氢能、油气之间的协同输配和存储，提升能源输配和存储过程的效率，保障能源供给的稳定性、灵活性、鲁棒性和经济性。

4）能源销售过程的智慧化

结合大数据技术实现交易的供需实时平衡和最优匹配，提升能源综合利用效率，有助于推动清洁低碳能源成为供应主体，逐步提高电能在能源消费中的比例，提升终端能效，降低用能成本，实现能源安全、经济和可持续发展。

5）能源消费过程的智慧化

消费者可能同时是能源的消费者和提供者，能够通过风能、太阳能和储能中的某一方式或组合方式对外提供电能，要想借助智能优化方法最大限度地解决能源供需矛盾，还需协调需求侧和供给侧资源的竞争，优化需求侧自身的资源规划与配置，提升供需有效对接和削峰填谷能力。

7.3.6　智慧能源的发展趋势

为应对全球气候变化和一次能源市场的不确定性，化石能源将逐步进入低增长时代。可再生能源和智慧能源发展是未来全球能源需求增长的主力军，同时智慧能源的发展是能源行业迎接数字化和智能化时代的重要方向之一。

随着我国城镇化进程不断加快，能源消耗日益增加，智慧能源的发展使能源利用效率有所提高。智慧能源能够构建出多种类型的互联网络，实现能源互补，也能将能源与用户需求进行深度融合。智慧能源未来的发展趋势主要有三点：一是能源与信息融合，在我国政策的大力推动下，能源企业与信息技术开发企业必须进行合作，各种新的战略模式已经开始实践；二是集中与分布协调，在能源的未来发展中必须要对储能技术进行突破，实现集中式储能与分布式储能共同发展；三是大众参与及突破技术，智慧能源的整体运用与发展无法离开大众的认知与参与，智慧能源打破了人们对传统能源的认识及对能源的生产和使用方法，更在我国建立起了新的能源商业模式，这影响着人们的生活习惯和能源使用思维，只有人们接受智慧能源，智慧能源才能将传统能源与互联网技术进行融合，突破技术中的重点与难点[8]。

"互联网+智慧能源"是能源互联网生态的新模式，智慧能源产业创新是物联网的实践，最终的结果是能源互联网。智慧能源产业与能源互联网的核心理念是一致的，智慧能源技术、产品及解决方案的创新发展及推广应用将有效推动能源互联网的形成与发展。"互联网＋智慧能源"作为一项融合技术，主要具备了设备智能化、多功能协同化、信息对称化、市场供需分散化、市场交易开放化等一系列特征。在"互联网＋智慧能源"的支持下，新能源的技术、模式、业态正在重新兴起[9]。

"互联网+智慧能源"可以实现不同能源系统之间的优势互补，防止出现能源的二次转换，使能源的综合利用率得到提升，实现分布式小微能源的并网、用户的灵活互动，以及管廊、网点的有效整合，从而实现资源的高效利用[10]。首先，"互联网＋智慧能源"技术顺利应用的基础就是多种多样的能源设备，为了提高能源设备的质量与性能，能源企业需要从基础材料的角度出发对设备进行研制，在智能材料与传感分布的基础上打造升级设备。其次，需要从物联网的角度出发构建智能化能源网络，使分布式能源的接入更加灵活。再次，需要提高边缘计算能源系统分布的自治与高效。在信息透明、泛化的互联能源网络基础上，使用边缘计算技术、能源分布自治理念可以打造智慧能源终端，最终实现能源系统边缘化管理与应用。最后，需要提升智能决策水平。云计算技术可以进一步为智慧能源系统实现分布式感知、集中决策创造条件，以此来推动能源系统进一步实现智能化，完善能源市场的交易体系，构建透明化、智能化能源系统。

以我国电力系统为例，电力系统的趋势是建立新型电力系统。新型电力系统具备安全高效、清洁低碳、柔性灵活、智慧融合四大重要特征，其中安全高效是基本前提，清洁低碳是核心目标，柔性灵活是重要支撑，智慧融合是基础保障。新型电力系统图景展望如图 7-15 所示。

在我国新型电力系统中，新能源通过提升可靠支撑能力逐步向系统主体电源转变。燃煤发电仍是电力安全保障的"压舱石"，承担基础保障的"重担"。多类型储能协同应用，支撑电力系统实现动态平衡。"大电源、大电网"与"分布式"兼容并举、多种电网形态并存，共同支撑电力系统安全稳定和高效运行。适应高比例新能源的电力市场与碳市场、能源市场高度耦合，共同促进能源电力体系的高效运转。在新型电力系统中，非化石能源发电将逐步转变为装机主体和电量主体，核、水、风、光、储等多种清洁型能源协同互补发展，在化石能源发电装机及发电量占比下降的同时，在新型低碳、零碳、负碳技术的引领下，电力系统碳排放总量逐步达到"双碳"目标要求。新型电力系统以数字信息技术为重要驱动，呈现数字、物理和社会系统深度融合的特点。为适应新型电力系统海量异构资源的广泛接入、密集交互和统筹调度，"云大物移智链边"等先进数字信息技术在电力系统各环节广泛应用，助力电力系统实现高度数字化、智能化和网络化，支撑"源网荷储"海量分散对象协同运行和多种市场机制下系统复杂运行状态的精准感知和调节，推动以电力体系为核心的能源体系实现多种能源的高效转换和利用。

图 7-15　新型电力系统图景展望

分布式智能电网这种新型电力系统将成为广泛应用的智慧能源建设模式。分布式智能电网在分布式电网的基础上，进一步引入了智能化技术和互动性，以提高系统的性能和效率。它通过集成智能感知、通信、决策和控制技术，实现"源网荷储"的协同运行，进而形成更加高效、稳定和可靠的电力系统。基于先进的通信和信息技术，通过将发电设备（如太阳能电池板和风力涡轮机）安装在不同的地理位置，将能源生产从集中式转变为分布式。这种分布式的发电模式可以更好地利用可再生能源，减少对传统化石能源的依赖，从而降低碳排放总是并减少对环境的影响。分布式智能电网如图 7-16 所示。

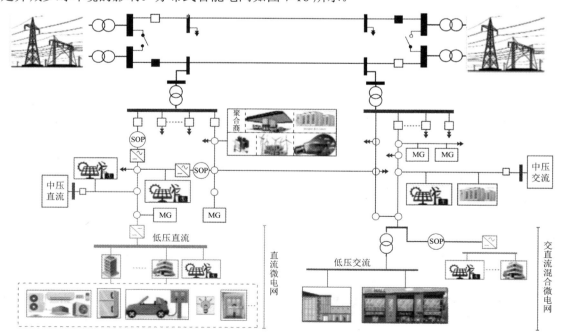

图 7-16　分布式智能电网

思考题

1. 能源是如何分类的？电能有哪些种类？
2. 什么是油气系统？油气系统包含哪些环节？
3. 天然气系统的产业链包含哪些内容？
4. 什么是电力系统？电力系统包含哪些环节？
5. 什么是能源互联网？能源互联网具有哪些功能？
6. 什么是智慧能源？智慧能源的基本特征有哪些？
7. 能源互联网和智慧能源的关系是什么？
8. 智能电网的主要特征是什么？

本章参考文献

[1] 黎静华，朱梦姝，陆悦江，等. 综合能源系统优化调度综述[J]. 电网技术，2021，45(6): 2256-2272.

[2] 魏景东，郭雁珩，艾琳，等. 我国构建新型电力系统实现路径分析[J]. 水力发电，2023，49(11): 11-15.

[3] 周开乐，陆信辉. 能源互联网系统中的负荷优化调度[M]. 北京：科学出版社，2021.

[4] 冯庆东. 能源互联网与智慧能源[M]. 北京：机械工业出版社，2015.

[5] 金之钧，白振瑞，杨雷. 能源发展趋势与能源科技发展方向的几点思考[J]. 中国科学院院刊，2020，35(05): 576-582.

[6] 张所续，马伯永. 世界能源发展趋势与中国能源未来发展方向[J]. 中国国土资源经济，2019，32(10): 20-27+33.

[7] 陈以明，李治. 智慧能源发展方向及趋势分析[J]. 动力工程学报，2020，40(10): 852-858+864.

[8] 曾胜. 中国智慧能源发展趋势研究[J]. 智慧中国，2021(04): 80-81.

[9] 王东芳，刘水源，张勇军，等. "互联网+"形势下电力信息物理融合发展研究综述与展望[J]. 电力自动化设备，2020(6): 90-99.

[10] 张耀军，张军保，邵阳. "互联网+智慧能源"的技术特征与发展路径解析[J]. 中国管理信息化，2022，25(06): 161-163.

第8章 能源大数据应用

目前，大数据技术在电力、石油、天然气、煤炭和新能源等领域已经广泛应用。通过综合采集、处理、分析与应用能源领域生产经营数据，以及人口、地理、气象等许多相关领域的数据，能源企业可以对数据进行实时分析，可以进行库存优化、合理调配能源供给等，大数据技术的应用大大促进了能源产业的发展。

8.1 能源大数据的内涵

能源大数据是将电力、石油、天然气、煤炭等能源领域数据进行综合采集、处理、分析与应用的相关技术。能源大数据不仅是大数据技术在能源领域的深入应用，也是能源生产、消费及相关技术革命与大数据理念的深度融合，能够加速推进能源产业发展及商业模式创新。能源大数据不仅来自能源的生产、传输和消费环节，也贯穿于经济和社会运行各领域，包涵丰富的经济和物理系统信息。从数据的来源来看，能源大数据是指在电力、石油、天然气、煤炭等能源领域现代化工业生产和运营所产生的数据集合，涵盖了能源勘探、生产、传输、消费、供给等环节，涉及资源、设备、工艺、技术和市场等方面的信息。从能源大数据应用来看，借助大数据技术实现能源数据的采集、存储、分析和挖掘，可发挥在提升能源生产率、提高资产效益、节约能源、保护环境和提高宏观经济运行质量等方面的多元化价值。综合来看，能源大数据的特征[1]可以概括成"3V"和"3E"，其中"3V"分别是体量（Volume）大、类型（Variety）多和速度（Velocity）快，"3E"分别是数据即能量（Energy）、数据即交互（Exchange）、数据即共情（Empathy）。

（1）体量大。随着工业企业信息化和智能电力系统的全面建设，数据采集的范围、频度显著增加，能源数据量飞速增长，企业能源相关数据的增长速度远远超过了企业能源管理系统或自动化能源数据获取系统的处理能力。

（2）类型多。能源大数据涉及多种类型的数据，包括结构化数据、半结构化数据和非结构化数据。随着石油等能源行业中视频应用的不断增多，音频、视频等非结构化数据在能源数据中的占比进一步加大。此外，能源大数据应用过程中还存在对行业内外能源数据、天气数据等多类型数据的大量关联分析需求，这些都直接导致了能源数据类型的增加。

（3）速度快。这里的速度主要指对能源数据采集、处理、分析的速度。能源管理系统中有些业务对处理时限的要求比较高，如电力能源数据的实时处理就是以"1秒"为目标，实时处理是能源大数据的重要特征，这也是能源大数据与传统的事后处理型的商业智能、数据挖掘间的最大区别。

（4）数据即能量。能源大数据具有无磨损、无消耗、无污染、易传输的特性，并可以在使用过程中不断精炼而增值，可以在保障用户利益的前提下，在能源管理系统各个环节的低耗能、可持续发展方面发挥独特而巨大的作用。能源大数据可以实现通过节约能量来提供能量，具有与生俱来的绿色性。

（5）数据即交互。能源大数据与国民经济社会存在广泛而紧密的联系，其价值不仅局限在工业内部，还体现在国民经济运行、社会进步及各行业创新发展等多个方面。通过与行业外数据的交互融合，以及在此基础上全方位地挖掘、分析和展现，能源大数据必将发挥更大价值。

（6）数据即共情。企业的根本目的在于创造用户、创造需求，能源大数据平台的应用将用能企业及政府机构等部门联系起来，通过对用户需求的充分挖掘和满足，建立情感联系，为广大用户提供更加优质、安全、可靠的能源大数据服务。

能源大数据的基本架构[2]如图 8-1 所示，物理层包括能源生产、能源传输、能源消费的各个环节及所需的各类能源设备。通过装设在能源网络和能源设备中的传感器装置和能源计量设备获取系统运行及设备健康状态等相关信息，并将数据信息交由智能运维与态势感知系统，实现数据可视化展示、状态监测、智能预警和故障定位等功能。信息通信与智能控制系统负责能源系统各环节、各设备间的信息传输及控制。该系统产生的海量数据与气象和环境等外部数据一同存储在能源大数据的专用数据库中，经过数据清洗和预处理等环节，用来进行能效分析、风险评估及经济性分析等。基于能源大数据技术可实现能源生产侧的可再生能源发电功率的精准预测，并协同电、气、冷、热的多样化能源优化配置；在能源传输侧实现智能化的能源网络在线运维，有效监控能源系统的运行状态，自动辨识故障位置；为能源消费侧的用户提供能效分析与能效提升服务，并可整合能源消费侧的各类负荷资源，实现需求侧响应，充分提高能源利用效益。

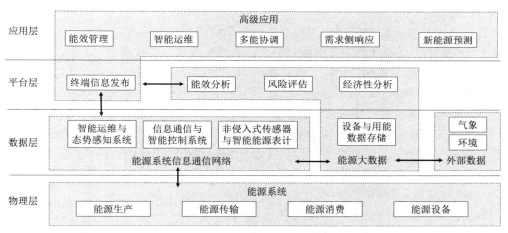

图 8-1　能源大数据的基本架构

能源被誉为"现代社会的血液"，社会、经济、政治、生态、环境、气候、安全、工程等维度都与能源有不同程度的密切联系，这些联系相互耦合，牵一发而动全身。这是一个以能源为中心的复杂关系体，只有深入洞察能源及能源与这些维度之间的相互作用机理，才能完成能源高质量转型。泛能源大数据的理念逐渐成为共识，泛能源大数据的核心观点包括：第一，现代能源对社会、经济、生态、环境、气候、安全、粮食、健康甚至政治等主要维度均有重要影响，处于关键核心；第二，现代能源是联系现代社会诸多维度的共同节点，任一维度的变化都能够通过能源传导到其他维度；第三，通过研究现代能源与诸多维度、不同维度间的内在关系，可以揭示现代社会运行的内在规律，同时大数据、人工智能等先进技术手段有助于揭示这一关系。

按照泛能源大数据的理念，以能源为中心，可以构建包含全部能源、覆盖能源全生命周期链条、关联主要经济社会维度、跨越一定时空的泛能源大数据体系。在泛能源大数据体系中，可以应用包括大数据、人工智能等在内的数据分析挖掘手段揭示能源的各个阶段，以及能源与其他维度、其他维度间的内在关系，形成由理论体系、技术体系、标准体系、平台体系构成的智慧系统，并将其应用到智慧管理、智慧治理、智慧能源等领域。泛能源大数据打破了狭义的能源边界，将现代社会主要活动因素以能源为中心联为一体，囊括了现代社会活动的主要信息。通过挖掘和研究探索泛能源大数据，可为破解在社会发展中遇到的能源问题及能源革命提供智慧方案，泛能源大数据具有广阔的研究和应用前景。

8.2 能源经济与管理大数据应用

8.2.1 能源经济与管理大数据应用概况

能源经济与管理是一个综合概念，涵盖能源产业与经济发展之间的紧密关系。它强调通过合理的能源规划、高效的资源利用、可持续的能源技术创新，将能源领域与经济增长有机结合，实现资源的最优配置和经济的可持续繁荣。能源经济与管理数据可能来源于多种渠道，如智能计量设备、传感器、交易记录、政府报告等。大数据技术在能源经济与管理方面的应用主要包括企业能源管理、能源行业生产和预测、能源消费与交易等领域。

1）企业能源管理

大数据技术在企业能源管理中发挥着重要作用，可以帮助企业实现能源的高效利用。例如，赵丹等[3]设计了企业能源管理大数据平台，形成能源管理大数据平台的通用技术架构，这一架构从下到上分别为基础设施层、数据接入层、数据存储管理层、平台支撑层、平台应用层，可对能源监测预警、能源规划研究、能耗双控管理等场景开展应用分析。能源管理人员可以借助大数据技术，对智能仪表监测数据、成本数据、生产数据、运营数据、天气数据甚至政策进行数据集成，并跟踪分析这些数据，实现能源消耗的监测及预测。大数据技术还能够为能源管理人员提供一种主动分析手段，帮助他们识别能源消耗的关键环节，挖掘能源效率提升的可能性[4]。

2）能源行业生产和预测

大数据技术在能源行业生产和预测中已广泛使用。能源企业运用大数据技术对设备状态、电能负荷等数据进行分析挖掘与预测，开展精准调度、故障判断和预测性维护，提高能源利用效率和安全稳定运行水平[5]。例如，刁培滨等[6]研究了智能生产管理系统，包含智能检修管理系统、智能运行管理系统和智能故障诊断系统三个子系统，该系统可自动对能源站日常运行数据进行存储和处理，形成能源站运行数据库，实现能源站运行经验的积累。在需求预测方面，能源需求预测现已不再完全依赖传统的时间序列或简单的趋势分析，而通过大数据技术集成多来源的信息，包括天气数据、节日与事件日历、经济指标、社交媒体趋势及其他数千种可能影响能源需求的变量，从而进行精确的能源需求预测，并采用实时数据分析调整能源供应，以满足变化的市场需求。

3）能源消费与交易

大数据技术在能源消费与交易方面的应用有助于实现更智能、高效、可持续的能源使用。通过采集智能仪表、传感器等用户侧能源消费数据可以对用户进行能源用户画像，能源用户画像可支撑能源市场的各类智慧应用，如需求侧响应、精准营销、用户能效分析、用户信用评价等。同时，大数据技术可以帮助能源交易进行辅助决策。能源交易数据量庞大，存在现货、期货等多种复杂交易方式及衍生的金融品种，决策对实时性、精准性要求高，大数据技术可以对复杂市场条件、交易模型、交易行为等进行快速采集与汇聚、快速分析计算，因此大数据技术越来越成为能源市场交易辅助优化决策的有效和必备技术[7]。

8.2.2　国内外能源经济与管理大数据平台介绍

1）EIA 数据平台

EIA（美国能源信息管理局）创建于 1977 年，是美国联邦政府的独立统计机构，隶属美国能源部（Department of Energy），负责收集、分析和发布美国能源相关数据。EIA 的宗旨是提供全面、准确、及时的能源数据和信息，以支持决策者、研究人员和公众了解和分析能源市场、政策和经济的动态。

EIA 数据平台是 EIA 提供的一个在线工具，为用户提供了广泛的能源相关数据和信息资源。EIA 数据平台页面如图 8-2 所示，该平台的一些主要功能如下。

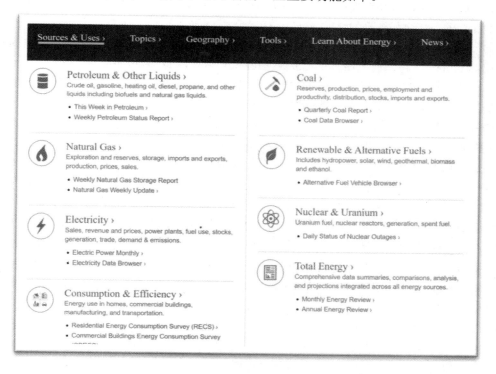

图 8-2　EIA 数据平台页面

（1）数据收集与发布。EIA 通过多种方式收集能源相关数据，包括调查问卷、合作伙伴报告、公共数据和其他数据源，这些数据包括能源生产、消费、价格、储备、进出口等方面的信息。EIA 数据平台为用户提供了对这些数据的访问权和下载权。

（2）数据查询与分析。EIA 数据平台提供了强大的查询和分析功能，用户可以根据自己的需求筛选和定制数据集。用户可以根据地理位置、时间范围、能源类型等多个维度进行数据筛选和比较分析。

（3）数据可视化。EIA 数据平台提供了多种数据可视化工具，包括图表、地图和交互式仪表板，用户能够更直观地理解和解释数据。这些数据可视化工具帮助用户发现趋势、关联和模式，从而更好地理解能源市场和趋势。

（4）报告和预测。EIA 数据平台会发布各种能源市场和经济的分析报告，包括能源短期展望、年度能源展望等。这些报告提供对未来能源供需、价格和政策的预测和评估。

（5）应用程序接口（API）。EIA 数据平台提供了 API，使开发人员能够访问和利用 EIA 的能源数据。这些 API 使用户可以集成 EIA 数据到自己的应用程序或网站中。

2）C3 IoT 能源管理平台

C3 IoT 能源管理平台是 C3 Energy 公司开发的一种基于云计算和大数据分析的综合性能源管理解决方案。该平台旨在帮助组织和企业实现能源消耗的监测、分析和优化，从而提高能源效率、降低能源成本，并推动可持续能源的使用。C3 Energy 创立于 2009 年，最初是一家能源和碳排放管理公司，2016 年升级为物联网开发平台公司，并改名为 C3 IoT，目前是美国也是全世界最大的物联网开源软件平台 PaaS（平台即服务）公司之一。目前，C3 IoT 管理着全球约 7000 万个智能设备和传感器，它们主要来自工业和商业设备，如家庭自动化系统、生产线、航空航天设备和机械等。企业运营系统（如金融交易系统和 ERP 系统）及第三方延伸源（如天气、交通和社交媒体）为 C3 IoT 能源管理平台提供了多样的数据源。

在产品层面，C3 IoT 自主研发了能源分析引擎平台——C3 能源分析引擎（C3 Energy Analytics Engine），并以自主研发的 C3 数据集成器（C3 Data Integrator）为基础，整合来自公用事业公司内部和其他第三方的超过 22 种数据。这些数据包括公用事业公司拥有的仪表数据、能耗数据，第三方或用户的建筑物特性、企业运营情况、地理信息数据等。

C3 IoT 开发了三个分析工具，分别是 C3 电网分析工具（C3 Energy Grid Analytics）、C3 石油天然气分析工具（C3 Energy Oil & Gas Analytics）和 C3 用户分析工具（C3 Energy Customer Analytics），以及多个 App。其中，C3 电网分析工具主要服务于供应侧的公用事业公司、调度机构、输配电公司等智能电网拥有者、操作者、使用者，用于电网运营中降低成本、预测并应对系统故障、掌握用户耗能情况等。C3 电网分析工具逐步形成了智能仪器控制、资产保护、预测性维护、需求响应分析、负荷预测等多种成熟的解决方案。C3 石油天然气分析工具是一个面向石油天然气领域的智能解决方案，充分整合复杂异构数据进行分析、诊断、决策，如勘探数据智能分析、油气管线运行模拟与诊断、设备监测与诊断等。在设备监测与诊断中，通过收集油气田各类传感器数据，基于机器学习方法进行错误预测和能力诊断，并通过持续跟踪设备信号进行设备问题分析。

C3 用户分析工具是双向的，一方面面向公用事业公司，帮助其了解用户用能情况，合理设计需求响应方案，提供能源投入冗余分析、能耗基准点、电力用户空间视图等服务类应用；另一方面通过公用事业公司授权面向用户，用户可以据此进行能耗管理、响应需求管理，调整自己的能耗安排。

C3 能源分析引擎主要面向公用事业公司，向其提供云平台和软件服务，合作一旦达成，C3 能源分析引擎就成为该公用事业公司管辖范围内的一个电网"全方位管家"——从输电线路到变电站到终端用户的仪表及该区域内电网历史记录统统纳入风险管理。

除公用事业单位外，C3 IoT 已经拓展了很多油气领域的用户。澳大利亚领先的综合能源公司 Origin Energy 已经开始使用 C3 IoT 能源管理平台对集成天然气业务进行数字化改造。2018 年 9 月，荷兰皇家壳牌公司宣布选择 C3 IoT 能源管理平台作为其 AI（人工智能）平台，通过在微软 Azure 公有云上部署 C3 IoT 能源管理平台，加速其在全球范围内的数字化转型。

C3 IoT 能源管理平台的主要功能如下。

（1）数据采集和整合。该平台能够集成多个数据源，包括智能计量系统、传感器设备、能源监测设备等，实时采集和整合能源消耗数据，形成全面的能源数据集。

（2）数据分析和预测。基于大数据分析和机器学习技术，该平台能够对能源数据进行高效的分析和建模，以识别能源消耗模式、发现潜在的能源浪费和效率改进机会，并预测未来的能源需求。

（3）实时监测和报警。通过仪表盘和报警系统，该平台可以实时监测能源消耗情况，对异常数据和能源浪费进行实时报警，以便及时采取措施进行调整和优化。

（4）能源效率分析和优化。基于数据分析结果，该平台可以提供能源效率评估和改进建议，帮助用户优化能源使用策略、设备调度和能源供应链管理，以提高能源效率和降低成本。

（5）可持续能源管理。该平台支持对可持续能源的监测和管理，可以帮助用户实现可持续能源的规划、部署和优化，促进可持续能源的使用和管理。

（6）报表和可视化。该平台提供丰富的报表和可视化工具，可以将能源数据和分析结果以图表、图形和动态仪表盘的形式展示，方便用户进行数据分析和决策。

3）AutoGrid EDP

AutoGrid 是一家专注于高级能源管理解决方案的软件公司。AutoGrid 能源大数据平台（Energy Data Platform，EDP）以智能电网为对象，旨在帮助电力公司和能源服务提供商实现智能电网的数字化转型。AutoGrid 的客户覆盖发电端、输电端、配电端、用户，通过建立能源数据平台 EDP，收集并处理其客户接入智能电网的智能仪表等设备的数据，面向其客户或合作方提供需求响应优化及管理系统（DROMS），实现实时资源预测、资源优化、自动需求响应、客户通知引擎和事后分析等功能。单个 DROMS 集群每天可以产生数以亿计的能源消费的预测数据。

AutoGrid 提供客户供能范围内的整体能耗图景，而且是一个大规模的、动态的、不间断的能耗图景。基于 EDP 和 DROMS，电力企业可以更好地进行电力控制。当数据不断被累积，AutoGrid 就能提供秒前、分钟前甚至周前的用电预测，可以帮助电力企业实现在不影响舒适度和生产率的情况下优化排产计划。对于发电企业来说，AutoGrid 可以预测发电情况和电网负荷，实现优化调度。对于用电企业来说，AutoGrid 可以预测用电量，结合电价信息，进行需求响应。AutoGrid 的能源大数据业务如图 8-3 所示。

图 8-3　AutoGrid 的能源大数据业务

4）中国电力企业联合会的能源与经济大数据平台

中国电力企业联合会于 1988 年由国务院批准成立，是全国电力行业企事业单位的联合组织、非营利的社会团体法人。

中国电力企业联合会的能源与经济大数据平台定位于行业级综合性大数据服务平台，其基础平台部分汇集了海量的设备台机价、能源信息、电力数据、定额数据、工程造价信息等多类基础数据，搭建了多个主题域的应用场景，建成了能源信息、云造价、动态定额管理、线上询价等服务，产出了全球能源经济发展系列报告、能源数字地球、中国电力经济地图等成果；数据运营部分建成了智慧商城、智慧文库、人才评价、社区论坛等功能应用。

中国电力企业联合会的能源与经济大数据平台提供的其中一项服务是电力行业信息统计，开展电力行业运行形势分析预测。例如，在电力燃料统计与分析工作方面，中国电力企业联合会的能源与经济大数据平台数据覆盖非常广，我国燃煤发电装机容量的 67%，天然气发电总装机容量的 64%均纳入了数据库，已实现了对燃煤发电、天然气发电的生产、燃料供耗存情况、中长期合约与合同履约情况的全覆盖，实现了日报、周报、月报多频度的燃料数据统计。在统计内容方面，以电厂为最小颗粒度，能够实现分区域、分省、分运输方式的多维度数据统计和展示。

8.3 煤炭大数据应用

8.3.1 煤炭大数据应用概况

随着传感器、计算机、通信、物联网、数据存储等技术的发展，以及企业信息管理系统的不断普及，各个行业都产生并存储了大量数据，且数据量随时间呈指数级增长，工业界已经进入了"大数据"时代，煤炭工业就是其中的一个典型代表。煤炭是中国的主体能源，其产业的健康发展对经济社会发展至关重要，甚至关系着国家能源安全。因此，迫切需要依托物联网、云计算和大数据技术，采集、存储和挖掘海量数据，从数据中探索解决煤炭系统中若干问题的方法。煤炭大数据的应用主要包括生产管理、安全监控、环境保护等领域。

1）生产管理

煤炭生产管理是煤炭行业的核心环节，大数据技术的应用可以提高生产效率和资源利用率。运用大数据技术可以优化相关生产工艺系统，包括通风系统运行、地质信息管理、供排水系统运行、辅助运输系统运行等。在重要设备故障诊断及维护方面，通过监测设备振动、温度、功率等参数，大数据技术帮助建立故障诊断和预测模型，能够有效对重点设备问题做到早发现、早维护，提高设备管理的水平。同时大数据技术可以实现对矿井生产数据的实时监测和分析，如对矿工的工作状态、机器设备的运转情况等进行监控，及时发现问题并采取相应措施；在煤炭运输和煤矸石处理方面，大数据技术可以帮助企业优化运输、降低煤尘污染、提高煤矸石综合利用效率等。

2）安全监控

煤炭企业安全管理在煤炭生产中占有重要地位，如何及时、准确、有效地识别煤炭安全生产事故隐患、提升煤炭企业安全管理水平是当前研究和关注的热点之一。煤炭企业目前实现了井下安全生产监控预警、矿用设备远程管控、煤炭行业安全生产云服务平台等应用。安全监控系统在煤矿企业中普遍应用，包括传感器技术、信息传输技术、计算机应用技术、电气防爆技术和控制技术等多种技术，可以实现对矿井和设备的实时监测和预测，对保障煤矿安全生产，提高生产效率和机电设备的利用率都具有十分重要的作用。基于大数据技术，安全监控系统还可以实现周界报警、进入识别、离开识别、场景变化识别、滞留识别等多种智能异常识别分析报警。

3）环境保护

煤炭行业对环境的影响较大，通过大数据技术进行分析和挖掘，可以实现对环境污染的监测和控制。在空气监测方面，自动监测站可以对全矿空间空气质量进行综合统计分析，为精准管理提供依据；在污染源自动在线监控方面，对污水处理器安装自动在线监测设备进行24小时管控；在环保设施运行方面，通过电量监控系统，智能判断企业生产状态、生产负荷、污染治理设施运转情况，优化生产流程，减少污染物的排放，对环境进行有效保护。

8.3.2　智能矿山平台

智能矿山平台的实现需要依托云计算、物联网、GIS、5G通信、人工智能、大数据等技术，结合煤矿目前信息化与自动化技术现状与企业发展目标，实现全面感知、实时互联、分析决策、动态预测、智能预警功能。智能矿山平台包含采、掘、机、运、通等子系统，实现煤矿开拓、采掘、运输、通风、安全保障、设备维护、经营管理等安全生产管理过程的智能化运行。

智能矿山平台架构[4]如图 8-4 所示。该平台从下到上依次为设备层、控制层、生产执行层、经营管理层、决策支持层。设备层包括传感器、执行机构、摄像头等设备，控制层主要包括多个监控系统和监测系统，对智能矿山实行各方面的控制监测。生产执行层管理生产过程的日常活动，主要包括生产管理、调度管理、机电管理等多个模块。经营管理层负责整个矿山的经营管理，涉及人力资源管理、财务管理、设备管理等多个方面。决策支持层为顶层，包括经营绩效管理系统、企业决策支持系统，为企业决策者提供必要的信息和分析，以支持他们的决策过程。生产综合监控系统和生产执行系统为智能矿山平台的两大核心系统。生产综合监控系统由生产综合监控平台和 19 个监控系统、13 个监测系统组成。生产执行系统涵盖从生产、运输到销售的所有环节，能够为不同生产管理者提供生产、调度、机电、安全、煤质等管理所需的一系列信息展示、流程控制、问题分析、综合报表等应用环境。

1）生产综合监控系统

生产综合监控系统在支持地下生产设备的自动化改造基础上，将原有的独立和分散的矿山生产监控监测子系统整合到一个平台中，通过信息的高度集成和共享，实现矿山的智能集中控制和统一调度指挥，解决了当前煤炭生产行业中大部分矿山设备自动化和智能化水平较低、监控监测子系统过于分散、各系统之间难以实现数据共享和联动控制等问题。将各个子系统有机整合在一起，实现了各子系统数据的深入挖掘、分析处理及关联业务数据的综合评估，实现了各生产环节的实时监测和控制，从而达到"监管控一体化"和减员增效的目标。

生产综合监控平台实现了在同一软件平台上各监控监测子系统的数据共享，实现了矿井主要生产环节（如原煤开采、运输、供电、通风、供排水、压风等）的远程集中监控，实现了安全监控、人员车辆定位、工业电视、调度通信等系统的集成监测，实现了对生产现场全方位信息的实时采集反馈及联动控制。通过结合矢量画面、趋势、报警、图像等内容对煤炭生产各环节进行实时监控，提供实时数据库、历史数据库、报警处理、广播管理等服务。生产综合监控平台架构如图 8-5 所示。

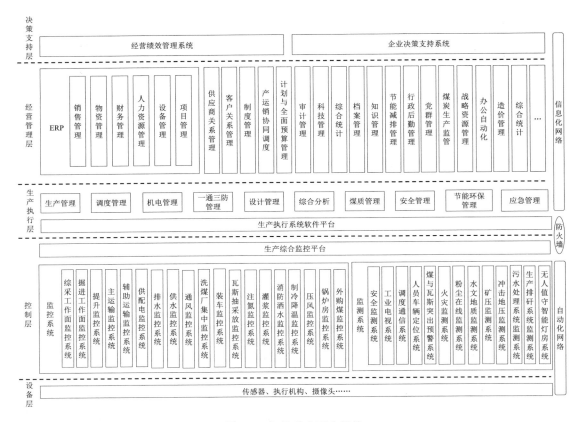

图 8-4 智能矿山平台架构

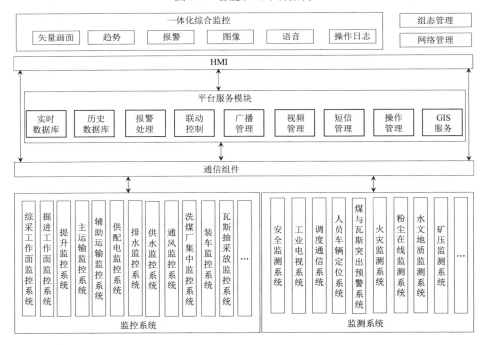

图 8-5 生产综合监控平台架构

生产综合监控系统具有以下特点。

（1）高度集成。该系统通过整合多个监控系统和功能模块，实现了各个生产环节的综合监控。不同的监控系统可以在同一平台上进行数据共享和联动控制，提高了系统的整体效能和操作的便捷性。

（2）远程监控。该系统支持远程监控，可以通过网络连接实时获取矿山生产环节的数据和信息。这使得监控人员可以远程对生产过程进行实时监控和管理，不需要亲临现场，提高了工作的效率和灵活性。

（3）多功能性。该系统能够监控和管理多个生产环节，包括原煤开采、运输、供电、通风、给排水、压风等。通过综合监控这些环节，可以全面了解矿山的生产情况，及时发现问题并采取相应措施。

（4）实时反馈与控制。该系统能够实时采集生产现场的数据，并将其反馈给监控人员。监控人员可以及时获取生产环节的数据和信息，并根据实时情况做出决策和控制，确保生产过程的稳定性和高效性。

（5）自动化联动。该系统支持各个监控系统的联动控制，能够自动触发相关控制措施。例如，在检测到异常情况时，系统可以自动发出警报并采取相应的应对措施，确保生产的安全和连续性。

（6）数据共享和分析。不同的监控系统可以在同一平台上进行数据共享，实现信息的集成和共享。这使得监控人员可以在一个界面上获取各个生产环节的数据，进行综合分析和决策，提高生产管理的效率和准确性。

总体而言，智能矿山平台的生产综合监控系统具有高度集成、远程监控、多功能性、实时反馈与控制、自动化联动及数据共享和分析的特点，为矿山生产提供了智能化的监控和管理解决方案。

2）生产执行系统

智能矿山最核心的是智能化开采，智能化开采是通过采掘环境的智能感知、采掘设备的智能调控、采掘作业的自主巡航，由采掘设备独立完成的回采作业过程。智能化开采是在机械化开采、自动化开采基础上，信息化与工业化深度融合的煤炭开采技术。智能化开采具有三个核心特点：第一，采掘设备必须具有智能化的自主采掘作业能力；第二，需要实时获取和更新采掘工艺数据，包括地质条件、煤岩变化、设备方位、采掘工序等；第三，能根据采掘条件变化自动调控采掘过程。围绕智能化开采建立的生产系统称为生产执行系统，智能矿山平台的生产执行系统是整个智能矿山平台中的一个重要组成部分，主要负责实施和管理矿山的生产过程。生产执行系统在经营管理层和控制层之间，涵盖从生产计划制定到执行再到后期跟踪的整个过程的主要业务，其中，标准业务模块包含生产管理、调度管理、机电管理、一通三防管理、综合分析、应急管理，集成业务模块包含安全管理、设计管理、煤质管理、节能环保管理。生产执行框架平台包含用户管理、权限管理、文档管理、字典管理、工作流管理、通知管理等子系统。生产执行系统与经营管理层系统、一体化综合监控等系统相互交互，共同保证智能矿山平台的平稳运行。生产执行系统架构如图 8-6 所示。

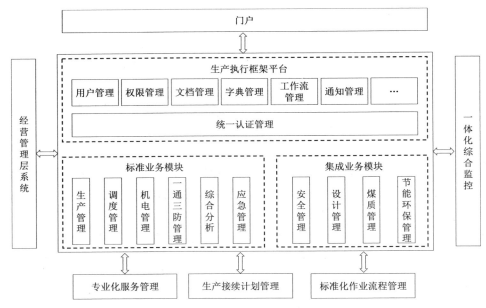

图 8-6　生产执行系统架构

生产执行系统具有以下特点。

（1）自动化生产控制。生产执行系统通过自动化技术和控制算法，实现对矿山生产过程的自动化控制。它可以监测生产环节的状态和参数，并根据设定的规则和策略自动调整设备操作、生产流程和资源配置，以提高生产效率和质量。

（2）实时生产调度。生产执行系统可以实时监控矿山的生产状态和需求，结合生产计划和资源情况，进行实时调度和优化。它可以根据不同的生产目标和约束条件，合理分配资源、安排作业顺序，并生成优化的生产调度方案。

（3）资源管理和优化。生产执行系统能够管理和优化矿山的资源利用，它可以对设备、人力、能源等资源进行有效的分配和调度，以最大限度地提高资源的利用率和生产效益。通过合理的资源管理和优化，可以减少浪费和成本，提高生产的经济性和可持续性。

（4）故障诊断与维护管理。生产执行系统可以监测设备的状态和性能，并进行故障诊断和预测维护。它可以及时检测出设备故障和异常，发出警报并提供相应的维护建议。通过有效的故障诊断与维护管理，可以减少设备停机时间和维修成本，提高设备的可靠性和可用性。

总体而言，智能矿山平台的生产执行系统通过自动化生产控制、实时生产调度、资源管理和优化、故障诊断与维护管理等功能，实现对矿山生产过程的智能化管理和优化。它能够提高生产效率、降低成本、增强安全性，并为决策提供准确的数据支持。

3）智能矿山平台的关键技术

（1）数据标准化工作。

在智能矿山平台中，矿山内部和周边的数据来自各种不同的数据源，可能具有不同的格式和结构。为了实现数据的一致性和可操作性，关键是进行数据标准化工作。大数据管控平台用于数据标准规划及架构设计，研究制定数据标准及数据质量规范，还有部分系统管理、问题管理、知识管理等标准及规范。此外，大数据管控平台还需要研究智能矿山建设、应用等过程中的相关数据业务，编制数据分析、数据交换、数据仓库、主数据、元数据等标准及规范。

大数据管控平台针对操作型和分析型数据环境，采用基于 Java 的个性化开发，为终端用户提供操作界面；采用 Oracle 数据库存储相关的数据标准信息、数据资产信息、质量规则信息等。大数据管控平台架构[4]如图 8-7 所示。

（2）基于 MPP 架构的数据存储技术。

MPP（Massively Parallel Processing，大规模并行处理）架构是一种分布式计算架构，旨在处理大规模数据并提供高性能的数据处理能力。它将计算任务分解为多个子任务，并在多个计算节点上并行执行这些子任务，以加快数据处理速度。这种方式具有高性能、可伸缩性、并行化处理计算速度快、数据共享和协作及容错性高等特点。这使得 MPP 架构成为处理智能矿山建设中大规模数据和复杂计算任务的有效解决方案，广泛应用于数据分析、数据仓库、数据挖掘等领域。MPP 架构示意图如图 8-8 所示。

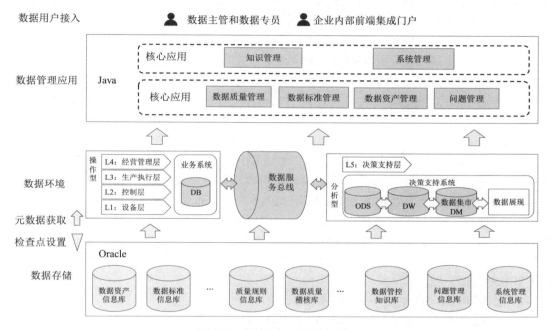

图 8-7　大数据管控平台架构

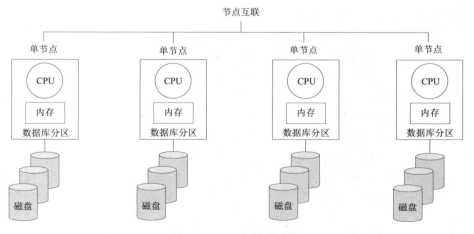

图 8-8　MPP 架构示意图

8.3.3　国内外应用情况

智能矿山在 1990 年后开始在国外呈现了较快发展，美国、英国、德国、加拿大、澳大利亚等国家的技术发展较早。例如，加拿大国际镍公司研制了基于无线电技术的地下通信系统，可传输多频道的视频信号，操控地下的设备，还实现了多种机器的无人驾驶，如铲运机、凿岩台车、井下汽车等，在地面控制室就可以实现远程操控；德国 DBT 公司成功研制了基于 PM3 电液控制系统的薄煤层全自动化综采系统；美国 JOY 公司开发了基于计算机集成的薄煤层少人操作切割系统。

进入 21 世纪后，智能化开采进入新的阶段，目标是全面实现综采工作面自动化和智能化。例如，2005 年澳大利亚联邦科学与工业研究组织（CSIRO）通过采用军用高精度光纤陀螺仪和定制的定位导航算法取得了三项主要成果，即采煤机位置三维精确定位、工作面矫直系统和工作面水平控制，设计了工作面自动化 LASC 系统，并首次在澳大利亚的 Beltana 矿中试验成功。2008 年，CSIRO 对 LASC 系统进行了优化，增加了采煤机自动控制、煤流负荷平衡、巷道集中监控等功能，并在采煤机上实现了快速商用。

在上述智能开采设备的基础上，智能化开采还配有智能开采服务中心。例如，澳大利亚布里斯班的 Anglo 矿业公司总部设置总调度室，对所管辖矿井进行实时监控，即智能开采服务中心。智能开采服务中心根据出现的报警、故障信息，及时发邮件或打电话通知矿井进行调整；同时，每日、周、月和季度向矿井提交运行分析报告，指导矿井提高运行管理水平，合理安排设备检修。运行分析报告包括每日的触发响应动作计划通知、每周的智能服务回顾、每月的井下精益运行回顾、每季度的生产表现回顾。智能开采服务中心的应用可以实现停机时间短、早期监测和设备损坏最小化，可提高生产力，降低生产成本。

与国外相比，我国在智能矿山建设方面同样取得了较多的先进成果，在信息基础设施、智能掘进、智能采煤、智能露天、智能运输、智能防灾、智能洗选等方面已走到了国际前列。下面对部分经典案例进行介绍，相关案例摘自国家能源局 2023 年发布的《全国煤矿智能化建设典型案例汇编》[8]。

1）老石旦煤矿 5G 系统与 AI 分析平台

老石旦煤矿位于内蒙古自治区桌子山煤田西翼的老石旦矿区，隶属于国家能源集团乌海能源有限责任公司，行政区划归于乌海市海南区。老石旦煤矿从 2020 年开始进行 5G 无线调度通信系统服务项目建设，井下安装 5G 基站 40 套，矿井地面和井下已实现 5G 信号全覆盖。5G 调度通信系统组网架构如图 8-9 所示。

基于 5G 高速率、低延时、广连接的特点，老石旦煤矿实现了"5G+智能化"，应用场景如下。①智能矿灯：实现照明、人员定位、语音调度、短信收发、拍照、对讲、灯光报警、视频调度、本地记录、蓝牙连接等功能。②全景工作面：采用无线传感器、无线摄像仪，借助 5G 网络的高带宽、高可靠性实现所有传感数据、视频信息、参数控制信号的高速传输，同时作为有线控制总线的冗余网络，可以有效保证总线正常运转；实现在顺槽集控中心，甚至地面调度中心，完成对采煤机、液压支架、运输三机、泵站系统的远程自动作业，实现真正的远程集中监控。③AI 智能分析平台：在"5G+MEC"平台上搭建 AI 智能分析平台，构建"煤矿—前端"两级平台，实现井下人的不安全行为、物的不安全状态、环境的不安全因素等隐患智能分析、报警；构建业务应用平台，实现隐患报警处理、分析、上报，形成业务闭环，辅助监管人员，提升监管效率 20%，减少煤矿井下事故的发生。④智能移动终端：实现了井上井下 5G 信号全覆盖，并发放手持移动智能终端 200 部，可实现井上井下实时视频通话，进一步降低了事故相应处置时间，为安全生产搭建了一条高速信息通道。⑤设备监测与报警系统：井下重要设备安装温度振动传感器，通过 CPE 与 5G 基站无线对接，上传数据到中央数据库，实现在线监测与智能分析，形成诊断报告。⑥智能供水系统：应用 5G 高速率的特点实时传输供水水量、水位、流量等数据，通过一体化管控平台进行换算，实现智能供水，无人值守作业。

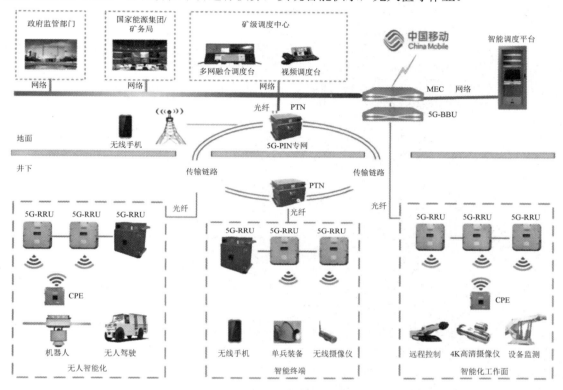

图 8-9　5G 调度通信系统组网架构

2）刘庄煤矿感知矿山数据应用

2021 年年底中煤新集能源股份有限公司（以下简称中煤新集）各矿基本实现各车间在集控中心综合自动化平台上的作业。在实现远程监视监控的基础上，为充分利用中煤新集各矿平台与本地资源数据，对数据的采集与转换进行统一规划、统一设计、统一存储等，建成了中煤新集感知矿山数据应用。

刘庄煤矿感知矿山数据应用是中煤新集感知矿山数据应用的重要组成部分，这一应用利用 JDBC 中间件访问关系型数据库的表和视图，每分钟采集安全监控数据、水文地质监控数据、井下作业人员管理数据、地理信息坐标系的数据；利用国际工业标准开放式过程链接 OPC_UA 协议，每分钟采集提升监控数据、排水监控数据、通风监控数据、压风监控数据、供电监控数据、主运输监控数据、矿压监控数据、瓦斯抽采与利用数据、粉尘监测数据、火灾预警监测数据；利用流媒体实时流 RTSP 协议转发视频监控系统监测数据。

刘庄煤矿感知数据接入系统架构如图 8-10 所示。刘庄煤矿感知数据接入系统与 SCADA 软件配套，满足矿井各子系统的接入需要，支持但不限于西门子、GE、AB 等主流厂家 PLC 的接入，支持 Modbus-TCP、Modbus-RTU、ODBC 等通信协议，同时定制开发了数据接口软件。中煤新集总部服务器之间采用工业自动化标准 OPCUA 协议，依据国家和省部室下发的标准文件，采集各矿重大设备数据、安全监测数据、人员定位数据、水文地质数据并编码，以一定时间间隔生成 FTP 文件，上传至公司指定的 FTP 服务器中，由省能源局相关部室取走；同时系统实时监测各矿各类 FTP 文件的上传状态，对超时未上传现象进行报警，通知管理人员介入、查找原因，及时恢复数据上传。

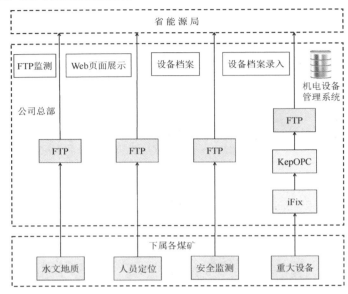

图 8-10　刘庄煤矿感知数据接入系统架构

3）伊犁一矿智慧矿山指挥中心建设

伊犁一矿位于新疆伊犁哈萨克自治州察布查尔锡伯自治县琼博拉镇，距离哈萨克斯坦 50km。矿区北距县城 34km，距离全国最大的国际陆路口岸——霍尔果斯口岸 150km，是国家发展和改革委员会核准的新疆第一座千万吨特大型现代化井工矿井。

伊犁一矿智慧矿山指挥中心如图 8-11 所示，其主要做法如下。

图 8-11　伊犁一矿智慧矿山指挥中心

（1）搭建模块化数据中心，实现云端化运行转变。

伊犁一矿智慧矿山指挥中心搭建了新疆煤炭行业第一座现代化微模块数据机房，建设了华为超融合云平台，利用虚拟主机，实现各自动化子系统在云服务器中运行，解决了传统数据机房多服务器罗列的空间浪费问题；通过构建产业数据结构、建立标准体系、打通信息交互链条，实现由传统的"人力密集型、重复操作型、海量数据型"生产场景向"云用户感知、运营态势一点可视"生产场景的转变。

（2）架构安全生产综合管控平台，为矿井生产保驾护航。

伊犁一矿智慧矿山指挥中心运用三维虚拟仿真和物联网技术，架构安全生产综合管控平台，实现对矿区、建筑和各种设备的三维模型展示和远程监控；基于数字孪生技术实现了矿井主要生产环节的集中控制，保证全矿井主要生产系统的数据采集及统一展示，达到无人值守、少人巡检的目的，有效提高了矿井生产效率。

矿井各自动化子系统在异构条件下达到信息联通、共享和联动的目的，保证了生产调度、决策指挥的网络化、信息化、科学化，为矿井安全生产、有效预防和及时处理各种突发事故和自然灾害提供有效手段，为矿井信息化的应用和发展奠定基础。伊犁一矿综合信息化管控平台如图 8-12 所示。

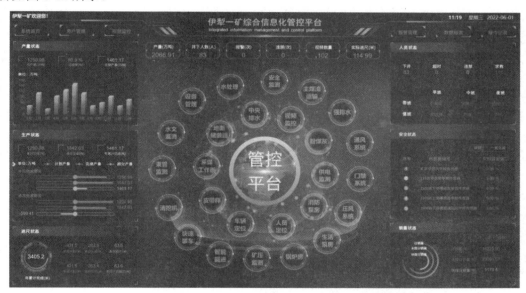

图 8-12　伊犁一矿综合信息化管控平台

（3）建成"智慧管控+数据共享"型智慧矿山指挥中心。

在"一调度+两中心"高度集控生产新模式的基础上，全力打造了伊犁一矿智慧矿山指挥中心（IMCC），装备"智慧指挥官"操控系统及全光纤架构的可视化座席协作管理平台，服务器与交换机均布置在数据中心，实现了人机分离，既节约了工作区空间，降低环境热量，又提高了服务器数据的安全级别。"智慧指挥官"操控系统以光纤 KVM 技术为核心，借助一组键盘、鼠标和显示器完成多台服务器之间的切换，鼠标滑屏操作零延时、超流畅，简化桌面环境，改变了传统的一对一的控制方式，当座席人员操作本地显示屏数据的同时，其数据可以在大屏或其他座席显示终端互动显示，使得管理更为简易方便。

操作人员坐在独立的操作台就可以完成矿井采、掘、机、运、通、煤销、发运、安全监测等调度指挥工作。该模式作为智慧矿山的大脑中枢，摒弃了原有煤矿管理经验的束缚，摆脱传统意义上的运行方式，将管理重心由劳动密集型向技术密集型转变；集"声、光、电、感、控"为一体，实现数据采集、生产调度、决策指挥的信息化和科学化，完成所有信息的实时自动化采集、高速网络化传输、规范化集成、三维可视化仿真、自动化运行和智能化决策，使整个矿山"人、机、物、环、管"处在高度协调的统一体中运行，实现矿井生产管理过程的可视化、自动化、智能化。

4）乌东煤矿冲击地压多元融合智能监测预警系统

我国新疆、甘肃、宁夏等西部煤炭主产区存在大量的急倾斜煤层，煤炭储量占全国煤炭已探明储量的36%。该类煤层的地质条件、应力条件和开采条件与缓倾斜/倾斜煤层差异大，冲击地压过程复杂。针对上述问题，国家能源集团新疆能源有限责任公司与北京科技大学、国能网信科技（北京）有限公司联合攻关，研发了新疆维吾尔自治区第一个冲击地压多元融合智能监测预警系统，建立了冲击地压监测预警中心，并首先在乌东煤矿成功应用，提高了冲击地压监测预警准确率及风险防控智能化水平。

乌东煤矿冲击地压多元融合智能监测预警系统建立了冲击地压多元融合与智能互馈监测预警理论方法，实现了对冲击地压主控因素的智能判识和冲击危险状态的智能预警。首先，分析冲击地压孕育过程中多元前兆信息的响应规律，建立不同参量对冲击地压主控因素的响应敏感度，构建包含微震、地音、矿山压力、电磁辐射等监测系统的20余种"时—空—强参量"组成的冲击地压多层次预警指标体系；其次，利用随机策略对"时—空—强参量"前兆预警指标进行组合，利用遗传算法进行预警指标组合智能优选，基于 R 值评分法确定预警指标组合的预警效能，以预警效能最大化为原则，自主判定最优预警指标组合、预警临界值和预警周期；最后，利用综合异常指数法构建具有长期和短期预测能力的多系统多参量集成预警模型（见图8-13），该模型可与现场条件互馈，进行自我更新和智能升级，实现冲击地压前兆预警指标临界值和权重值的自适应调整，全面反映冲击地压整体动态孕育特征。

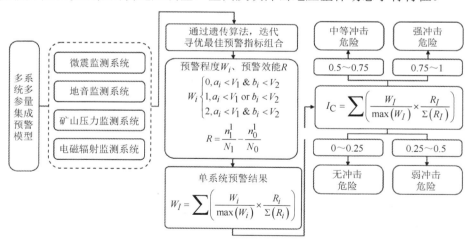

图 8-13　多系统多参量集成预警模型

以多系统多参量集成预警模型为基础，研发了乌东煤矿冲击地压多元融合智能监测预警平台，实现了冲击地压时空分区分级智能可视化预警和实时在线专业化防控。首先，面向煤矿的多源异构数据管理软件系统和物联网主机，实现了"震—声—电—力"多源异构数据采集；其次，建立了冲击地压多元信息数据资源池，研发了基于大数据平台的数据治理系统和基于 AI 平台的模型训练开发系统，实现了多元数据的挖掘和融合分析；最后，构建了由感知层、基础设施层、平台层和应用层组成的平台架构体系，搭建了冲击地压多元融合智能监测预警平台（见图 8-14）。该平台由冲击地压监测预警模块、实时监测模块、综合预警模块、报表系统模块和设备管理模块 5 个模块构成，具备冲击危险空间分区、危险分级、实时智能预警、语音报警、一键生成报表与设备状态管理 6 个功能，可准确感知与自主判识矿井采掘过程中的冲击危险，大幅提高灾害预警与防治效率。

图 8-14　冲击地压多元融合智能监测预警平台

冲击地压监测预警模块可统揽全矿井各个作业面微震定位结果和其他监测参量的实时曲线，以及多参量集成预警结果，并根据预警结果进行相应的语音报警；可直接下钻至其他各模块，以便于技术人员快速查看详细的异常信息。实时监测模块可视化展示各监测系统实时监测数据的时空演化规律，并可以通过选择时间段和滑动窗口等方式查看历史数据，辅助技术人员进行安全态势分析与决策。综合预警模块是冲击地压多元融合智能监测预警平台的核心模块，该模块可实现对各系统多维度预警指标、单系统多参量预警结果、多系统多参量集成预警结果的实时、可视化展示。该模块内嵌的多系统多参量集成预警模型，综合考虑了各系统的优势和特点，利用 AI 技术和现场条件互馈智能优选预警指标及其权重值，自适应调整预警临界值，实现了预警准则统一和预警临界值统一，并输出一个预警结果，避免了各系统相互独立、预警结果不一致的问题。报表系统模块采用交互式设计，根据乌东煤矿实际条件定制开发，可智能统计分析监测数据，标准化一键生成报表，使原来耗时 100 分钟的人工报表减少为 5 分钟以内完成，工作效能提高了 95% 以上。设备管理模块用于管理维护各监测系统的运行设备，可根据现场采掘情况零代码增加、删除监测设备并自动匹配作业面，可实时查看监测设备的运行状态，对故障设备实时告警。

5）王家岭煤矿全矿井 AI 视频安全管理系统

王家岭煤矿是中煤华晋集团有限公司下属煤矿，位于山西省乡宁县和河津市境内。中煤华晋集团有限公司联合中国矿业大学、华洋通信科技股份有限公司展开矿井安全生产视频 AI 智能分析关键技术研究，利用 AI 图像识别技术实现矿井隐患的智能识别、分析、报警和联动，全面提升煤矿企业的安全管理水平。AI 智能管理平台界面如图 8-15 所示。

图 8-15　AI 智能管理平台界面

煤矿安全生产隐患主要分为人的不安全行为、物的不安全状态及环境的不安全因素三类。为及时发现安全生产隐患，有效避免事故发生，各大煤矿建设了视频监控系统，并在矿井重点场所实现全覆盖，值班人员实时监控各作业过程及生产环节，但矿井监控点多面广，值班人员长时间保持警觉容易视觉疲劳，难以"面面俱到"。在这种情况下，利用 AI 技术进行安全监控，可以克服人工监控的缺点。

AI 视频安全监控的应用场景包括生产过程场景、辅助生产场景、人员行为场景和设备环境场景。目前，王家岭煤矿已形成皮带跑偏与损伤检测、规范佩戴个人防护用品、车辆超速、钻场作业全过程闭环管理、秩序乘车、规范巡检等 10 余种场景的 AI 视频安全监控应用，主要技术特点如下。

（1）提出煤矿安全生产视频 AI 识别的"云—边—端"协同分析模型，构建了视频识别端节点传感器、边缘计算设备、视频识别场景云服务应用体系，形成了全域视频感知、实时识别决策、动态协同控制的煤矿安全监管和智能化分析联动新模式。

（2）利用数据挖掘与分析和基于深度学习的智能信息处理方法，建立"人—机—环"的空间物理模型，攻克了煤矿"人—机—环"全域视频特征的信息挖掘与边缘计算难题，实现了皮带运输大块煤/堆煤/异物、采掘工作面、人员违章、无轨胶轮车的隐患快速准确识别。

（3）提出视频场景的云端深度学习自训练模型，攻克了视频识别终端在安装位置改变、光照环境不同等复杂工矿环境中识别精度快速提升的难题。

8.4　油气大数据应用

8.4.1　油气大数据应用概况

大数据应用是油气行业信息化深入、IT 与业务深度融合的必然选择，大数据技术在石油石化行业应用的前景将越来越广阔。例如，中国石油化工集团有限公司在页岩气开发中的大数据应用。在油气勘探阶段，利用大数据技术建立科学的数学模型，分析穿过油页岩的钻井坐标和方位，可以进一步了解区块储量、可采储量，分析判断油气富集带，确定井位。在钻井阶段，运用大数据技术准确识别钻井作业中可能出现的异常情况。在生产阶段，分析地震、钻井和生产中的各种大数据，有助于工程师们绘制储层随时间变化的动态走势，从而优化高产油井数量，采用非现场作业的方式优化钻井资源，减少不必要的探井钻探，降低油气开发成本等。将大数据技术应用于油气行业，可以提高勘探、生产、管理等方面的效率和效果。油气大数据应用主要包括勘探开发、生产优化、设备运维、安全管理等领域。

1）勘探开发

油气勘探开发是一个系统的过程，旨在通过地质研究、地球物理探测和钻探技术来定位、评估和提取地下的石油和天然气资源，确保有效、经济地将这些资源输送到市场。在油气勘探阶段，利用大数据技术进行地震数据分析、地质模型构建和异常检测等，帮助识别地质构造和优化勘探区域的选择，从而实现油气储量的精确预测和勘探区域的优化选择。通过对海量的地震数据和地质信息进行分析和建模，可以帮助油气公司更好地了解储层特征和油气分布情况，提高勘探的成功率。在油气开发阶段，大数据技术可以实现累积产油（气）量、递减率、初期产油（气）量等生产指标的预测，以及从注采量、井位、层析组合等方面进行油（气）田开发方案的改进。

2）生产优化

生产优化是油气行业的关键环节，通过大数据技术进行分析和挖掘，可以实现生产过程的优化和效率提升。通过对相关数据的采集、处理和分析，对油（气）田的开发生产等进行实时监控，可以实现对油（气）田整体数据的分析和管理，从而为油（气）田公司进行科学决策提供有力保障。例如，中国石油天然气集团公司的大型生产管理信息系统[10]，该系统基于 Hadoop 框架的分布式存储、并行计算及数据仓库建模等技术，构建了 Kylin 多维分析平台，实现了油（气）田注入井生产数据的统一存储、计算、分析功能，实现了注入井宏观管理分析、问题井管理分析、注入井生产运行分析等应用，注入井生产数据分析颗粒度由原来的油田细化到单井，业务分析更为细致，能够实时掌握油气生产动态。

3）设备运维

设备运维是油气行业保障生产设备正常运行的关键环节。传统的设备运维通常是定期维护和检查，但往往无法准确预测设备故障。大数据技术利用实时数据监测和预测设备故障，提供决策支持和预防性维护，油气公司可以及时发现生产异常和问题，调整生产方案，提高生产效率和稳定性。大数据分析可以广泛应用于设备运维。例如，张来斌和王金江[9]提出基于大数据的油气储运设备智能运维技术架构，梳理了在该架构下的智能运维关键技术，包括多源信息融合监测评估、自适应精确诊断、运维风险预测评估、智能运维决策及可视化智能运维系统开发，分析了基于工业互联网的油气储运设备智能运维技术在设备状态监测与健康管理、设备性能测评与能耗管理、设备设施风险评价、智能巡检与作业风险管控四个方面的典型应用。

4）安全管理

油气行业具有易燃易爆炸、有毒有害、高温高压等生产特点，一旦发生事故，不仅会造成重大的经济损失，还会带来严重的社会影响，因此防范安全事故的发生是石油及天然气企业安全管理的重要目标和方向。例如，在安全事故管理方面，传统上利用人工对事故原因开展分析，虽然其分析结果有一定的价值，但效率低。基于大数据技术将事故调查报告作为数据源，可从事故调查报告中获取事故发生时的特征信息，有利于解释事故发生的规律。在油气管道风险评估方面，传统的管道安全风险管理主要采用专家风险评估模式，即相关专家利用对管道安全的一般认知、管道的部分数据和现行标准规范，结合个人的工作经验，采用类比的方式，判断管道现有缺陷的安全等级，测算管道可能存在的泄漏风险和位置，制定应对措施。但是，这种评估模式与数据分析者的经验、专业水平具有极大的关系，同时，利用的管道数据资源具有一定的片面性和局限性，无法全面、系统地掌握管道本体状态和外界环境的相互影响关系。为此，利用管道建设、运营及维护过程中产生的海量数据，依据工程适用性评估，评判具体位置点的风险等级，制定修复计划，用本体缺陷的完整性评估替代风险评估，从事故的内因出发，分析可能的泄漏原因，形成基于管道大数据条件、以数据分析工程师为核心、以风险评估专家为辅助的管道安全管理新模式，对于全面识别油气管道的风险因素，保证管道安全运行具有重要意义[11]。

8.4.2 油气大数据体系架构

油气大数据体系架构是指在油气领域中建立的数据管理和应用的体系结构，用于支持油气生产、勘探、储运等环节的数据采集、存储、处理和分析。油气大数据体系架构如图 8-16 所示。

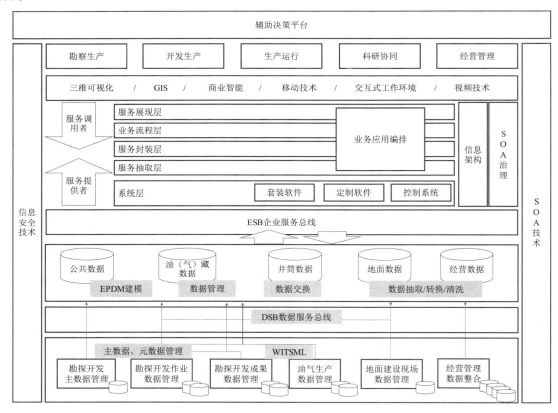

图 8-16 油气大数据体系架构

1）数据采集层

数据采集层是油气大数据体系框架中的底层，该层主要负责从各个数据源采集油气相关数据。数据源包括地震勘探数据、地质数据、钻井数据、生产数据、设备传感器数据等。采集方式可以是实时采集、批量导入或离线数据传输。将采集到的数据分为勘探开发主数据、勘探开发作业数据、勘探开发成果数据、油气生产数据、地面建设现场数据、经营管理数据 6 类进行分别管理。

2）数据管理层

数据管理层是对采集到的数据进行处理、整理、存储和管理的层次。在这一层，数据会进行抽取、转换、清洗等处理，以确保数据的质量和可用性。同时，数据管理层会进行数据仓库和数据库的搭建与维护，以支持后续数据的查询和分析。数据管理层由 DSB 数据服务总线、专业数据库、数据仓库构成。

DSB 数据服务总线即企业数据服务总线，由企业数据总线和企业服务总线构成。DSB 数据服务总线的作用是将采集到的不同数据进行集成和整合，最终得到覆盖油（气）田所有业务的数据集。它提供了标准化的接口和数据格式转换功能，以确保不同系统之间的数据能够互通。DSB 数据服务总线的构成如图 8-17 所示。

采集到的数据经过 DSB 数据服务总线整合完成后形成专业数据库系统，包含公共数据、油（气）藏数据、井筒数据、地面数据和经营数据，通过上层的 ESB 企业服务总线提供相关数据服务。油气专业数据库系统如图 8-18 所示。

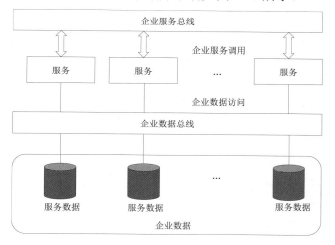

图 8-17　DSB 数据服务总线的构成

图 8-18　油气专业数据库系统

3）数据服务层

数据服务层将数据经过加工和分析后，提供给用户和系统的可访问接口和服务。在这一层，数据可以通过 API、Web 服务或其他形式提供给用户和系统。数据服务层的目标是为用户和系统提供方便、高效的数据获取和应用接口。

数据服务层由 ESB 企业服务总线、应用平台、辅助决策平台构成。ESB 企业服务总线提供了网络中最基本的连接集线器，是构建企业神经系统的必要元素。ESB 是一种能够提供可靠且有保证的消息传输技术的新方案，它从专业数据库和数据仓库中提取数据，自动将数据推送或分发到不同的业务应用程序，形成高效优化的数据流。服务提供者通过系统层、服务抽取层、服务封装层、业务流程层、服务展现层，最终将结果呈现给服务调用者。应用平台包括勘探生产、开发生产、生产运行、科研协同、经营管理 5 个模块。辅助决策平台实现对勘探开发和经营管理的辅助决策。数据服务层架构如图 8-19 所示。

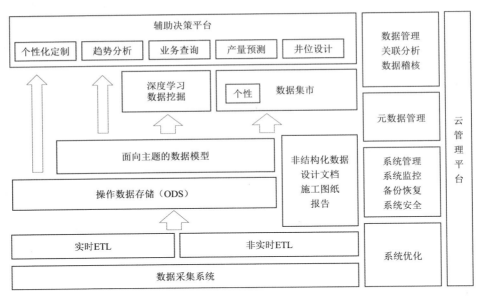

图 8-19　数据服务层架构

8.4.3　油田应用情况

1）国外油田大数据应用情况[12]

国外油公司在智能油田方面起步较早，在油田感知、分析、优化等不同环节通过与微软、谷歌等信息技术公司合作，直接引进信息技术公司在大数据分析方面的成熟技术，在勘探开发等核心业务方面取得了一定的效果。

埃克森美孚公司与微软合作，在其二叠纪盆地油田开发中应用数据湖、机器学习和云计算等技术，进行智能油田建设。从广泛的传感器网络中采集数据（如来自井口的压力和流量等）并存储在云平台中，科学家和分析人员可以从任何地方进行无缝、实时的访问，使用 AI 和机器学习等先进的数字技术，深入挖掘数据价值，以支持业务决策优化和工作流自动化。

壳牌公司在马来西亚 Borneo 海面的 SF30 油田开展智能油田试点建设，利用油井生产测试数据和地质油藏等数据，建立可靠的大数据模型，通过模型对生产状况进行精准预测，实时优化油井举升效率。基于预测结果更快地调整举升流量、温度与压力等参数，实现每 1～5 分钟调整一次，极大地提升了举升效率。井下压力和温度传感器与液压单元控制阀开关同时接入 DCS 系统，对井下流量进行实时监控；通过远程调节液压来驱动各层段的控制阀，实时优化控制井下各层段的流量，实现油井多层段优化组合采油，提高采收率 0.25%。

道达尔公司通过搭建油气生产一体化协同研究平台，实现了"油气藏—注采井—地面集输"等生产全系统的模拟与优化，支持多学科综合研究、跨部门协同工作、多模型集成共享、油气藏可视化管理和管理层辅助决策。油气藏、注采井、地面管网和设备各环节进行生产一体化动态模拟，将单个生产环节紧密连接起来，在投产前进行各种开发方案的对比评估，在投产后进行开发效果的跟踪与评价，优化整个生产运行系统，实现技术目标和研究目标高度统一，为油气田开发的智能管理提供一体化模拟模型，提高油气田开采效率和经济效益。

2）陆地油田大数据应用情况[13]

本节以胜利油田勘探大数据应用为例介绍陆地油田大数据应用情况。

胜利油田经历了 60 多年的勘探开发，积累了地震、地质、开发动态、实验分析、采油工程等多源、多尺度的海量数据资源，同时，随着信息化建设水平的提高，在源头数据实时采集、存储，以及高效计算处理的软硬件设备方面具备了强大的基础支撑能力。截至 2021 年，胜利油田数据中心共存储 86 个油气田、4152 个区块/单元、8965 口探井、67241 口开发井的数据，数据总量共 7.6 亿条（5TB），每天新增数据 30 万余条，为 151 个应用提供数据服务，这为开展勘探开发大数据及 AI 技术研究提供了有利条件。

胜利油田油气勘探中的大数据典型应用包括三维断层自动检测、三维层位自动提取、砂体岩性自动识别、测井自动解释及曲线自动生成等方面；油气开发中的大数据典型应用包括注采井间响应关系识别、生产指标预测、开发方案智能决策和优化等方面。

在三维断层自动检测方面，首先开展实际断层样本数据的典型特征解剖，详细梳理断层实际解释成果，根据花状、阶梯状、"Y"字状等不同断层组合样式，分别建立实际断层样本库；其次，有针对性地建立探区断层正演样本数据，统计分析断层倾角、断面方位角、断距、断层切割关系、地层倾角、地层曲率、地层速度、地震子波、信噪比等构造要素及地球物理参数，构建适用于探区的三维断层模型及地震正演样本数据 1000 余组，进一步丰富断层样本数据；最后，改进联合实际解释和正演模拟样本数据的断层自动检测网络模型，进一步提升复杂构造背景下的断层自动检测精度。在东部探区的东辛、牛庄等地区开展了应用测试，结果表明，相比本征相干等常规方法，基于深度学习的自动检测结果断点清晰连续，和专家解释的断层结果吻合度高，且计算效率可提升 10 倍以上。

在三维层位自动提取方面，实现了融合已知构造约束的三维层位自动提取多任务网络模型（见图 8-20）。首先，结合探区构造特征，利用地质模型正演和地球物理正演生成模式丰富的相对地质年代体样本库；其次，建立可同时输出断层与相对地质年代体构造的自动解释网络模型；再次，改进损失函数，融入匹配已知层位的约束方程，增强深度学习网络模型泛化能力；最后，不断测试调优，获得最终三维层位自动提取多任务网络模型。利用该网络模型可快速预测出地震数据对应的相对地质年代体，并利用井震标定，提取得到高精度的层位自动解释结果。

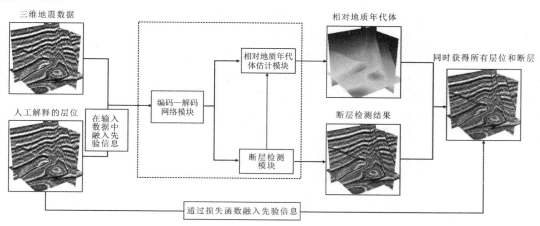

图 8-20　胜利油田油气勘探三维层位自动提取多任务网络模型

在砂体岩性自动识别方面，提出了基于机器学习方法和地震特征双优选的砂体岩性识别方法。首先，从地质认识出发，明确砂体发育段的地震反射特征，提取大量与砂体特征相关的数据，分析特征之间的线性相关性，剔除相关性较强的特征，并通过机器学习方法展开输入特征对砂体岩性的重要程度分析，判断每一种输入特征对目标的重要程度，数值越大，重要程度越高，将重要程度较低的特征剔除；其次，针对研究区具体情况，将优选出的特征集合及岩性敏感测井曲线作为样本，尝试多种不同机器学习方法，从众多机器学习方法中进行优选；最后，使用 K 折交叉验证方法进行超参数优化，找到模型泛化能力最优的超参数，获得偏差和方差都低的评估结果。

在测井自动解释及曲线自动生成方面，将知识图谱、深度学习技术相结合，建立了测井岩性自动识别技术流程（见图 8-21）。首先，建立测井知识图谱，提取邻井同层知识特征。根据岩性识别业务需求，基于石油技术词典、测井专业书籍、地质勘探书籍、地质开发书籍、测井领域文献等测井领域资料构建测井知识体系分类、测井本体模型，进行命名实体识别、关系抽取、知识融合，建立测井知识图谱，并通过知识表征技术，实现邻井同层的知识特征提取。其次，通过卷积神经网络和长短期记忆神经网络，实现测井曲线的数据特征提取。最后，经由注意力机制将两类特征相融合，建立深度神经网络与知识图谱联合的测井岩性识别模型，实现测井岩性的自动识别。根据上述研究思路，在胜利油田孤东七区西开展测试应用，对该区块 40 口井进行测试验证，整体准确率为 96.3%。

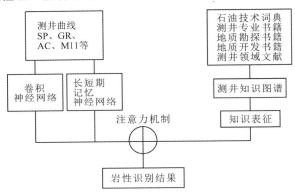

图 8-21 测井岩性自动识别技术流程

在注采井间响应关系识别方面，胜利油田建立了基于神经网络的注采井组动态响应模型。通过对注采井组历史生产数据的学习，定量分析神经网络模型输出节点对输入节点的敏感性，以表征注采井间的连通程度。引入 GNN 方法将井点作为图的顶点，连通关系表述为边，应用图注意力机制与渗流物理过程信息相结合的方法，建立了适用于井网注采平衡训练的图神经网络模型，实现了预测区块不同开发时间下的注采井动态量化预测，2021 年平均预测精度达82%。

生产指标预测包括对单井初期产油量、递减率、累积产油量等生产指标的预测。利用模式识别技术挖掘实时生产数据中反映的生产信息，建立油藏或单井代理模型替代数值模拟计算或传统的产能分析方法，可实现剩余油分布和生产指标的快速准确预测。例如，基于深度学习方法构建多层卷积神经网络，实现剩余油分布的快速准确预测；基于长短期记忆神经网络（LSTM）构建产能预测时序模型，利用历史生产数据来预测油井未来的产油量；基于人工神经网络构建井底压力预测模型，输入生产井中监测的井底温度、井筒直径、溶解气油比、油气密度、油气黏度和油气水产量等数据，进行训练后可准确计算直井多相渗流状态下的井底压力。

开发方案智能决策和优化包括层系组合、井位优选、注采量调整等。先利用 AI 技术建立油藏生产指标预测模型，再结合优化目标和优化方法实现快速历史拟合和生产优化。通过神经网络和主成分分析相结合的历史拟合方法，可根据数值模拟生成的数据训练得到能直接预测历史拟合函数值的神经网络模型，结合优化方法实现油藏模型参数的自动寻优；基于人工神经网络和遗传算法的生产优化方法，可以在历史生产数据训练后的人工神经网络模型基础上，实现油藏注采参数的优化；基于代理模型的水平井完井策略优化方法，可以建立以地质数据和水平井完井数据为输入的代理模型，通过优化方法对完井策略进行优化，实现水平井以最大产能生产。

3）海洋油气平台与大数据应用[14]

本节以中国海洋石油集团有限公司某个海洋油气平台为例，介绍海洋油气平台的大数据应用。

中国海洋石油集团有限公司的海洋油气平台采用的中控系统、电力管理系统和 PLC 系统等控制系统，一般都是在封闭的内网中运行的。以前，大多海洋油气平台的生产数据、视频监控数据和电力数据等没有存储有效的历史数据，生产管理系统所需数据主要依靠手工方式录入，各类巡检日报数据以电子文件和纸质方式存储在海洋油气平台上，其中生产日报数据存储在开发生产动态数据库，设备设施数据存储在设备设施管理数据库，缺少智能化的应用系统。随着大数据技术的不断发展，海洋油气平台的大数据应用越来越广泛。海洋油气平台的数据入库情况如图 8-22 所示。

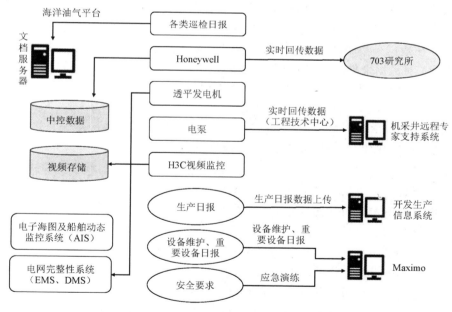

图 8-22　海洋油气平台的数据入库情况

在数据采集节点的划分上，海洋油气平台将同一品牌或距离较近、有光纤链路的平台进行整合，合理设置数据采集节点，充分利用网闸作为数据采集客户端而提供的多路输入功能，实现数据的集中采集，通过数据采集服务器实现数据缓存和断点续传功能。相比传统的"点对点"数据采集方式，"一对多"的节点式数据采集方式能够节省现场空间和施工成本。某海洋油气平台数据采集系统架构如图 8-23 所示。

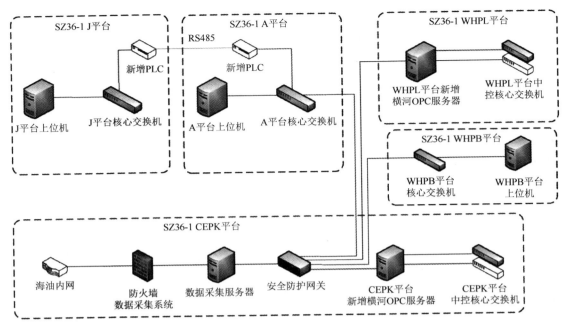

图 8-23　某海洋油气平台数据采集系统架构

由于海洋油气平台的中控系统多为封闭运行的内网，因此要进行数据采集就要在封闭的生产网上设置一个节点，为确保生产网安全，需要在生产网和办公网之间部署边界安全防护设备。目前采取的方式是在生产网与数据采集服务器之间部署网闸，这样可以起到数据隔离和单向作用。在**数据采集服务器**与办公网之间部署防火墙，对 TCP/IP 协议进行保护，阻挡办公网（互联网）对**数据采集服务器**的攻击。同时，网闸有数据采集客户端的功能，支持和兼容 OPC 及各种主流 PLC、RTU 通信协议，并具有多路输入接口，可同时采集不同控制系统的服务器数据。

海洋油气平台会产生大量的生产数据，包含较多大数据分析的应用场景，如能源监测及分析、中控系统远程监控、阀门遥控系统设备监测和 FPSO 单点系泊装置监测等。

能源监测模块主要实现对电能、原油、柴油、天然气和淡水等多维度能源的实时监测，以日、月为周期进行对比分析，各能源按照"油气田群—平台—能源类型—设备"的层级关系进行分类，能耗查询单元可按照选定的能源或设备以选定的时间段进行数据的展示和汇总。电监控模块包括电网实时数据、日用电量及费用、月用电量及费用和电能质量 4 个模块单元，电网数据按照"油气田群—平台—能源类型—设备"进行分类管理。根据现场电能数据和能耗管理需要，实现电能谐波分析、电压偏差分析、三相不平衡度分析、频率偏差分析、功率因数偏差分析等功能。能效分析模块主要针对油气田群能源效率的各个层面进行统计、分析和对标，实现能源利用率分析、设备效率分析、碳排放计算、油气藏与能源预测、桶油成本分析、定制能效 KPI、越限报警、能源目标制定等功能。

基于中控系统建立陆地远程监控中心，全面监控海上平台的生产运营情况，在紧急情况下提高生产指挥的实时性，在极端情况下现场人员全部撤离后，仍可以保持对现场关键设备的监控能力。随着海洋油气平台的通信网络升级，以前窄带宽的问题得以解决。以海上某平台的 ABB 中控系统为例，在陆地架设中控系统的多系统连接服务器，可以将海上平台的 ABB 系统连接到陆地远程监控中心，通过这个中心可以实现陆地对海上平台的远程操控，同时 OPC

数据可以通过这个中心向外传送。陆地操作站具备海上操作站的监控功能，可以查看流程画面、趋势画面及报警事件信息。同时在陆地上增加一套小型化的控制器，通过冗余的控制网络通信模式，实时传送陆地控制器的心跳信号到海上 ESD 控制器，以实现对控制网络的实时监控。还能在陆地上增加按钮紧急关停功能，如果海上与陆地的通信中断超过 5 分钟（时间可调），则海上自动进入关断模式。

阀门遥控系统主要负责压载系统及货油系统的阀门控制，阀门遥控系统设备监测系统调用并分析中控系统数据，研究阀门遥控系统的压力、温度、流量、液位及时间戳等参数与各种故障之间的相关性，用于实现智能化设备故障判别。设备运行监测模块调用数据采集模块采集到的数据，依据经验智能化模块的算法，对设备的工作状态进行分析。如果设备工作状态出现异常，则系统会给出提示或警告。针对不同设备，系统可以根据设备的性能曲线进行相关性分析，并给出提示和建议。针对阀门卡死、阀门内漏、开度偏移、液压油大量外漏、液压油大量内漏及泵类设备磨损等故障，实现故障判别、定位和建议的功能。FPSO 单点系泊装置监测系统基于 FPSO 单点系泊装置的振动、应力等监测数据，实时评估结构安全性、预测结构失效、诊断结构问题，并及时发出预警，具备辅助决策等智能化功能。

8.5　电力大数据应用

电力大数据指的是电力行业在生产、输送、分销和消费过程中产生的大量数据。随着传感器、智能计量和其他信息技术的广泛应用，企业各类 IT 系统对业务流程已实现了基本覆盖，电力行业开始积累海量数据，正确利用这些数据可以为电力行业带来巨大的优势。在电力行业，大数据是电力企业深化应用、提升应用层次、强化企业管控的有力技术手段。电力行业面临的问题不仅是采集和存储数据，更是围绕数据采用相应的定量和统计方法，挖掘更加有价值的信息。

8.5.1　电力大数据应用概况

随着智能电网的建设，配电网的信息采集和管理控制系统逐步完善，产生了大量的多源异构数据，这为大数据的应用奠定了数据基础。电力行业的大数据产生于发电、输电、配电、用电四个领域。

1）发电领域的大数据应用

发电领域的大数据典型应用包括新能源发电功率预测和发电控制与调度等。

风能、太阳能、潮汐能等各种新能源具有分布广、可再生的环境友好特性，但也具有断续性和不稳定性，对新能源发电功率进行预测有利于电力系统的稳定和科学调度，因此基于大数据建模系统来建立新能源发电功率的精确预测模型成为全球研究的热点。例如，Wu 和 Peng[15]提出了一种基于 K-Means 算法和神经网络的数据挖掘方法，利用历史记录中的气象信息进行聚类分析，首先将历史记录中的气象信息分为不同的类别，然后对基于 Bagging 算法的神经网络进行训练，从而得到风力发电功率的预测结果；Zhang 等[16]利用高分辨率天气预报数据，用不同时空相关性的深度卷积神经网络来捕捉云层运动模式及其对光伏发电功率预测的影响。

随着各类新能源、分布式电源、电动汽车等的不断接入，提高电力调控智能化水平势在必行，而大数据技术在数据整合集成能力上表现优越，为其在电力调控中的应用提供了广阔空间。例如，Hou 等[17]依据风力发电功率预测的精度随时间尺度减小而提高的特点，采用基于核密度估计的稳健优化方法来处理风力发电功率的不确定性，实现风力发电、水力发电和火力发电系统的多时间尺度鲁棒调度模型，以最小的输出总功率调整来实现功率平衡。

2）输电领域的大数据应用

输电领域的大数据典型应用包括暂态稳定性分析和输变电设备状态评估。

暂态稳定性分析是保证电网稳定运行的重要手段，而实时暂态稳定性分析对计算精度和计算速度的要求非常高。例如，Wang 等[18]用时域仿真生成的相量测量单元大数据来加大对 SVM 的训练强度，进行特征提取后用于暂态稳定性的在线分析。

输变电设备状态参数众多，其变化与电网运行、气象环境等因素密切相关，不同于传统的基于理论分析的设备状态评估方法，大数据分析技术通过对大量的历史和实时的数据进行挖掘分析和信息提取，提高输变电设备状态评估的及时性和准确性。例如，为提高输变电设备局部放电监测分析计算的效率，王刘旺等[19]采用 Map/Reduce 模型进行局部放电相位分析的大规模并行化参数提取、统计特征计算及局部放电类型的识别。

3）配电领域的大数据应用

随着配电自动化设备的普及，越来越多的运行数据可从监控和数据采集系统中采集得到，通过大数据分析可以获知配电网的薄弱环节及设备故障隐患，提高故障定位和抢修的反应速度，缩短停电时间，提高配电网的供电可靠性。配电领域的大数据典型应用包括配电网故障定位、配电网负荷管理、配电设备故障识别等。

传统的配电网故障定位采用行波测距方法，需要沿线路加装数量众多的测量装置，而基于大数据分析的故障定位方法利用形式化分类器模型或神经网络技术，可以在任何给定的时间分析网格信息，从而确定网格的健康状况。

负荷管理是配电网运行维护的重要组成部分，根据电力负荷的周期性特点，通过分析历史负荷率、气象资料等数据，通过模式识别、回归分析等方法来预测配电变压器的重负荷状态，进而得出配电变压器最有可能发生重负荷的日期，有助于供电质量的提高。例如，Xie 等[20]采用注意力门控循环单元神经网络来进行设备负荷率的预测，预测的运算效率得到了提高；管鑫等[21]通过分析用户响应特性及规律，考虑影响用户响应度的因素并将其线性参数化，从而建立了基于用户响应度评估模型的负荷预测方法，并利用集成神经网络模型来进行主动配电网的负荷预测。

在配电设备故障识别方面，故障状态的特征信息主要集中于变压器，变压器是配电网络的核心设备，湿式变压器通过监测冷却油中 5 种关键气体含量和气体比值两类故障特征量来进行设备状态检测和故障判别。白浩和王昱力[22]采用故障相似度对辅助故障数据进行一次清洗，通过剔除奇异边缘附近的故障数据对目标故障数据和辅助故障数据进行二次清洗，以 SVM 作为知识迁移学习算法的分类器，通过迭代调整目标故障数据和辅助故障数据的权重，将辅助故障数据中的有效知识迁移至故障诊断器中，从而得到基于迁移学习的变压器故障诊断器模型。

4）用电领域的大数据应用

随着高级量测体系的逐步完善和智能电表的普及，用户侧用电数据的规模日益增长，这为用电领域的大数据分析提供了基础。用电领域的大数据典型应用包括用电负荷预测、用电行为分析、电力交易等。

用电负荷预测是电力系统调度、实时控制、运行计划和发展规划的前提，是电网调度部门和规划部门所必须具有的基本信息。用电负荷受气象条件、经济及用户用电行为习惯等因素的影响，实现高精度的负荷预测比较困难，利用用电负荷的历史数据和当前数据及数据挖掘算法挖掘出影响负荷波动的敏感因子，建立大数据环境下的预测模型，可以进行各类用电负荷的预测[23]。

用电安全是用电行为分析的一个重要内容，用户侧的窃电与异常用电行为是造成电网非技术性损失的主要原因，不仅会损害电力行业的经济利益，还会导致配电网的实际负荷与预测数值不匹配，为电网安全运行带来潜在风险。基于数据分析的窃电检测算法应用较为广泛，如聚类算法、相关性分析、SVM、随机矩阵、降维及深度神经网络等算法，这些算法广泛应用于用电负荷模式提取与异常检测。在用电行为分析方面，还可以通过对用电负荷、电费台账、缴费信息、用户信息、电网网架结构、电价政策和天气参数等进行用电行为因素关联关系分析、关联强度分析，建立用户用电行为模型并进行分析和应用。

电力交易是电力大数据的重要应用领域，如电力价格预测、电力市场营销等。电力价格预测使得能源市场的所有参与者在满足电力供需的同时，能够调整其消费或供应，最大化经济和环境价值目标。例如，Dehghan 等[24]采用 TensorFlow 平台，采集从可再生能源和传统发电机组的所有数据、天气预报及历史价格等信息，预报市场前一天的电力价格。在电力市场营销方面，了解电力用户的分布及其对停电事件的敏感性，有助于供电公司制定满足不同需求的营销策略。可以使用智能电表数据、客服通话记录、投诉信息、用户账单等跨平台数据，捕捉电力用户的特征，识别出对停电事件敏感的人群。

8.5.2　电力大数据体系架构

随着电力数据量的不断扩大和电力数据种类的不断丰富，大数据技术不断应用于电力系统中，从而更好地实现了电力系统内部数据的资源共享，增强了电网的数据交互能力，提高了数据的资源利用率。为保证电力系统内部数据计算的要求，电力系统的云计算体系可以构建为如图 8-24 所示的结构模型[25]。

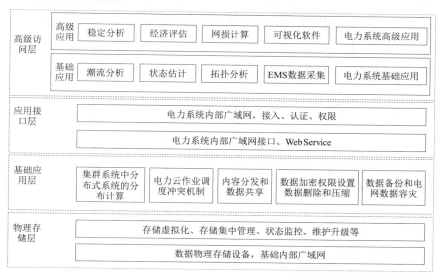

图 8-24　电力系统云计算体系的结构模型

上述结构模型包括高级访问层、应用接口层、基础应用层及物理存储层。其顶层是高级访问层，一般包括基础应用与高级应用，能够为各个应用提供运行平台，为电力系统的稳定分析、经济评估、潮流分析和状态估计等提供计算支持；电力系统内部广域网位于应用接口层，用于接入、认证及权限操作等，是整个电力云中最活跃的部分；基础应用层作用于电力云作业调度冲突机制、内容分发和数据共享、数据备份和电网数据容灾等，为上层结构提供存储服务，实现系统内的协同；在整个电力云系统中，最基础的是物理存储层，它可以定位电力系统内部的存储设备，并通过一定的技术手段使这些存储设备联系起来，实现实时的数据存储功能，另外该层能够使存储设备虚拟化，实现对存储设备的集中管理，电力系统内部的状态监控、维护升级等都在该层实现。

电力大数据分析与处理技术原理如图 8-25 所示。可以采集的电力大数据一般包括传感器和智能电表数据，其采集方式可以分为两种，一种是固定频率采集，另一种是不定时补充采集，以保证数据的完整性。数据采集完成后通过通信网络传输到云存储系统，传输到云存储系统之前数据要经过前置通信平台，前置通信平台的作用是对数据进行一定的预处理及分担数据传输的压力。除传感器和智能电表等的采集数据外，还有设备、人员的档案数据，这部分数据存储在关系数据库，云存储数据库可以复制这些数据进行备份，当设备和人员有变动的时候，及时更新数据库以便数据的计算和处理。云存储系统中的数据计算和查询是通过并行计算环境和在线查询系统来实现的，根据业务的需求进行相关的计算并将结果返回云存储系统。业务数据提取时通过大数据管理引擎、档案缓存、数据持久化接口、数据存储单元 4 类数据接口将业务数据导入应用系统生产数据库和应用系统分析数据库，从而进行大数据的应用。

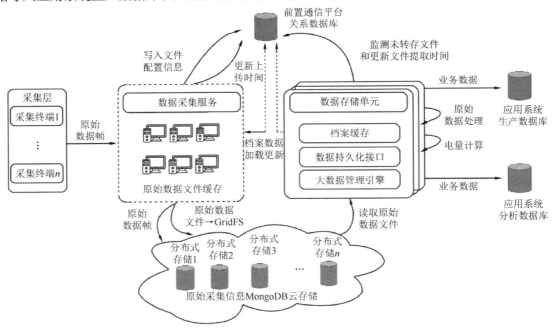

图 8-25　电力大数据分析与处理技术原理

电力大数据平台架构应与电力系统中来源丰富的数据流结合，催生具体的产业应用。电力系统是一种高维非线性的复杂系统，其内部的数据流包含电力流、信息流、业务流、故障流、气象流等不同的数据流。图 8-26 所示为电力大数据平台架构与电力系统数据流的结合，其描述了在电力大数据平台架构之上的电力企业商业应用与电力系统数据流的可能结合点，包括发、输、配、用、调等环节的负荷控制系统、管理信息系统（MIS）、监测控制和数据采集（SCADA）系统、电能计量系统、风力/光伏发电功率预测系统、电力设备在线监测系统等。对这些电力系统的子信息源而言，一方面可以单独应用大数据技术，提升其产业价值，如电力设备在线监测系统本身就是一个大数据系统；另一方面可以融合不同的子信息源，在更高的层面上构建大数据平台，如融合电能计量系统、SCADA 系统、MIS、负荷控制系统，可以构建基于大数据平台的网损分析系统，实现网损的自动统计与分析。基于该网损分析系统，还可开展基于自动网损统计的用户窃电行为挖掘，实现更深层次的应用[26]。

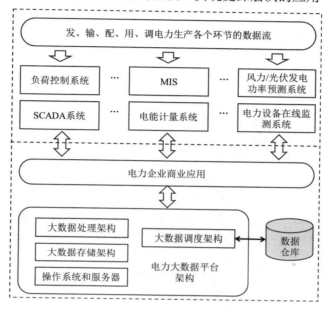

图 8-26　电力大数据平台架构与电力系统数据流的结合

8.5.3　国内外应用情况

1）国外的电力大数据应用

IBM 是全球领先的电力行业解决方案提供商，其在 2006 年就提出了智慧电力的概念。IBM 积极参与行业国际组织，如网格式建筑委员会（Gridwise Architecture Council）、中国电力科学研究院（CEPRI）的智能电网项目和世界能源委员会（World Energy Council）的运作，参与制定了许多行业标准。IBM 建立了一套相对比较完整和体系化的智能电网方法论和知识库，包括智能电网方法、成熟度模型、概念技术模型和组件化业务模型，因此 IBM 可以称为全球电力行业智能化应用的先进代表，影响了全球电力工业的发展。

IBM 智慧电力解决方案在全球有很多成功实践。例如，IBM 智慧电力解决方案应用于澳洲能源公司，对其配电网进行监视和控制，有效提高了其可靠性。又如，IBM 与丹麦 Orsted 公司合作，安装新型的智能远程监视和控制设备，使该公司能够获得大量的电网状态信息。新解决方案还包括对远程设备采集的数据进行广泛分析，以及对 Orsted 公司的业务流程进行再造。Orsted 公司因此预计减少 25%~50%的停电时间，节约 90%的电网投资。此外，IBM 在我国电力行业开展了很多电力大数据分析的工作，取得了较多的成果。针对我国电力企业在建模、分析与优化等方面的需要，IBM 开发出了一系列解决方案，如管理及优化企业停电计划的"智能停电管理系统"，帮助电网企业优化建设改造投资计划的"智能电网评估与投资优化决策系统"，感知电网实时运行状态并智能辅助监管人员决策的"电网状态智能感知与报警系统"等。

下面针对 IBM 的两个典型的电力大数据应用案例进行介绍。

（1）电网自动化和分析系统。

基于能源和公用事业架构 SAFE 框架，IBM 设计了新的分布式的电网自动化和分析系统（见图 8-27），与 IBM 的业务合作伙伴合作，应用了先进的智能传感器装置。通过在整个电网的变电站、开闭所和配电站上部署传感器装置，采集并将数据传回控制中心，电网企业能够实时监测配电网的状态和健康水平。智能传感器提供了先进的监视和控制能力，以及综合测控技术，使电网企业能够以现有的电力基础设施为未来实现智能电网做好准备。

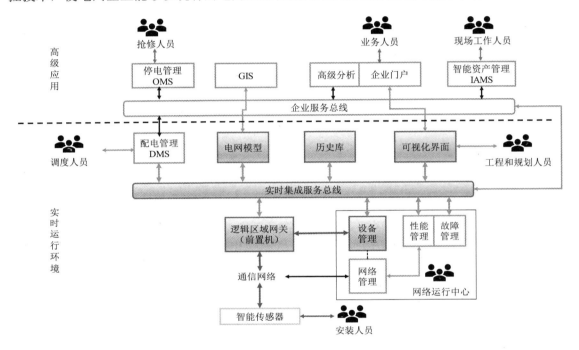

图 8-27　IBM 的电网自动化和分析系统

IBM 采用了 DataPower 逻辑区域网关作为数据采集系统的核心，内置了 DataPowerXI50 整合设备装置，采用 WebSphere 转化扩展软件作为信息处理系统，为传感器数据分发到各个系统提供路由。数据可视化门户采用了 WebSphere 应用服务器软件。新的用户可视化功能使调度人员能够全面、直观地监测配电网，并进行相关决策。为了对数量庞大的配电网监测装置及其采集的数据进行管理，IBM 开发了基于 EC61970 的电网模型，保存完整的历史数据，管理电网的拓扑和连接关系，并开发了新的传感器设备管理系统，负责远程传感器设备的配置、操作和状态管理。

电网自动化和分析系统的整个解决方案基于 IBM 的 SAFE 框架，以 SOA 为基础，以解决方案为驱动。全面基于 SOA 的行业解决方案框架有助于降低成本和风险，该 SAFE 框架提供了强大的灵活性和扩展性，保护了电网企业在应用、系统和基础设施方面的投资。

（2）高精度清洁型能源发电预测解决方案。

高精度清洁型能源发电预测解决方案使用了 IBM 的高性能计算机，从而使复杂模型的求解速度大大加快，预测范围和精度大幅度增加。应用这套解决方案可以实现的结果包括：电力企业可以在事前采取主动性措施，避免损失，而不是等事后再被动地采取防御手段；风电企业可以预测发电量，提升了企业的核心竞争力；电网公司可以用此作为电网调度、风能整合等的基础，从而提高了风力发电的可靠性；高精度的天气预报和发电预测可以提高电厂规划建设的科学性、电网接入的稳定性和机组的合理利用程度；电网公司还可以在此解决方案基础上进行停电预测、电力需求预测，为稳定供电提供保障。

首先，IBM 基于自主研发的 Deep Thunder 高精度天气预测模型，对微观区域内云层、降雨量、风速、风向、气压、温度等进行快速和准确预报。其次，针对风力发电功率预测，解决关键性的风力和风向预测问题，并基于此预测结合功率曲线给出高精度风力发电功率预测。再次，基于天气预报结果，结合电厂布局、机组特性和历史数据，实时预测风力发电功率和光伏发电功率。

2）国内电力大数据应用

2023 年国家能源局发布的《新型电力系统发展蓝皮书》显示，我国电力系统发电装机总容量、非化石能源发电装机容量、远距离输电能力、电网规模等指标均稳居世界第一，在电力装备制造、规划设计及施工建设、科研与标准化、系统调控运行等方面均建立了较为完备的业态体系，为服务国民经济快速发展和促进人民生活水平不断提高提供了有力支撑，为全社会清洁低碳发展奠定了坚实基础。截至 2022 年年底，我国各类电源总装机规模达到 25.6 亿千瓦，西电东送规模达到约 3 亿千瓦。全国形成以东北、华北、西北、华东、华中、南方六大区域电网为主体、区域间有效互联的电网格局，电力资源优化配置能力稳步提升。2022 年，全社会用电量达到 8.6 万亿千瓦时，总发电量达到 8.7 万亿千瓦时。电力可靠性指标持续保持较高水平，城市电网用户平均供电可靠率约为 99.9%，农村电网供电可靠率达到 99.8%。

电力大数据应用是伴随着智能电网的发展而不断进行的。2007 年 10 月，国家电网有限公司华东分部启动了智能电网可行性研究项目，2009 年 5 月，国家电网有限公司对外公布"坚强智能电网"计划，智能电网才逐步成为中国电网发展的一个新方向，从此电力领域的大数据应用开始蓬勃发展。在新型能源体系下，伴随大规模新能源和分布式能源的接入，电力系统调度运行与新能源功率预测、气象条件等外界因素结合更加紧密，"源网荷储"各环节数据信息海量发展，实时状态采集、感知和处理能力逐渐增强，调度层级多元化扩展，由单个元件向多个元件构成的调控单元延伸，调度模式需要由"源荷"单向调度向适应"源网荷储"多元互动的智能调控转变。

如今，在我国电力领域中，大数据技术应用仍面临挑战：一是数据壁垒需要打破，不同部门之间数据不统一、不交互，形成数据孤岛；二是缺乏统一的数据平台，为满足不同部门的使用需要，建设了众多平台，导致生产管理需要反复调取、汇总各子系统数据，效率低下，指挥调度时效性低，无法快速落实到基层单位、关键设备；三是 AI 应用需要进一步探索，前沿的大语言模型、计算机视觉模型等尚未深入应用，亟须与电力领域实际应用场景结合；四是智慧控制尚未完全实现[27]。可以看出，大数据技术在我国电力领域的应用仍存在较多挑战，具有广阔的应用前景。

下面是两个电力大数据应用的场景案例。

（1）基于大数据的反窃电应用[28]。

窃电行为给电力系统带来了很大的经济损失和潜在的安全隐患。然而，现场检查耗时耗力、风险高、不确定因素多，传统反窃电工作的难度很大。国家电网有限公司研制的大数据反窃电分析平台通过分析电流、电压、线损、波形等数据变化情况，综合运用相关性分析、模式识别、决策数判决等多个大数据分析模型进行用电档案信息、历史数据、同行业数据等数据指标的比对，绘制窃电用户画像，提高了识别潜在窃电用户的精准度。基于大数据的反窃电实现步骤如图 8-28 所示。据报道，国家电网陕西省电力有限公司在部署大数据反窃电分析平台后，仅 2019 年就查处窃电违约事件 1507 起，追补电量 1355 万千瓦时，追补电费 2431 万元。

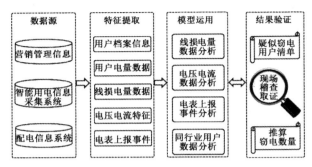

图 8-28　基于大数据的反窃电实现步骤

（2）售电量预测分析[29]。

随着电力体制改革和智能电网建设的不断深入，售电量已成为考核电力企业的一个重要指标，月度售电量预测对于国家电网有限公司合理地确定售电量总定额、分解售电量销售指标、制定有序用电方案、指导发电厂和输配电网的合理运行、推动电力市场的发展和建设都具有十分重要的意义。此外，随着售电侧的放开，售电量预测的准确与否直接和售电公司的利润挂钩，售电量预测的重要性更加凸显。国家电网有限公司的售电量预测方法可以预测省公司、地市公司十大行业（八大行业、居民及全行业）未来月度售电量，并结合最新的因素及售电量数据，通过自学习的方式得到最新预测结果，对公司电网规划、有序用电具有重要的指导意义。

图 8-29 所示为国家电网有限公司售电量预测模型。该模型通过趋势分解方法，在对各项趋势分别进行预测的基础上形成综合预测结果，其采用的关键算法包括线性回归、L_1/L_2 稀疏迭代回归、BP 神经网络、回升状态网络（ESN）、SVM、Logistic 回归等。目前该模型已在多个省级电力公司应用，效果较好，准确率达到 98%以上。

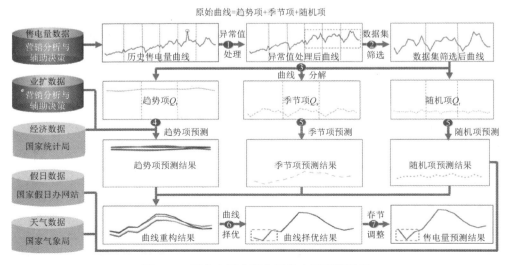

图 8-29　国家电网有限公司售电量预测模型

思考题

1. 什么是能源大数据？什么是泛能源大数据？其主要特征是什么？
2. 查阅网络资料，选取一个国内建设较好的能源经济大数据平台，分析其实现的主要功能。
3. 油气大数据的主要应用领域包括哪些？列举各个领域的一种典型应用。
4. 油气大数据采集都包括哪些内容？这些数据如何存储？
5. 结合发电、输电、配电、用电四个环节，分析电力大数据具有哪些应用场景。

本章参考文献

[1] 任庚坡，楼振飞. 能源大数据技术与应用[M]. 上海：上海科学技术出版社，2018.

[2] 蔡泽祥，李立涅，刘平，等. 能源大数据技术的应用与发展[J]. 中国工程科学，2018，20(02): 72-78.

[3] 赵丹，杜战朝，李丹丹，等. 能源管理大数据关键技术研究与应用[J]. 科技与创新，2022(21): 110-114.

[4] 白宏坤，刘湘苤. 大数据技术及能源大数据应用实践[M]. 北京：中国电力出版社，2021.

[5] 黄清. 发展智慧能源是顺应能源大势之道[J]. 中国能源，2018，40(12): 14-16.

[6] 刁培滨，邓亚男. 燃气分布式能源站智能生产管理系统开发及应用[J]. 华电技术，2019，41(08): 20-23.

[7] 金和平，郭创新，许奕斌，等. 能源大数据的系统构想及应用研究[J]. 水电与抽水蓄能，2019，5(01): 1-12.

[8] 国家能源局综合司. 全国煤矿智能化建设典型案例汇编[EB/OL]. [2023-6-25].https://www.nea.gov.cn/download/全国煤矿智能化建设典型案例汇编（2023 年）.pdf.

[9] 张来斌，王金江. 工业互联网赋能的油气储运设备智能运维技术[J]. 油气储运，2022，41(06): 625-631.

[10] 刘凯铭，王洪亮，石兵波，等. 基于 Hadoop 的油气水井生产大数据分析与应用[J]. 科学技术与工程，2020，20(11): 4464-4471.

[11] 王维斌. 长输油气管道大数据管理架构及应用[J]. 油气储运，2015，34(03): 229-232.

[12] 聂晓炜. 智能油田关键技术研究现状与发展趋势[J]. 油气地质与采收率，2022，29(03): 68-79.

[13] 杨勇. 胜利油田勘探开发大数据及人工智能技术应用进展[J]. 油气地质与采收率，2022，29(01): 1-10.

[14] 杨雪松. 海上油田平台数据的采集及应用研究[J]. 自动化应用，2022(04): 150-153.

[15] WU W, PENG M. A data mining approach combining kmeans clustering with bagging neural network for shortterm wind power forecasting[J]. IEEE Internet of Things Journal, 2017, 4(4): 2327-4662.

[16] ZHANG R, FENG M, ZHANG W, et al. Forecast of solar energy production a deep learning approach[C]. 2018 IEEE International Conference on Big Knowledge, Singapore, 2018: 73-82.

[17] HOU W, WEI H, ZHU R. Data driven multi-time scale robust scheduling framework of hydrothermal power system considering cascade hydropower station and wind penetration[J]. IET Generation Transmission & Distribution, 2019, 13(6): 896-904.

[18] WANG B, FANG B, WANG Y, et al. Power system transient stability assessment based on big data and the core vector machine[J]. IEEE Transactions on Smart Grid, 2016, 7(5): 2561-2570.

[19] 王刘旺，朱永利，贾亚飞，等. 局部放电大数据的并行 PRPD 分析与模式识别[J]. 中国电机工程学报，2016，36(5): 1236-1244.

[20] XIE H, TIAN Y, ZHU W, et al. Heavy overload forecasting of distribution transformers based on neural network[C]. 2019 International Conference on Computer Science Communication and Network Security, 2019,309: 05012.

[21] 管鑫，刘会家，张振，等. 主动配电网短期负荷预测研究[J]. 电工电能新技术，2019，38(1): 31-38.

[22] 白浩，王昱力. 基于数据清洗和知识迁移的变压器故障诊断模型[J]. 电工电能新技术，2020，39(1): 28-35.

[23] QUILUMBA F L, LEE W J, HUANG H, et al. Using smart meter data to improve the accuracy of intraday load forecasting considering customer behavior similarities[J]. IEEE Transactions on Smart Grid, 2015, 6(2): 911-918.

[24] DEHGHAN B A, TAUFIK T, FELIACHI A. Big data analytics in a day-ahead electricity price forecasting using tensorflow in restructured power systems[C]. 2018 International Conference on Computational Science and Computational Intelligence, Las Vegas, USA, 2018: 1065-1069.

[25] 谢清玉，张耀坤，李经纬. 面向智能电网的电力大数据关键技术应用[J]. 电网与清洁能源，2021，37(12): 39-46.

[26] 彭小圣，邓迪元，程时杰. 面向智能电网应用的电力大数据关键技术[J]. 中国电机工程学报，2015，35(03): 503-511.

[27] 张楠. 能源电力领域中的大数据与人工智能[J]. 软件和集成电路，2023(09): 21-22.

[28] 赵海波. 电力行业大数据研究综述[J]. 电工电能新技术，2020，39(12): 62-72.

[29] 全国信息技术标准化技术委员会大数据标准工作组. 大数据标准化白皮书[EB/OL]. [2018-03-29].https://www.cesi.cn/images/editor/20180402/20180402120211919.pdf.

第三部分

能源大数据处理与分析实践

本部分内容针对前面章节介绍的能源大数据处理与分析理论的应用方法进行介绍，共选取 8 个案例，涉及能源经济与管理大数据、煤炭大数据、油气大数据、电力大数据的处理与分析等内容。案例中结合具体的数据集，使用 Python 语言进行了编程实现，针对程序代码和实现流程进行了详细介绍。

第 9 章　能源经济与管理大数据处理与分析案例

本章使用两个案例对能源经济与管理大数据处理与分析技术的应用进行介绍，主要涉及文本数据采集与处理、图神经网络技术。第一个案例选取能源政策文本，对文本大数据处理与分析技术的应用方法进行介绍，重点讲述爬虫技术的应用与词云图的绘制方法。第二个案例选取国际 LNG 贸易网络，构建网络图，分析 LNG 贸易的演化特征。

9.1　能源政策文本分析

9.1.1　案例描述

能源政策对政府、企业等均具有重要影响，对于政策的把握有助于进行科学决策，文本大数据处理与分析技术为能源政策的研究提供了一种新的工具。本案例通过爬虫程序爬取能源网站能源要闻页面的文本，绘制词云图，根据词云图中关键词的出现频率分析能源政策的关注重点。本案例主要介绍能源政策文本数据采集和分析技术的实现方法，包括新闻文本的爬取、文本处理和存储、词云图生成与结果分析等。

9.1.2　能源政策文本数据采集

案例文本数据可登录国家能源局网站进行采集，国家能源局网站的能源要闻页面中包含较多关于能源政策、能源发展工作动态的数据，可以较好地体现我国能源政策的导向与实践效果。本节仅采集 2023 年文本数据进行案例展示，其他时间的文本数据可以通过同样的方式进行采集和分析。

在编写 Python 爬虫程序前，首先要明确所有包含需要采集的文本信息的页面网址，然后爬取所有的 URL 地址，根据相应的地址使用“urllib+正则表达式”爬取指定页面的能源要闻内容，使用正则表达式解析网页，获取能源要闻的标题和正文内容，最后将爬取的文本数据保存于 TXT 文件。部分采集结果如图 9-1 所示。

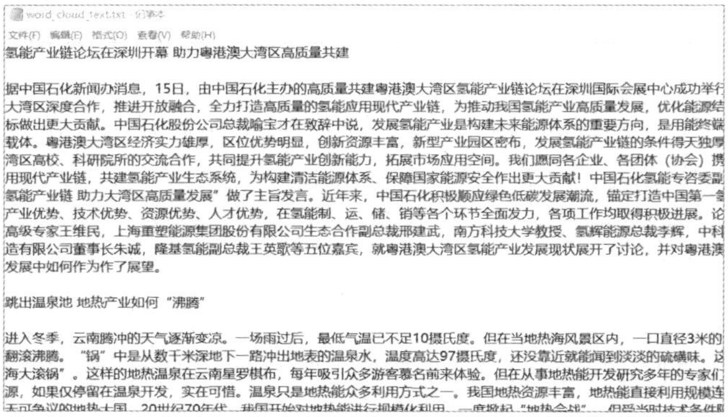
word_cloud_text.txt - 记事本
文件(F)　编辑(E)　格式(O)　查看(V)　帮助(H)

氢能产业链论坛在深圳开幕 助力粤港澳大湾区高质量共建

据中国石化新闻办消息，15日，由中国石化主办的高质量共建粤港澳大湾区氢能产业链论坛在深圳国际会展中心成功举行
大湾区深度合作，推进开放融合，全力打造高质量的氢能应用现代产业链，为推动我国氢能产业高质量发展，优化能源结
标做出更大贡献。中国石化股份公司总裁喻宝才在致辞中说，发展氢能产业是构建未来能源体系的重要方向，是用能终端
载体。粤港澳大湾区经济实力雄厚，区位优势明显，创新资源丰富，新型产业园区密布，发展氢能产业链的条件得天独厚
湾区高校、科研院所的交流合作，共同提升氢能产业创新能力，拓展市场应用空间。我们愿同各企业、各团体（协会）携
用现代产业链，共建氢能产业生态系统，为构建清洁能源体系、保障国家能源安全作出更大贡献！中国石化氢能专咨委副
氢能产业链 助力大湾区高质量发展”做了主旨发言。近年来，中国石化积极顺应绿色低碳发展潮流，锚定打造中国第一
产业优势、技术优势、资源优势、人才优势，在氢能制、运、储、销等各个环节全面发力，各项工作均取得积极进展。论
高级专家王维民，上海重塑能源集团股份有限公司生态合作副总裁邢建武，南方科技大学教授、氢辉能源总裁李辉，中科
造有限公司董事长朱诚，隆基氢能副总裁王英歌等五位嘉宾，就粤港澳大湾区氢能产业发展现状展开了讨论，并对粤港澳
发展中如何作为作了展望。

跳出温泉池 地热产业如何“沸腾”

进入冬季，云南腾冲的天气逐渐变凉。一场雨过后，最低气温已不足10摄氏度。但在当地热海风景区内，一口直径3米的
翻滚沸腾。“锅”中是从数千米深地下一路冲出地表的温泉水，温度高达97摄氏度，还没靠近就能闻到淡淡的硫磺味。这
海大滚锅”。这样的地热温泉在云南星罗棋布，每年吸引众多游客慕名前来体验。但在从事地热能开发研究多年的专家们
源，如果仅停留在温泉开发，实在可惜。温泉只是地热能众多利用方式之一。我国地热资源丰富，地热能直接利用规模连

图 9-1　部分采集结果

Python 爬虫程序包含三个部分的内容。

1）发送请求

能源政策文本数据采集使用 urllib 库，主要使用的是 urllib.request，使用前需要提前导入这个库。使用 response 对象接收打开的页面，之后用定义过的空字符串读取 response 中的 HTML 页面代码，注意使用"UTF-8"形式。为了避免异常情况发生，在访问页面时，可以增加 try、except 方法进行异常处理。发送请求的代码如下。

```python
import urllib.request
from requests import RequestException
import re
import os
from bs4 import BeautifulSoup
def get_page(url):
    try:
        response = urllib.request.urlopen(url)
        html = response.read().decode('utf-8')
        return html
    except RequestException:
        return None
```

2）爬取能源要闻标题和正文

爬取能源要闻标题和正文需要调用 Python 中的 re 库，可以使用 import 提前导入这个库。使用 re.compile()结合 findall()函数解析 response，爬取能源要闻标题和正文并输出，其中正文爬取了两次，分别用于缩小爬取范围和爬取正文内容。

编写代码之前需要提前找好网址中标题和正文内容所在的位置。首先在能源要闻页面使用 F12 键，打开页面调试窗口。在页面调试窗口上的导航栏中找到元素，单击框选的位置，然后分别单击标题和正文，可以发现标题在"<div class="titles">"与"</div>"元素之间，正文在"<p>"与"</p>"元素之间，如图 9-2 所示。

图 9-2　能源要闻页面及 HTML 页面代码

爬取能源要闻标题和正文的代码如下。

```
def get_parser(html):
    pattern = re.compile('<div class="titles">(.*?)</div>', re.S)
    title = pattern.findall(html)[0]
    pattern = re.compile('<td align="left" valign="top">(.*?)</td>', re.S)
    article = pattern.findall(html)[0]
    pattern = re.compile('<p>(.*?)</p>', re.S)
    article = "".join(pattern.findall(article))
    if not os.path.exists(r"word_cloud_text.txt"):
        with open(r"word_cloud_text.txt", "w") as file:
            file.write("")
    with open(r"word_cloud_text.txt", "a", encoding='utf-8') as file:
        file.write(title + article)
```

3）主函数

主函数部分需要调用 Python 的 BeautifulSoup 库，可以使用 import 提前导入这个库。程序中通过指定能源要闻页面的 URL 地址，进行遍历爬取。此处仅爬取 2023 年的能源要闻，共需要爬取 6 个页面，因此需要将所有页面网址存入 urls_news 列表。利用同样的方法可以获取标题链接（在特征为"class=box01"的 div 标签中的 li 标签中），其中 urls 即链接所在列表。最后使用 for 循环遍历列表中的所有链接，调用上文中的 get_page()和 get_parser()两个函数爬取标题和正文。

```
if __name__ == '__main__':
    urls_news = []
    urls_news.append('http://www.nea.gov.cn/xwzx/nyyw.htm')
    for i in range(5):
        str_url = 'http://www.nea.gov.cn/xwzx/nyyw_' + str(i+2) + '.htm'
        urls_news.append(str_url)
    for url in urls_news:
        response = urllib.request.urlopen(url)
        html1 = response.read().decode('utf-8')
        soup = BeautifulSoup(html1, 'html.parser', from_encoding='utf-8')
        divs = soup.find_all('div', {'class': "box01"})
        lis = divs[0].find_all('li')
        urls = []
        for li in lis:
            href = li.find_all('a')[0].get("href")
            urls.append(href)
        for url in urls:
            html = get_page(url)
            get_parser(html)
```

9.1.3　能源政策词云图

将上文爬取的能源要闻标题和正文的文本内容进行分词，并绘制词云图。Python 程序代码编写共分为以下三个阶段。

１）准备阶段

需要提前安装 matplotlib 库、jieba 库和 WordCloud 库。因为 WordCloud 库默认不支持中文，所以这里需要下载好中文字库，本文使用的是 "思源屏显臻宋.ttf"。同时，由于语气词、虚词、标点符号等在文本中出现频率较高，但并没有实际意义，而且影响词频分析结果，因此需要添加停用词，以排除这些词语，可以使用停用词词库文件或手动添加停用词（本书使用的是 "cn_stopwords.txt" 词库文件，文件中可以继续添加停用词）的方法。最后需要准备词云图呈现形状的图片，一般为白底黑色填充的图片样式。

２）读取文本并分词

将上文中爬取的能源要闻标题和正文文本保存到 "word_cloud_text.txt" 文件中，通过 read() 函数读取文件内容。利用 jieba 库进行分词形成列表（使用导入的 jieba 库），将列表里面的词用空格分开，并拼接成长字符串，最后导入停用词。读取文本并分词的代码如下。

```python
from PIL import Image
import numpy as np
import matplotlib.pyplot as plt
import jieba
from wordcloud import WordCloud
text = open(r'word_cloud_text.txt', "r", encoding = "UTF-8").read()
cut_text = jieba.cut(text)
result = " ".join(cut_text)
with open('cn_stopwords.txt', 'r',encoding='utf8') as f:
    stop_words = f.readlines()
    stop_words=[i.strip() for i in stop_words]
```

３）生成词云图并保存

先导入下载好的中文字库和形状图片，再使用 np.array() 函数处理图片（此处需要导入 numpy 库），使用 WordCloud() 函数设定好词云图的字体、背景色、背景宽和高、最大最小字号等（需要提前导入 WordCloud 库），生成词云图并保存，最终以图片形式显示。生成词云图并保存的代码如下。

```python
font=r'思源屏显臻宋.ttf'
image1 = Image.open(r'mask.jpg')
mask1 = np.array(image1)
wc = WordCloud(font_path=font, mask=mask1, background_color='white',
            max_font_size=200, min_font_size=10, max_words=200,
            stopwords=stop_words)
wc.generate(result)
wc.to_file("wordcloud.png")
plt.figure("word cloud")
plt.imshow(wc)
```

```
plt.axis("off")
plt.show()
```

能源政策词云图如图 9-3 所示。

图 9-3　能源政策词云图

由上面的词云图能够看出，"项目""发展""企业""技术""创新""新能源""绿色""低碳""电力""储能"是出现较多的词，说明我国能源政策仍以项目驱动发展，技术创新与绿色低碳是重要导向，能源系统中新能源发展、储能等是当前的重点领域。

本节仅根据 2023 年的能源要闻数据制作了一个词云图，读者可以根据不同年份的能源要闻数据制作不同的词云图，观察政策和能源行业的演化特征，也可以进一步使用主题识别技术，研究能源政策的主题演化。

9.2　国际 LNG 贸易网络分析

9.2.1　案例描述

本案例基于图神经网络技术对全球各国 LNG 贸易网络的特点进行研究，使用节点中心性方法研究各国在 LNG 贸易网络中的地位和影响力，通过分析历年的节点中心性探究 LNG 贸易格局的演变趋势，并且使用图嵌入技术实现节点的向量化，将 LNG 贸易网络中的各国进行向量化表示，这种向量化表示可以为后续的研究提供帮助。本案例的理论基础参考 6.6 节相关内容，案例数据来源于《BP 世界能源统计年鉴》。

9.2.2　数据预处理与图的生成

1）数据预处理

从《BP 世界能源统计年鉴》"Gas-Trade movts LNG"表单中提取数据，单独创建"relation"表单来保存案例中的"节点"和"边"，"relation"表单部分内容如图 9-4 所示。

2）图的生成

首先使用 openpyxl 库导入数据，使用 networkx 库来生成图，将"relation"表单中的贸易关系信息作为"边"导入，无数据的则认为不存在贸易关系，表单中对应的国家设置为"节点", 然后生成图。生成图的代码如下。

```python
import networkx as nx
import matplotlib.pyplot as plt
import openpyxl
from pandas import DataFrame
workbook = openpyxl.load_workbook('2013.xlsx')
sheet_1 = workbook["relation"]
edges, node = [], []
for i in range(2,19):
    for j in range(2, 20):
        cell1 = sheet_1.cell(row=i, column=j)
        if type(cell1.value) == float:
            edge = []
            edge.append(sheet_1.cell(row=i, column=1).value)
            edge.append(sheet_1.cell(row=1, column=j).value)
            edge = tuple(edge)
            edges.append(edge)
            if sheet_1.cell(row=i, column=1).value not in node:
                node.append(sheet_1.cell(row=i, column=1).value)
            if sheet_1.cell(row=1, column=j).value not in node:
                node.append(sheet_1.cell(row=1, column=j).value)
G = nx.Graph()
G.add_nodes_from(node)
G.add_edges_from(edges)
pos = nx.spring_layout(G)
nx.draw_networkx(G, pos, with_labels=True)
```

From / To	US	Trinidad & Tobago	Peru	Norway	Russian Federation	Oman	Qatar	United Arab Emirates	Yemen	Algeria	Angola	Egypt	Equatorial Guinea	Nigeria	Australia	Brunei	Indonesia	Malaysia
US	-	1.97	-	0.16	-	-	0.21	-	0.31	-	-	-	-	0.07	-	-	-	-
Canada	0.01	0.24	-	-	-	-	0.80	-	-	-	-	-	-	-	-	-	-	-
Mexico	0.08	0.41	2.50	0.37	-	-	1.59	-	0.53	-	-	-	-	1.55	-	-	0.35	-
Argentina	-	3.61	-	0.08	-	-	0.88	-	-	-	0.16	-	-	0.51	-	-	-	-
Brazil	-	2.49	-	0.25	-	-	0.27	-	-	0.08	0.09	0.08	-	0.87	-	-	-	-
Chile	-	3.55	-	-	-	-	0.17	-	0.43	-	-	-	-	-	-	-	-	-
Belgium	-	-	-	0.01	-	-	3.20	-	-	-	-	-	-	-	-	-	-	-
France	-	-	-	0.26	-	-	1.75	-	0.10	5.31	-	-	-	1.20	-	-	-	-
Italy	-	-	-	-	-	-	5.20	-	-	0.04	-	-	-	-	-	-	-	-
Spain	-	2.00	1.45	1.15	-	0.16	3.49	-	-	3.24	-	0.04	-	3.11	-	-	-	-
Turkey	-	-	-	0.16	-	-	0.39	-	0.10	3.84	-	0.16	-	1.27	-	-	-	-
United Kingdom	0.10	-	0.10	-	-	-	8.61	-	-	0.41	-	0.07	-	-	-	-	-	-
China	-	0.22	-	-	0.09	-	17.75	-	1.60	0.08	0.09	0.83	0.97	1.35	4.92	0.17	5.89	7.61
India	-	-	-	0.09	-	-	15.34	-	0.73	0.09	-	0.44	-	0.92	-	0.08	-	-
Japan	-	0.38	0.98	0.42	11.65	5.49	21.84	7.35	0.68	0.58	0.17	0.78	3.04	5.23	24.37	6.93	8.52	20.32
South Korea	-	0.71	0.69	0.08	2.50	5.89	18.29	-	4.88	0.17	0.09	0.82	0.17	3.77	0.84	1.55	7.65	5.87
Thailand	-	-	-	-	-	-	1.40	-	0.09	-	-	0.02	0.08	0.34	-	-	-	-

图 9-4　"relation" 表单部分内容

2013 年各国的 LNG 贸易网络可以绘制为一个图, 效果如图 9-5 所示。

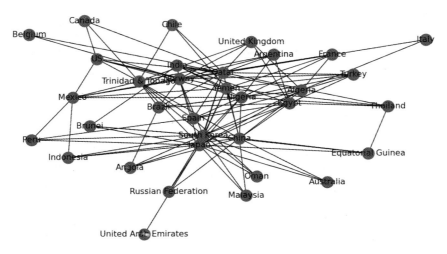

图 9-5　LNG 贸易网络图（2013 年）

9.2.3　LNG 贸易网络节点中心性

使用 networkx 库可以直接生成 LNG 贸易网络中各节点的点度中心性、中介中心性、接近中心性、特征向量中心性，并将中心性结果保存为 Excel 文件，代码如下。

```
deg_cen = nx.degree_centrality(G)
bet_cen = nx.betweenness_centrality(G)
clo_cen = nx.closeness_centrality(G)
eig_cen = nx.eigenvector_centrality(G)
print(deg_cen)
df = DataFrame(deg_cen,index=[0])
df.to_excel('点度中心性2013.xlsx')
df = DataFrame(bet_cen,index=[0])
df.to_excel('中介中心性2013.xlsx')
df = DataFrame(clo_cen,index=[0])
df.to_excel('接近中心性2013.xlsx')
df = DataFrame(eig_cen,index=[0])
df.to_excel('特征向量中心性2013.xlsx')
print("点度中心性为：{}".format(deg_cen))
print("中介中心性为：{}".format(bet_cen))
print("接近中心性为：{}".format(clo_cen))
print("特征向量中心性为：{}".format(eig_cen))
plt.show()
```

利用同样的方法可以输出 2022 年各国的 LNG 贸易网络中各节点的中心性，从而可以从时间维度对比分析中心性指标的变化。图 9-6 展示了 2013 年和 2022 年 LNG 贸易网络中各国的点度中心性对比结果。观察点度中心性对比结果可以得出如下结论：2013 年全球 LNG 贸易的重心主要在卡塔尔、日本、韩国等地，2022 年 LNG 贸易的重心发生了变化，美国的中心性明显提升，这主要源于美国 LNG 出口的快速增长。

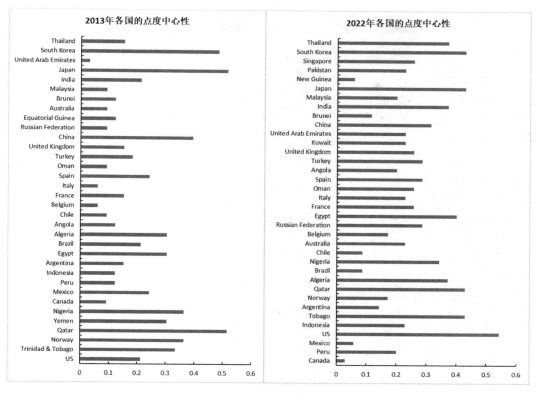

图 9-6　点度中心性对比结果

9.2.4　LNG 贸易网络的图嵌入

　　图嵌入是指将图节点进行向量化表示，获取更多的特征嵌入编码，这可以帮助以后的任务获得更好的结果。运用图嵌入方法可以将上述的 LNG 贸易网络节点进行向量化表示。本节以 DeepWalk 方法为例，对图嵌入方法的使用进行介绍。

　　首先需要实现 deep_walk()函数，输入参数为图的节点集合和最大游走步数。先通过 G.nodes()函数获取图中节点集合，通过 G.neighbors(node)函数获取当前节点的邻居节点，再通过 random 方法随机选取邻居节点，持续到规定的最大游走步数，即完成一个节点的采样。deep_walk()函数代码如下。

```
def deep_walk(all_nodes, walk_length=50):
    walks = []
    all_nodes = list(all_nodes)
    random.shuffle(all_nodes)
    for node in all_nodes:
        walk = [node]
        while len(walk) < walk_length:
            cur_walk = walk[-1]
            cur_neighbor = list(G.neighbors(cur_walk))
            if len(cur_neighbor) > 0:
                walk.append(random.choice(cur_neighbor))
```

```
        else:
            break
    walks.append(walk)
return walks
```

调用 Gensim 库的 Word2Vec 方法，对上述随机游走获得的训练语料进行训练，获取词嵌入结果，此处为了便于图形化展示，将 vector_size 设置为 2，即将每个国家节点表示成一个 2 维特征向量，在现实应用中，vector_size 的值会比较大。实现代码如下。

```
def get_embeddings(w2v_model, graph):
    count = 0
    invalid_word = []
    _embeddings = {}
    for word in graph.nodes():
        if word in w2v_model.wv:
            _embeddings[word] = w2v_model.wv[word]
        else:
            invalid_word.append(word)
            count += 1
    print("无效 word", len(invalid_word))
    print("有效 embedding", len(_embeddings))
    return _embeddings
walks = deep_walk(G.nodes)
kwargs = {"sentences": walks, "min_count": 0, "vector_size": 2,
          "sg": 1, "hs": 0, "workers": 3, "window": 5, "epochs": 3}
model = Word2Vec(**kwargs)
embeddings = get_embeddings(model, G)
```

各个国家在图上的信息可以使用如图 9-7 所示的向量来表示，图嵌入可以较好地表示节点在图上的信息，使得国家之间具有较好的差异性表示，图上具有相似性特征的国家的向量较为接近，这为后续的应用提供了较好的基础。

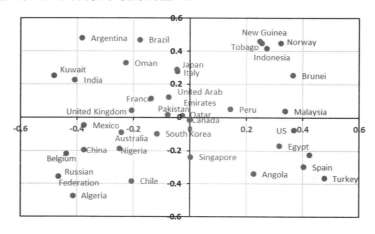

图 9-7　图嵌入结果的展示（2022 年 LNG 贸易网络数据）

第 10 章　煤炭大数据分析案例

本章选取煤炭类型识别和煤矿地震预测两个案例对煤炭大数据分析技术进行介绍，涉及卷积神经网络和 Logistic 回归理论。第一个案例选取了 4 种煤炭类型的图片集合，训练卷积神经网络，建立一种煤炭图片的自动分类模型。第二个案例选取煤矿地震相关特征和数据集，训练并建立煤矿地震预测模型。

10.1　煤炭类型识别

10.1.1　案例描述

通过识别煤炭的类型，可以帮助矿工和科学家更好地了解煤炭的特性和用途，若将煤炭类型自动识别技术应用于机器，则可以实现对煤炭的自动识别与拣选。本案例描述了如何使用卷积神经网络（CNN）来实现煤炭类型的自动识别。

本案例采用的数据集为 4 类煤炭的图片数据集，包括无烟煤（Anthracite）、烟煤（Bituminous）、褐煤（Lignite）和泥煤（Peat），数据来源于 Kaggle。

10.1.2　实现步骤

CNN 模型的训练共包含 7 步。

步骤 1：数据收集和准备。

收集煤炭图片数据集，确保每个类别都有足够数量的图片。将数据集划分为训练集和测试集，通常可以将 20%或 30%的数据作为测试集。

步骤 2：数据预处理。

对图片进行预处理，包括调整图片大小、归一化像素值等，可以通过 Python 的图片处理库（OpenCV）来完成。

步骤 3：建立 CNN 模型。

使用 Python 的深度学习框架（TensorFlow）建立 CNN 模型。CNN 模型应包括卷积层、池化层和全连接层，以及适当的激活函数（如 ReLU）和正则化技术（Dropout）。

步骤 4：模型训练。

使用训练集对 CNN 模型进行训练，通过将图片数据传递给模型并提供相应的标签，模型将学习如何区分不同类型的煤炭。

步骤 5：模型评估。

使用测试集评估训练后的 CNN 模型的性能，计算准确率、精确率、召回率等指标，以衡量模型在识别不同煤炭类型方面的表现。

步骤 6：模型优化（可选）。

根据评估结果，可能需要调整 CNN 模型的超参数，如学习率、层数、卷积核大小等，以获得更好的性能。

步骤 7：预测新数据。

当 CNN 模型完成训练并优化后，可以使用它来预测新的煤炭图片类型。将新的煤炭图片输入模型，并获取模型的预测结果。

10.1.3 程序实现与结果分析

首先需要导入 CNN 模型使用的包，"os"用于识别文件路径，"cv2"用于读取和处理图片文件，"pickle"用于存储和读取数据（也可不使用），"keras"用于建立 CNN 模型。

```python
import numpy as np
import matplotlib.pyplot as plt
import os
import cv2
import pickle
from tensorflow import keras
from keras.models import Sequential
from keras.layers import Dense, Activation,Flatten,Conv2D,MaxPooling2D
import random
```

对所有图片数据进行预处理，将所有图片处理成 IMG_SIZE 定义的像素大小的灰度图片。

```python
DATADIR = "Coal_Classification"
CATEGPRIES = ["Anthracite","Bituminous", "Lignite", "Peat"]
IMG_SIZE = 50
training_data = []
def create_training_data():
    for category in CATEGPRIES:
        path = os.path.join(DATADIR,category)
        class_num = CATEGPRIES.index(category)
        for img in os.listdir(path):
            try:
                img_array = cv2.imread(os.path.join(path,img),cv2.IMREAD_GRAYSCALE)
                new_array = cv2.resize(img_array,(IMG_SIZE,IMG_SIZE))
                training_data.append([new_array,class_num])
            except Exception as e:
                pass
create_training_data()
```

然后打乱图片数据集的顺序，对所有图片提取特征（像素值）和标签，将数据序列化，并保存为 X.pickle、y.pickle 二进制文件。

```python
random.shuffle(training_data)
X = []
y = []
```

```
for features, label in training_data:
    X.append(features)
    y.append(label)
pickle_out = open('X.pickle',"wb")
pickle.dump(X,pickle_out)
pickle_out.close()
pickle_out = open('y.pickle',"wb")
pickle.dump(y,pickle_out)
pickle_out.close()
```

　　首先加载 X.pickle、y.pickle 数据，利用 Keras 框架建立 CNN 模型，训练 CNN 模型。模型结构中采用了 128 个 3×3 的卷积核，模型结构并不是固定的，可以根据训练效果对卷积层进行增加或减少。Flatten 后建立一个 128 个神经元的隐藏层（使用 ReLU 激活函数），输出层为 4 个神经元（使用 Sigmoid 型激活函数）。模型训练中使用 SGD 算法进行参数更新，其中学习率设置为 0.05，将 20%的数据作为验证集，最后进行绘图。

```
X = pickle.load(open('X.pickle','rb'))
y = pickle.load(open('y.pickle','rb'))
X = np.array(X).reshape(-1,IMG_SIZE,IMG_SIZE,1)
y = keras.utils.to_categorical(np.array(y))
X = X/255.0
model = Sequential()
model.add(Conv2D(128,(3,3),input_shape = X.shape[1:]))
model.add(Activation('relu'))
model.add(MaxPooling2D(pool_size=(2,2)))
model.add(Conv2D(128,(3,3)))
model.add(Activation('relu'))
model.add(MaxPooling2D(pool_size=(2,2)))
model.add(Flatten())
model.add(Dense(128))
model.add(Activation('relu'))
model.add(Dense(4))
model.add(Activation('sigmoid'))
sgd = keras.optimizers.SGD(learning_rate=0.05)
model.compile(loss = 'categorical_crossentropy', optimizer = sgd, metrics=
['accuracy'])
history = model.fit(X, y, batch_size=10, epochs=30, validation_split=0.2)
model.save('model_cnn.h5')
loss = history.history['loss']
val_loss = history.history['val_loss']
plt.plot(loss, label='loss')
plt.plot(val_loss, label='val_loss')
```

```
plt.title('model loss')
plt.ylabel('loss')
plt.xlabel('epoch')
plt.legend(['train', 'valid'], loc='upper left')
plt.savefig('./loss.png')
```

model.save('model_cnn.h5')的作用是将模型结构和训练结果存储为 H5 类型的文件，需要安装好 h5py 包，才能正常运行该行代码。h5py 包是 Python 中用于读取和写入 HDF5 文件格式数据的软件包，HDF5 指的是层次型数据格式，主要用于存储和管理大数据集和复杂数据对象。这种存储模型的方式既可以存储神经网络的结构，又可以存储训练结果。

训练完成后，可以使用存储的 H5 类型的文件进行新的应用。CNN 模型的训练结果如图 10-1 所示。可以看出，在训练集上 CNN 模型的准确率可以达到 90%以上，而在验证集上并不理想，这主要是验证集的样本量不足导致的。

```
24/24 [==============================] - 1s 48ms/step - loss: 0.8314 - accuracy: 0.6750 - val_loss: 1.6880 - val_accuracy: 0.2500
Epoch 19/30
24/24 [==============================] - 1s 47ms/step - loss: 0.7272 - accuracy: 0.7583 - val_loss: 2.0754 - val_accuracy: 0.2667
Epoch 20/30
24/24 [==============================] - 1s 50ms/step - loss: 0.6696 - accuracy: 0.7542 - val_loss: 1.8872 - val_accuracy: 0.2167
Epoch 21/30
24/24 [==============================] - 1s 48ms/step - loss: 0.5523 - accuracy: 0.8000 - val_loss: 2.1994 - val_accuracy: 0.2667
Epoch 22/30
24/24 [==============================] - 1s 47ms/step - loss: 0.5819 - accuracy: 0.8000 - val_loss: 2.1704 - val_accuracy: 0.2833
Epoch 23/30
24/24 [==============================] - 1s 48ms/step - loss: 0.4343 - accuracy: 0.8542 - val_loss: 2.4250 - val_accuracy: 0.2667
Epoch 24/30
24/24 [==============================] - 1s 48ms/step - loss: 0.4042 - accuracy: 0.8708 - val_loss: 2.1287 - val_accuracy: 0.3000
Epoch 25/30
24/24 [==============================] - 1s 47ms/step - loss: 0.3622 - accuracy: 0.8792 - val_loss: 2.1305 - val_accuracy: 0.2333
Epoch 26/30
24/24 [==============================] - 1s 47ms/step - loss: 0.3114 - accuracy: 0.8917 - val_loss: 2.2451 - val_accuracy: 0.2833
Epoch 27/30
24/24 [==============================] - 1s 47ms/step - loss: 0.2459 - accuracy: 0.9250 - val_loss: 2.3142 - val_accuracy: 0.3167
Epoch 28/30
24/24 [==============================] - 1s 48ms/step - loss: 0.3414 - accuracy: 0.8875 - val_loss: 2.5242 - val_accuracy: 0.3167
Epoch 29/30
24/24 [==============================] - 1s 48ms/step - loss: 0.2600 - accuracy: 0.9083 - val_loss: 2.5865 - val_accuracy: 0.3167
Epoch 30/30
24/24 [==============================] - 1s 47ms/step - loss: 0.2490 - accuracy: 0.9000 - val_loss: 2.6321 - val_accuracy: 0.2833
```

图 10-1　CNN 模型的训练结果

训练完成后，可以加载 CNN 模型，利用 CNN 模型对新的图片进行识别分类，并输出分类结果。本案例中建立了名为 to_predict_Bituminous 的文件夹，随机挑选几张烟煤图片（复制几张图片粘贴于 to_predict_Bituminous 文件夹即可），加载模型并进行预测，代码如下。

```
from keras.models import load_model
import numpy as np
import cv2
import os
IMG_SIZE = 50
DATADIR = "Coal_Classification"
CATEGPRIES = ["Anthracite","Bituminous", "Lignite", "Peat"]
model = load_model('model_cnn.h5')
```

```
predict_imgs = []
DATADIR = "Coal_Classification"
path = os.path.join(DATADIR,"to_predict_Bituminous")
for img in os.listdir(path):
    try:
        img_predict_array = cv2.imread(os.path.join(path,img),cv2.IMREAD_GRAYSCALE)
        #将图片的大小统一为 50 像素×50 像素
        new_array = cv2.resize(img_predict_array,(IMG_SIZE,IMG_SIZE))
        predict_imgs.append(new_array)
    except Exception as e:
        pass
predict_imgs = np.array(predict_imgs).reshape(-1,IMG_SIZE,IMG_SIZE,1)
predict_imgs = predict_imgs/255.0
predict = model.predict(predict_imgs)
print ('5 张烟煤图片的识别结果为: ')
for predict_i in predict:
    print("概率为%.3f, 判断为%s"%(max(predict_i), CATEGPRIES[np.argmax(predict_i)]))
```

10.2　煤矿地震预测

10.2.1　案例描述

煤矿开采是一项非常危险的作业，如易燃气体积聚、岩石爆炸和隧道坍塌等，安全问题对煤矿产业影响巨大。因此，矿业公司必须考虑并尽可能规避这些危险，为矿工提供安全的工作条件。其中一类危险被称为"煤矿地震"或"煤矿诱发地震"，这是采煤活动引起的地下岩层应力重新分布和释放导致的，会危及矿工安全和造成设备损坏。但是，煤矿地震一般难以有效防范，甚至难以确定性地预测。当前，预测煤矿地震是机器学习和预测分析领域的一个难题。

10.2.2　模型方法与数据集

本案例的目标是使用 Logistic 回归算法来预测地震中的能量读数和撞击次数是否会导致严重的地震危险并评估其预测准确性，以验证 Logistic 回归算法在解决这一问题上的效果。

本案例使用了 UCI 机器学习库中一个名为"Seismic Bumps"的数据集，其中包含大量的记录，涵盖各种分类和数值变量，可用于预测煤矿地震。这些数据来自波兰的 Zabrze-Bielszowice 煤矿的仪器，总共包括 2584 个记录。

建立数据集的目的是使用一个工作班次期间的能量读数和撞击计数来预测下一个工作班次期间是否会发生"危险性撞击"。在这里，被定义为"危险性撞击"的事件是指地震事件的能量大于 10000J，并且一个工作班次是指一个 8 小时的时间段。

数据集中主要包含 18 个输入变量（特征）和 1 个二进制输出变量（标签），其说明如表 10-1 所示。

表 10-1　数据集的特征和标签说明

序号	特征或标签	变量说明
1	seismic	表示通过地震方法获得的矿山工作中的班次地震危险评估结果，包含 4 个可能的值，分别表示不同的危险程度：a—无危险，b—低危险，c—高危险，d—危险状态
2	seismoacoustic	表示通过声波地震方法获得的矿山工作中的班次地震危险评估结果，包含 4 个可能的值，分别表示不同的危险程度：a—无危险，b—低危险，c—高危险，d—危险状态
3	shift	表示班次类型的信息，其中 W 代表采煤班次，N 代表准备班次
4	genergy	表示前一个班次中由最活跃的地震仪（GMax）记录的地震能量
5	gpuls	表示前一个班次中 GMax 记录的地震脉冲的数量
6	gdenergy	表示了前一个班次中 GMax 记录的能量与前八个班次中平均能量的差异
7	gdpuls	表示前一个班次中 GMax 记录的脉冲数量与前八个班次中平均脉冲数量的差异
8	ghazard	表示仅基于来自 GMax 的记录通过声波地震方法获得的矿山工作中的班次地震危险评估结果
9	nbumps	表示前一个班次中记录的地震撞击的数量
10	nbumps2	表示前一个班次中记录的撞击能量在范围 $[10^2, 10^3)$ 内的地震数量
11	nbumps3	表示前一个班次中记录的撞击能量在范围 $[10^3, 10^4)$ 内的地震数量
12	nbumps4	表示前一个班次中记录的撞击能量在范围 $[10^4, 10^5)$ 内的地震数量
13	nbumps5	表示前一个班次中记录的撞击能量在范围 $[10^5, 10^6)$ 内的地震数量
14	nbumps6	表示前一个班次中记录的撞击能量在范围 $[10^6, 10^7)$ 内的地震数量
15	nbumps7	表示前一个班次中记录的撞击能量在范围 $[10^7, 10^8)$ 内的地震数量
16	nbumps89	表示前一个班次中记录的撞击能量在范围 $[10^8, 10^{10})$ 内的地震数量
17	energy	表示前一个班次中记录的地震撞击的总能量
18	maxenergy	表示前一个班次中记录的地震撞击的最大能量
19	class	数据集的标签，其中"1"表示在下一个班次中发生了高能量地震撞击（被认为是"危险状态"），而"0"表示在下一个班次中没有发生高能量地震撞击（被认为是"非危险状态"）

　　数据集明显具有不均衡性，存在地震可能的记录明显少于正常情况，因此需要考虑对不均衡数据进行处理，以提升模型预测的准确性，原因在于 Logistic 回归算法对样本不均衡比较敏感。Logistic 回归算法采用经验风险最小化作为模型的学习准则，即它的优化目标是最小化模型在训练集上的平均损失，这种算法天然地会将关注点更多地放在多数类别的拟合情况上，因为多数类别的分类正确与否，更加影响最终的整体损失情况。而在样本不均衡的建模任务中，人们常常更关注的是少数类别的分类正确与否，这就导致实际的建模目标和模型本身的优化目标是不一致的。

　　处理样本不均衡问题的方法一般分为两种：权重法和采样法。权重法分为类别权重法和样本权重法。类别权重法将权重加在类别上，若类别的样本量多，则类别的权重设低一些，反之类别的权重设高一些；样本权重法的权重加在样本上，若类别的样本量多，则其每个样本的权重低，反之每个样本的权重高。采样法可以分为上采样（或过采样）、下采样（或子采样）。上采样对样本量少的类别进行采样，直到和样本量多的类别量级差不多，SMOTE（Synthetic Minority Over-sampling Technique）是一种流行的过采样方法之一，它通过在少数类别样本之间合成新的样本来增加样本量，从而均衡数据集；下采样对样本量多的类别进行采样，直到和样本量少的类别量级差不多。

10.2.3　程序实现与结果分析

1）数据的导入与清洗

　　首先需要导入相关的库，然后使用 arff.loadarff() 函数加载刚刚下载的 ARFF 文件，这将返回两个值：data 和 meta，data 是包含数据的结构化对象，meta 是与数据相关的元数据（如特征信息）。使用 pandas 库创建一个 DataFrame 对象 df，将 data 中的数据转换为 DataFrame，使数据更容易分析和处理。将数据集中的类别变量转化为数值变量，这里使用 Scikit-Learn（sklearn）库中的 LabelEncoder 类来将类别变量转换为标签编码。通过调用 fit_transform 方法，将每列中的类别变量转换为标签编码形式。数据的导入与清洗代码如下。

```python
def ETL_data():
    data, meta = arff.loadarff("seismic-bumps.arff")
    df = pd.DataFrame(data)
    label_encoder = LabelEncoder()
    df['seismic'] = label_encoder.fit_transform(df['seismic'])
    df['seismoacoustic'] = label_encoder.fit_transform(df['seismoacoustic'])
    df['shift'] = label_encoder.fit_transform(df['shift'])
    df['ghazard'] = label_encoder.fit_transform(df['ghazard'])
    mlb = MultiLabelBinarizer()
    df['class'] = mlb.fit_transform(df['class'])
    return df
```

2）Logistic 回归模型训练

创建特征变量和目标变量的数据集，特征变量 X 定义为 df 中除'class'列外的所有其他列，使用 drop 方法从 df 中删除'class'列，目标变量 y 定义为'class'列。

将数据集划分为训练集和测试集。使用 train_test_split 函数从特征变量 X 和目标变量 y 中创建 4 个数据集：X_train（训练集特征）、X_test（测试集特征）、y_train（训练集目标）、y_test（测试集目标）。test_size=0.2 表示将数据集划分成 80%的训练集和 20%的测试集。这是一种常见的划分比例，但可以根据需要进行调整。LogisticRegression 方法中 penalty 是正则化选项，主要有两种："l1" 和 "l2"，默认为 "l2"；C 是正则化系数的倒数，其值越小，正则化越强，通常默认为 1；solver 用来指定 Logistic 回归的优化方法，liblinear 表示使用坐标轴下降法来迭代优化损失函数，也可以选择其他方法；max_iter 用来设置最大的迭代次数；random_state 是随机种子，用于确保每次运行代码时都获得相同的随机划分。

```python
def train_and_predict(df):
    X = df.drop('class', axis=1)
    y = df['class']
    X_train, X_test, y_train, y_test = train_test_split(X, y, test_size=0.3,
random_state=42)
    model = LogisticRegression(penalty='l2', C=1.0, solver='liblinear',
max_iter=100, random_state=42)
    model.fit(X_train, y_train)
    y_pred = model.predict(X_test)
    accuracy = accuracy_score(y_test, y_pred)
    print(f"准确率: {accuracy:.2f}")
    print(classification_report(y_test, y_pred))
```

上述代码未对不均衡数据进行处理，可以使用 SMOTE 方法对不均衡数据进行处理，代码如下。

```python
def smote_train_predict(df):
```

```
X = df.drop('class', axis=1)
y = df['class']
oversampler = SMOTE(sampling_strategy=0.5, random_state=0)
os_features, os_labels = oversampler.fit_resample(X, y)
counter = Counter(os_labels)
print(counter)
X_train_smote_sample, X_test_smote_sample, y_train_smote_sample,
y_test_smote_sample = \
    train_test_split(os_features, os_labels, test_size=0.3, random_state=0)
model = LogisticRegression(penalty='l2', C=1, solver='liblinear',
max_iter=100, random_state=0)
model.fit(X_train_smote_sample, y_train_smote_sample)
y_pred = model.predict(X_test_smote_sample)
accuracy = accuracy_score(y_test_smote_sample, y_pred)
print(f"准确率: {accuracy:.2f}")
print(classification_report(y_test_smote_sample, y_pred))
```

使用 SMOTE 方法需要安装 imbalanced-learn 库，这个库包含了实现不均衡数据集处理方法的工具。使用原始的数据集 X 和 y，并使用 fit_resample 方法进行上采样，上采样后，os_features 和 os_labels 将包含均衡后的数据集。SMOTE 方法中可以设置 sampling_strategy 参数，以控制合成样本的数量，将 sampling_strategy 设置为 0.35，表示合成样本的数量是原始少数类别样本数量的 35%。

3）结果分析

使用 SMOTE 方法前后的训练结果如表 10-2 所示。当不使用 SMOTE 方法时，测试集中存在地震可能的样本量为 37 个，正常类别的样本量为 480 个，正常类别的样本预测结果显示，F_1-Score 为 0.96，而存在地震可能的样本 F_1-Score 为 0。现实应用中更关注存在地震可能的样本的预测准确率，因此不均衡数据的训练存在较大问题，需要进行均衡处理。采用 SMOTE 方法进行训练后，对存在地震可能的样本进行上采样，测试集中样本量达到了 149 个，正常样本量为 503 个，此时存在地震可能的样本 F_1-Score 为 0.55，正常类别的样本 F_1-Score 为 0.89。读者可以自行尝试更改 sampling_strategy、random_state 等参数，观察实验结果。

表 10-2 使用 SMOTE 方法前后的训练结果

		精准率	召回率	F_1-Score	样本量
SMOTE	0	0.65	0.48	0.55	149
	1	0.86	0.92	0.89	503
	准确率			0.82	652
	宏准确率	0.75	0.7	0.72	652
	加权准确率	0.81	0.82	0.81	652
无 SMOTE	0	0	0	0	37
	1	0.93	0.99	0.96	480
	准确率			0.92	517
	宏准确率	0.46	0.5	0.48	517
	加权准确率	0.86	0.92	0.89	517

第 11 章 油气大数据分析案例

本章选取油气消费量的影响因素分析和石油管线事故损失预测两个案例对油气大数据分析技术的应用进行介绍，主要涉及回归分析和随机森林理论。第一个案例选取我国油气消费量的几个影响指标，分析各指标的影响效果；第二个案例基于随机森林理论建立石油管线事故损失预测模型。

11.1 油气消费量的影响因素分析

11.1.1 案例描述

石油和天然气是经济发展的重要驱动因素，分析油气消费量的影响因素和影响效果对政府决策具有重要意义。影响油气消费量的因素较多，本案例选取经济发展、经济结构、科技发展及人口规模 4 个因素，研究其对油气消费量的影响，从而介绍回归分析的应用方法。其中，油气消费量用符号 OGC 表示；经济发展使用 GDP 指标量化，用符号 ED 表示；经济结构使用第三产业产值占 GDP 比值来量化，用符号 ES 表示；科技发展通过研究与试验发展经费支出来量化，用符号 TD 表示；人口规模使用年末总人口数来量化，用符号 PS 表示。

11.1.2 回归分析

1）数据采集与处理

本案例以 2001—2020 年全国数据为例，探究各因素对油气消费量的影响，数据来源于《中国统计年鉴》。采集数据之后，需要将数据文件保存为 CSV 文件，部分数据如图 11-1 所示。

2）绘制散点图观察变量关系

首先使用 pandas 库读取数据，使用前需要提前导入这个库。案例中使用的数据文件名是"Oil_and_gas.csv"，然后使用 read_csv()函数读取数据文件中的数据，并用第一列作为每一行的索引。

绘制自变量与目标变量之间的散点图，即 OGC 关于 ED、OGC 关于 ES、OGC 关于 TD、OGC 关于 PS 的散点图。Matplotlib 库是用于绘制可视化图像的 2D 绘图库，该部分使用 Matplotlib 库的子库 matplotlib.pyplot，直接调用 plot()函数对列表数据画图。plot()函数默认为绘制线形（kind='line'）图形，绘制散点图需要 kind='scatter'，设置好"x"和"y"等内容，最终使用 show()函数进行展示，代码如下。

```
import pandas as pd
import matplotlib.pyplot as plt
```

```
filename = 'Oil_and_gas.csv'
data = pd.read_csv(filename, index_col = 0)
data.plot(kind='scatter',x='ED',y='OGC',title='ED-OGC')
plt.xlabel("ED")
plt.ylabel("OGC")
plt.show()
data.plot(kind='scatter',x='ES',y='OGC',title='ES-OGC')
plt.xlabel("ES")
plt.ylabel("OGC")
plt.show()
data.plot(kind='scatter',x='TD',y='OGC',title='TD-OGC')
plt.xlabel("TD")
plt.ylabel("OGC")
plt.show()
data.plot(kind='scatter',x='PS',y='OGC',title='PS-OGC')
plt.xlabel("PS")
plt.ylabel("OGC")
plt.show()
```

年份（年）	油气消费量 （十亿吨标准煤气）	经济发展 （十万亿元）	经济结构	科技发展 （万亿元）	人口规模 （十亿人）
2001	0.367	1.093	0.412	0.104	1.276
2002	0.395	1.205	0.422	0.129	1.285
2003	0.441	1.366	0.420	0.154	1.292
2004	0.511	1.614	0.412	0.197	1.300
2005	0.528	1.860	0.413	0.245	1.308
2006	0.579	2.190	0.418	0.300	1.314
2007	0.623	2.707	0.429	0.371	1.321
2008	0.644	3.212	0.429	0.462	1.328
2009	0.669	3.479	0.444	0.580	1.335
2010	0.772	4.104	0.442	0.706	1.341
2011	0.828	4.834	0.443	0.869	1.349
2012	0.877	5.373	0.455	1.030	1.359
2013	0.934	5.881	0.469	1.185	1.367
2014	0.981	6.444	0.483	1.302	1.376
2015	1.051	6.856	0.508	1.417	1.383
2016	1.095	7.427	0.524	1.568	1.392
2017	1.176	8.309	0.527	1.761	1.400
2018	1.251	9.152	0.533	1.968	1.405
2019	1.316	9.838	0.543	2.214	1.410
2020	1.355	10.055	0.545	2.439	1.412

图 11-1　部分数据

　　散点图绘制结果如图 11-2 所示，该模型所选择的 4 个自变量均与目标变量存在线性相关关系，可以尝试使用线性回归方法进行估计。

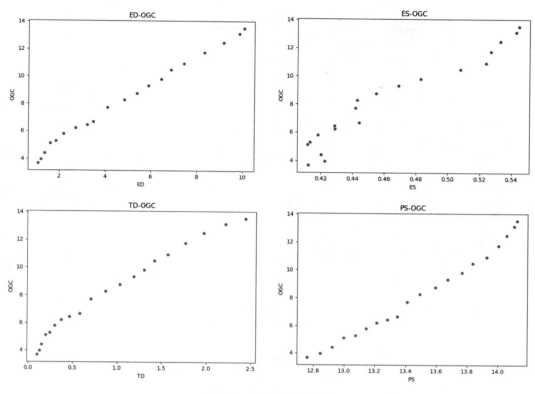

图 11-2　散点图绘制结果

3）回归分析模型应用

建立回归分析模型可以使用 statsmodels 库，它是 Python 中的统计分析库，提供了多种用于统计建模和分析的函数和类，用于拟合多种统计模型，执行统计测试及数据探索和可视化。首先使用 iloc() 函数定位数据所在列，并将数据类型转换为浮点型；然后使用 sm.add_constant() 函数在 "X" 上加入一列常数项，从而得出后续的常数项；接着使用 OLS() 函数建立模型，使用 fit() 函数获取拟合结果，最后使用 summary() 函数展示拟合模型的详细结果，代码如下。

```
import statsmodels.api as sm
X = data.iloc[:,1:5].values.astype(float)
y = data.iloc[:,0].values.astype(float)
X=sm.add_constant(X)
model=sm.OLS(y,X)
results=model.fit()
print('检验的结果为: \n',results.summary())
```

11.1.3　结果分析

可以通过程序输出结果分析我国油气消费量与影响因素之间的关系，回归分析模型输出结果如图 11-3 所示。在回归分析模型中，R^2 为 0.998，表明模型的拟合度较好，自变量经济发展（ED）的回归系数为 0.0207，P 为 0.446，说明经济发展对油气消费量有正向促进作用，但显著性不高；经济结构（ES）的回归系数为-0.6158，P 为 0.104，虽未低于 0.1，但基本说明了经济结构的优化对降低油气消费量产生了正向促进作用；科技发展（TD）的回归系数为 0.1668，通过了 5%的显著性检验，表明当科技发展水平较高时，会促进油气消费量的增加，说明科技发展的方向主要是拉动经济增长，在降低能耗方面未得到体现；人口规模（PS）的回归系数为 3.5771，通过了 1%的显著性检验，表明人口规模越大，油气消费量越高。

```
                         OLS Regression Results
==============================================================================
Dep. Variable:                      y   R-squared:                       0.998
Model:                            OLS   Adj. R-squared:                  0.998
Method:                 Least Squares   F-statistic:                     2004.
Date:                Fri, 27 Oct 2023   Prob (F-statistic):           2.90e-20
Time:                        17:50:30   Log-Likelihood:                 58.106
No. Observations:                  20   AIC:                            -106.2
Df Residuals:                      15   BIC:                            -101.2
Df Model:                           4
Covariance Type:            nonrobust
==============================================================================
                 coef    std err          t      P>|t|      [0.025      0.975]
------------------------------------------------------------------------------
const         -3.9751      0.910     -4.369      0.001      -5.915      -2.036
x1             0.0207      0.026      0.783      0.446      -0.036       0.077
x2            -0.6158      0.356     -1.728      0.104      -1.375       0.144
x3             0.1668      0.076      2.196      0.044       0.005       0.329
x4             3.5771      0.714      5.012      0.000       2.056       5.098
==============================================================================
Omnibus:                        0.591   Durbin-Watson:                   1.859
Prob(Omnibus):                  0.744   Jarque-Bera (JB):                0.607
Skew:                          -0.043   Prob(JB):                        0.738
Kurtosis:                       2.151   Cond. No.                     2.02e+03
==============================================================================
```

图 11-3　回归分析模型输出结果

11.2　石油管线事故损失预测

11.2.1　案例描述

石油管线事故是指在石油管线系统中发生的意外事件，导致石油或石油产品泄漏、溢出或其他不良后果，造成巨大的损失。本案例针对石油管线事故损失进行预测，通过搜集到的数据集和机器学习算法（随机森林）建立模型来预测石油管线事故可能导致的损失，包括人员伤亡、环境破坏、财务成本等。本案例主要展示如何基于机器学习算法建立一个有效的预测系统，帮助石油公司更好地管理风险和进行资源分配，以提高石油管线安全性，降低损失。

11.2.2　随机森林回归的步骤

随机森林回归的步骤如下。

步骤 1：采集数据并准备数据集。需要准备用于训练和测试模型的数据集，数据集应包含特征和对应的目标变量。特征是用于预测目标变量的特征或指标，目标变量是需要进行预测的值。通常，需要将数据集划分为训练集和测试集，其中训练集用于训练模型，测试集用于评估模型的性能。

步骤 2：模型训练与预测。在 sklearn 库中，可以使用 RandomForestRegressor 类来构建随机森林回归模型。可以设置一些参数来控制随机森林的行为，如决策树的数量、特征选择的方式、决策树的生长方式等，可以根据实际问题和需求进行参数的调整。使用训练集对随机森林回归模型进行训练，模型将根据训练集中的样本和目标变量的值来构建多棵决策树，并在每棵树上进行特征选择和划分。使用训练好的随机森林回归模型对测试集中的样本进行预测，模型将对每棵决策树的预测结果进行平均或加权平均，从而得到最终的回归预测结果。

步骤 3：模型评估与调优。通过与真实目标变量的比较，评估模型的性能。可以使用各种回归性能指标，如均方误差（Mean Squared Error，MSE）、平均绝对误差（Mean Absolute Error，MAE）、决定系数（R^2）等，来评估模型的准确性和泛化能力。根据评估结果可以对随机森林回归模型进行调优，尝试调整随机森林回归模型的参数，如增加或减少决策树的数量、调整特征选择的方式、调整决策树的生长方式等，从而提高模型的性能。

步骤 4：模型应用。模型评估与调优后，可以将训练好的随机森林回归模型保存为文件，在使用时读取文件并进行实际预测。

11.2.3　程序实现与结果分析

1）数据集预处理

数据集部分内容如图 11-4 所示。

1	Report Number	Supplemental Number	Accident Year	Accident Date/Time	Operator ID
2	20100016	17305	2010	1/1/2010 7:15 AM	32109
3	20100254	17331	2010	1/4/2010 8:30 AM	15786
4	20100038	17747	2010	1/5/2010 10:30 AM	20160
5	20100260	18574	2010	1/6/2010 7:30 PM	11169
6	20100030	16276	2010	1/7/2010 1:00 PM	300
7	20100021	17161	2010	1/8/2010 11:38 PM	11169
8	20110036	18052	2010	1/9/2010 12:15 AM	26041
9	20100255	18584	2010	1/9/2010 1:12 AM	12624
10	20100261	18050	2010	1/10/2010 7:46 PM	26041
11	20100024	18390	2010	1/11/2010 2:30 PM	31684
12	20100150	15205	2010	1/11/2010 2:30 PM	32296
13	20100262	15399	2010	1/11/2010 2:47 PM	31454
14	20100234	18134	2010	1/11/2010 3:00 PM	9175

图 11-4　数据集部分内容

首先导入模型训练需要的各个包，然后利用 Python 的第三方库 pandas 将数据集加载到 DataFrame 中，可以通过直接打印输出 DataFrame 查看数据集的大小（数据集有多少个样本及每个样本有多少个特征），通过 isnull() 函数查看每列的非空值数量。对于空值超过 50% 以上的特征，直接删除，代码如下。

```
from sklearn.model_selection import train_test_split
from sklearn.metrics import mean_squared_error, mean_absolute_error, r2_score
```

```
import matplotlib.pyplot as plt
import numpy as np
import pandas as pd
from sklearn.ensemble import RandomForestRegressor
plt.rcParams['font.sans-serif'] = ['SimHei']
plt.rcParams['axes.unicode_minus'] = False
df = pd.read_csv('data.csv')
columns = df.columns
lack = df.isnull().sum() / 2795
lack = lack.apply(lambda x: format(x, '.2%'))
columns_1 = ['Liquid Subtype', 'Liquid Name', 'Intentional Release (Barrels)',
            'Shutdown Date/Time', 'Restart Date/Time', 'Operator Employee Injuries',
            'Operator Contractor Injuries', 'Emergency Responder Injuries',
            'Other Injuries', 'Public Injuries', 'All Injuries',
            'Operator Employee Fatalities', 'Operator Contractor Fatalities',
            'Emergency Responder Fatalities', 'Other Fatalities',
            'Public Fatalities', 'All Fatalities']
df = df.drop(columns_1, axis=1)
```

对于剩下的特征，如 Accident Date/Time 列，将其拆分为年、月、日三个特征，以表示事故发生时间的特征，对于 Pipeline Location、Pipeline Type 等列，由于其特征值为分类变量，因此用 One-hot 编码进行处理，对于部分缺失值用 0 填充，最后根据变量的实际意义，删除与预测事故总成本没有关系的特征，具体代码如下。

```
df['Accident Date/Time'] = pd.to_datetime(df['Accident Date/Time'])
df['Accident Month'] = df['Accident Date/Time'].dt.month
df['Accident Day'] = df['Accident Date/Time'].dt.day
columns_2 = ['Report Number', 'Supplemental Number', 'Operator Name',
            'Pipeline/Facility Name', 'Accident City', 'Accident County',
            'Accident State', 'Cause Subcategory', 'Public Evacuations',
            'Other Costs', 'Property Damage Costs', 'Accident Date/Time',
'Operator ID']
df = df.drop(columns_2, axis=1)
df.fillna(0, inplace=True)
columns_3 = ['Pipeline Location', 'Pipeline Type', 'Liquid Type', 'Cause Category',
            'Liquid Ignition', 'Liquid Explosion', 'Pipeline Shutdown']
data = pd.get_dummies(df, columns=columns_3)
data['All Costs'] = data.pop('All Costs')
```

2）模型训练与预测

首先将标签和特征分开，并以 8∶2 的比例划分训练集和测试集，然后基于得到的训练集数据（训练集特征 X_train 和训练集标签 y_train）来拟合决策树模型，最后使用训练好的模型对测试集数据进行预测。其中，使用 sklearn 库中的 RandomForestRegressor 类来建立决策树模型，可以设置不同的参数来调整树的数量、深度、分裂准则等。

```
X = data.iloc[:, :-1]
y = data.iloc[:, -1]
X_train, X_test, y_train, y_test = \
    train_test_split(X, y, test_size=0.2, random_state=33)
random_forest_regressor = RandomForestRegressor(n_estimators=20, random_state=33)
random_forest_regressor.fit(X_train, y_train)
y_pred = random_forest_regressor.predict(X_test)
```

3）模型评估与调优

将模型得到的测试集的预测值和真实值（测试集标签 y_test）进行比较，可以计算均方误差（MSE）、均方根误差（RMSE）、平均绝对误差（MAE）、决定系数（R^2）来评估模型的拟合效果，代码如下。

```
mse = mean_squared_error(y_test, y_pred)
print("均方误差 (MSE):", mse)
rmse = np.sqrt(mse)
print("均方根误差 (RMSE):", rmse)
mae = mean_absolute_error(y_test, y_pred)
print("平均绝对误差 (MAE):", mae)
r_squared = r2_score(y_test, y_pred)
print("决定系数 (R-squared):", r_squared)
```

通过调整随机森林中决策树的数量，对比预测结果，当 n_estimator=20 时，模型在测试集上预测结果的 R^2 达到了 0.912，说明模型的准确率较好。读者可尝试调整其他参数，本书仅对 n_estimator 进行了简单调优。

第 12 章　电力大数据分析案例

本章选取基于 LSTM 方法的家庭用电量预测和基于 Stacking 融合方法的电网负荷预测两个案例对电力大数据分析技术的应用方法进行介绍，主要介绍了 LSTM 和 Stacking 融合方法的应用。第一个案例选取了经典的数据集，介绍 LSTM 的应用方法。第二个案例介绍了 Stacking 模型的建立方法，选取了 XGBoost、决策树和 LSTM 三种方法进行应用。

12.1　基于 LSTM 方法的家庭用电量预测

12.1.1　案例描述

随着电子技术在家庭生活中的普及，人们对家庭用电量的需求越来越高。在这个过程中，建立一个可以准确预测家庭用电量的模型是非常有必要的。一方面，预测家庭用电量能够帮助人们制订家庭用电计划、降低用电成本；另一方面，可以为保障国家能源的稳定供应做出贡献。在本节的案例中，基于 LSTM（长短期记忆）方法，通过选取合适的特征，对居民家庭用电量进行预测。LSTM 模型适合数据量大、时间序列及顺序问题的预测，因此比较适合本案例的问题。

12.1.2　家庭用电量数据集

案例数据集来自 UCI 机器学习数据集，该数据集包含了 2006 年 12 月 16 日至 2010 年 11 月 26 日期间收集的 1000 个测量值，部分数据集如图 12-1 所示。数据集中的特征信息如下。

（1）Date：日期，格式为 dd/mm/yyyy。

（2）Time：时间，格式为 hh:mm:ss。

（3）Global_active_power：全球每分钟消耗的家用平均有功功率（千瓦）。

（4）Global_reactive_power：全球每分钟消耗的家用平均无功功率（千瓦）。

（5）Voltage：每分钟平均电压（伏特）。

（6）Global_intensity：全球每分钟的家用平均电流强度（安培）。

（7）Sub_metering_1：1 号能量子计量（以瓦时为单位的有功能量），主要是指厨房中的洗碗机、烤箱和微波炉消耗的电量。

（8）Sub_metering_2：2 号能量子计量（以瓦时为单位的有功能量），主要是指洗衣房中洗衣机、烘干机等消耗的电量。

（9）Sub_metering_3：3 号能量子计量（以瓦时为单位的有功能量），主要是指电热水器和空调消耗的电量。

```
Date;Time;Global_active_power;Global_reactive_power;Voltage;Global_intensity;Sub_metering_1;Sub_metering_2;Sub_metering_3
16/12/2006;17:24:00;4.216;0.418;234.840;18.400;0.000;1.000;17.000
16/12/2006;17:25:00;5.360;0.436;233.630;23.000;0.000;1.000;16.000
16/12/2006;17:26:00;5.374;0.498;233.290;23.000;0.000;2.000;17.000
16/12/2006;17:27:00;5.388;0.502;233.740;23.000;0.000;1.000;17.000
16/12/2006;17:28:00;3.666;0.528;235.680;15.800;0.000;1.000;17.000
16/12/2006;17:29:00;3.520;0.522;235.020;15.800;0.000;2.000;17.000
16/12/2006;17:30:00;3.702;0.520;235.090;15.800;0.000;1.000;17.000
16/12/2006;17:31:00;3.700;0.520;235.220;15.800;0.000;1.000;17.000
16/12/2006;17:32:00;3.668;0.510;233.990;15.800;0.000;1.000;17.000
16/12/2006;17:33:00;3.662;0.510;233.860;15.800;0.000;2.000;16.000
16/12/2006;17:34:00;4.448;0.498;232.860;19.600;0.000;1.000;17.000
16/12/2006;17:35:00;5.412;0.470;232.780;23.200;0.000;1.000;17.000
16/12/2006;17:36:00;5.224;0.478;232.990;22.400;0.000;1.000;16.000
16/12/2006;17:37:00;5.268;0.398;232.910;22.600;0.000;2.000;17.000
16/12/2006;17:38:00;4.054;0.422;235.240;17.600;0.000;1.000;17.000
16/12/2006;17:39:00;3.384;0.282;237.140;14.200;0.000;0.000;17.000
16/12/2006;17:40:00;3.270;0.152;236.730;13.800;0.000;0.000;17.000
16/12/2006;17:41:00;3.430;0.156;237.060;14.400;0.000;0.000;17.000
16/12/2006;17:42:00;3.266;0.000;237.130;13.800;0.000;0.000;18.000
16/12/2006;17:43:00;3.728;0.000;235.840;16.400;0.000;0.000;17.000
16/12/2006;17:44:00;5.894;0.000;232.690;25.400;0.000;0.000;16.000
16/12/2006;17:45:00;7.706;0.000;230.980;33.200;0.000;0.000;17.000
16/12/2006;17:46:00;7.026;0.000;232.210;30.600;0.000;0.000;16.000
16/12/2006;17:47:00;5.174;0.000;234.190;22.400;0.000;0.000;17.000
16/12/2006;17:48:00;4.474;0.000;234.960;19.400;0.000;0.000;17.000
```

图 12-1　家庭用电量数据集（部分）

12.1.3　LSTM 模型的应用与实现

LSTM 模型的应用方法包含 6 个步骤，具体如下。

1）数据的导入与预处理

数据集包含一些缺失值（约占行数的 1.25%），数据集中存在所有日历时间戳，但对于某些时间戳，缺少测量值，因此需要对数据进行预处理。在进行数据预处理之前，导入所需的数据，该数据集包含 2075259 行和 7 列的数据。首先对缺失数据进行检查，查看各列缺失数据的情况并用均值进行填充，以保证数据的统计特性，并提高分析的准确性，代码如下。

```python
def ETL_data():
    df = pd.read_csv('household_power_consumption.txt', sep=';',
                parse_dates={'dt' : ['Date', 'Time']}, low_memory=False,
                na_values=['nan','?'], index_col='dt',dayfirst=True)
    print(df.shape)
    print(df.isnull().sum())
    df = df.fillna(df.mean())
    print(df.isnull().sum())
    print(df.corr())
    return df
```

2）数据可视化

为了进一步理解和分析数据，可以对现有的数据集进行可视化操作，分别绘制各列数据每月、每日、每小时的均值，代码如下。

```python
def data_plot(df):
    i = 1
    cols = [0, 1, 3, 4, 5, 6]
    plt.figure(figsize=(20, 10))
    for col in cols:
        plt.subplot(len(cols), 1, i)
```

```
        plt.plot(df.resample('M').mean().values[:, col])
        plt.title(df.columns[col] + ' data resample over month for mean', y=0.75,
loc='left')
        i += 1
    plt.show()
    i = 1
    cols = [0, 1, 3, 4, 5, 6]
    plt.figure(figsize=(20, 10))
    for col in cols:
        plt.subplot(len(cols), 1, i)
        plt.plot(df.resample('D').mean().values[:, col])
        plt.title(df.columns[col] + ' data resample over day for mean', y=0.75,
loc='center')
        i += 1
    plt.show()
    i = 1
    cols=[0, 1, 3, 4, 5, 6]
    plt.figure(figsize=(20, 10))
    for col in cols:
        plt.subplot(len(cols), 1, i)
        plt.plot(df.resample('H').mean().values[:, col])
        plt.title(df.columns[col] + ' data resample over hour for mean', y=0.75,
loc='left')
        i += 1
    plt.show()
```

各列数据的月均值、日均值、小时均值分别如图 12-2、图 12-3、图 12-4 所示。

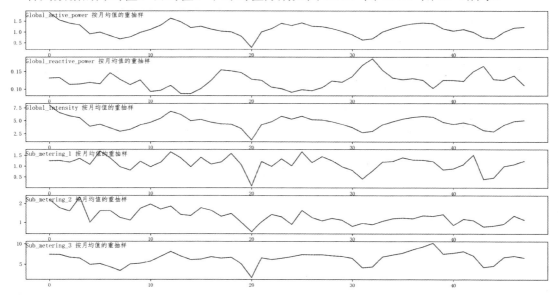

图 12-2　各列数据的月均值

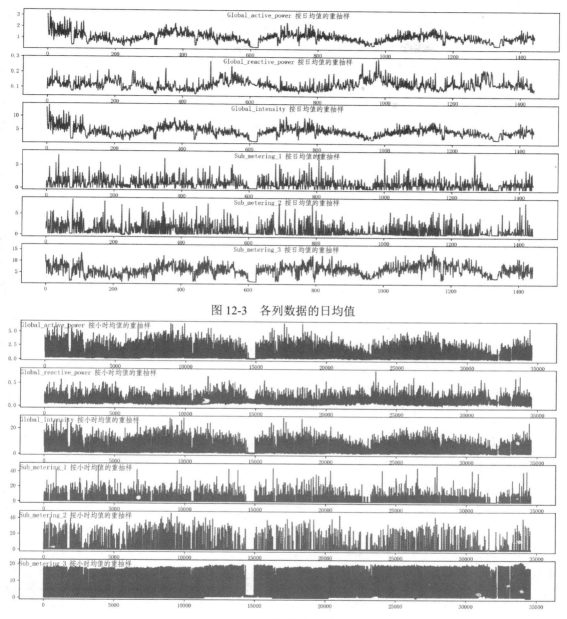

图 12-3 各列数据的日均值

图 12-4 各列数据的小时均值

从上面的可视化结果中可以看出，按月、日或小时进行重抽样非常重要，因为它具有预期的较大交互作用（改变系统的周期）。如果处理所有原始数据，则运行时间将非常长；但如果处理大时间尺度样本（如每月）数据，则会影响模型的预测性。通过观察可以看出，按小时对数据进行重抽样是比较合理的。

在使用 LSTM 模型进行预测之前，考虑特征之间的相关性是非常重要的。特征之间的相关性可能会影响模型的性能和预测结果，因此需要进行一些数据分析和处理来确保模型的有效性和稳定性。在使用 LSTM 模型时，需要对数据集中的特征进行选择。特征选择的目的是

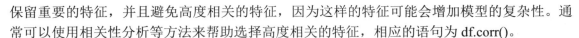

保留重要的特征，并且避免高度相关的特征，因为这样的特征可能会增加模型的复杂性。通常可以使用相关性分析等方法来帮助选择高度相关的特征，相应的语句为 df.corr()。

3）LSTM 数据准备

本案例利用 LSTM 模型来预测 Global_active_power 这一变量。为了减少计算时间，并快速得到结果来测试模型，对每小时的数据进行重抽样，将数据由 2075259 个减少到 34589 个（以分钟为单位）。因此，数据包含了当前时间（以小时为单位）的 7 个输入变量和 1 个"Global_active_power"输出变量。将数据集划分为训练集和测试集，此处选择了 34589 个数据中的 4000 个数据进行训练，其余的将用于测试模型，代码如下。

```
def lstm(df):
    df = df[['Global_active_power', 'Global_reactive_power', 'Voltage',
             'Global_intensity', 'Sub_metering_2', 'Sub_metering_1',
'Sub_metering_3']]
    df_resample = df.resample('h').mean()
    values = df_resample.values
    scaler = MinMaxScaler(feature_range=(0, 1))
    scaled = scaler.fit_transform(values)
    reframed = series_to_supervised(scaled, 1, 1)
    r = list(range(df_resample.shape[1] + 1, 2 * df_resample.shape[1]))
    reframed.drop(reframed.columns[r], axis=1, inplace=True)
    values = reframed.values
    n_train_time = 4000
    train = values[:n_train_time, :]
    test = values[n_train_time:, :]
    train_x, train_y = train[:, :-1], train[:, -1]
    test_x, test_y = test[:, :-1], test[:, -1]
    train_x = train_x.reshape((train_x.shape[0], 1, train_x.shape[1]))
    test_x = test_x.reshape((test_x.shape[0], 1, test_x.shape[1]))
```

上述代码中使用 MinMaxScaler 函数进行归一化处理，将数据映射到[0,1]区间，并使用 fit_transform 函数对 values 进行归一化处理。接下来，使用 series_to_supervised 函数将原始数据进行滞后期处理，将滞后一期的数据作为特征来预测当前一期的 Global_active_power。series_to_supervised 函数的代码如下。

```
def series_to_supervised(data, n_in=1, n_out=1, dropnan=True):
    n_vars = 1 if type(data) is list else data.shape[1]
    dff = pd.DataFrame(data)
    cols, names = list(), list()
    for i in range(n_in, 0, -1):
        cols.append(dff.shift(-i))
        names += [('var%d(t-%d)' % (j+1, i)) for j in range(n_vars)]
    for i in range(0, n_out):
```

```
        cols.append(dff.shift(-i))
        if i==0:
            names += [('var%d(t)' % (j+1)) for j in range(n_vars)]
        else:
            names += [('var%d(t+%d)' % (j+1)) for j in range(n_vars)]
    agg = pd.concat(cols, axis=1)
    agg.columns = names
    if dropnan:
        agg.dropna(inplace=True)
    return agg
```

4）LSTM 模型建立和拟合

首先创建一个 Sequential 函数，该函数允许将各个神经网络层按顺序添加。然后依次添加具有 100 个神经元的 LSTM 层、Dropout 层（用于在训练过程中随机禁用一部分神经元，以减少过拟合）、Dense 层（具有一个神经元，用于输出预测结果 Global_active_power）。

```
model = Sequential()
model.add(LSTM(100, input_shape=(train_x.shape[1], train_x.shape[2])))
model.add(Dropout(0.1))
model.add(Dense(1))
model.compile(loss='mean_squared_error', optimizer='adam')
```

上述代码定义了一个简单的 LSTM 模型架构，可以用于时间序列数据的预测问题。模型会接收 train_x 的输入数据，首先通过 LSTM 层进行特征提取，然后经过 Dropout 层和 Dense 层得到最终的预测结果。模型使用均方误差作为损失函数，并使用 Adam 优化器进行训练。其中，输入数据的维度为 1 个时间步长，包含 7 个特征，Dropout 为 10%。

5）模型训练

将这样一个 LSTM 模型训练 50 个 epoch，batch_size 为 70。即在训练过程中，模型将在整个数据集上迭代训练 50 次，并且在每次迭代中，都会根据 70 个数据样本（数据点）更新其权重。训练过程和损失函数的图形绘制代码如下。

```
history = model.fit(train_x, train_y, epochs=50, batch_size=70,
                    validation_data=(test_x, test_y), verbose=2, shuffle=False)
plt.plot(history.history['loss'])
plt.plot(history.history['val_loss'])
plt.title('model loss')
plt.ylabel('loss')
plt.xlabel('epoch')
plt.legend(['train', 'test'], loc='upper right')
plt.show()
```

模型在训练集和测试集上的损失变化情况如图 12-5 所示，可以看出训练集和测试集上的误差都呈现了收敛的状态。

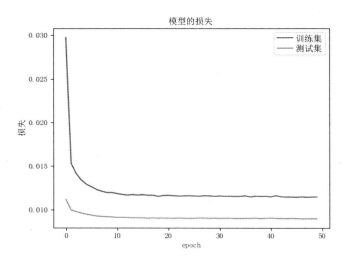

图 12-5　模型在训练集和测试集上的损失变化情况

由于数据进行了归一化操作，因此需要将数据还原后重新计算均方根误差。对模型预测结果进行逆处理，将预测值恢复到原始的数据范围。通过这些步骤，可以获得模型在测试集上的实际预测结果，并进行后续的分析和比较，代码如下。

```
size = df_resample.shape[1]
yhat = model.predict(test_x)
test_x = test_x.reshape((test_x.shape[0], size))
inv_yhat = np.concatenate((yhat, test_x[:, 1 - size:]), axis=1)
inv_yhat = scaler.inverse_transform(inv_yhat)
inv_yhat = inv_yhat[:, 0]
test_y = test_y.reshape((len(test_y), 1))
inv_y = np.concatenate((test_y, test_x[:, 1 - size:]), axis=1)
inv_y = scaler.inverse_transform(inv_y)
inv_y = inv_y[:, 0]
rmse = np.sqrt(mean_squared_error(inv_y, inv_yhat))
print('Test RMSE: %.3f' % rmse)
print(model.summary())
```

6）训练结果与分析

模型训练完成后，可以对结果进行可视化，对比分析预测值与真实值的差异情况，此处分别比较 1～500 小时时段和 20000～21000 小时时段的预测结果，可视化代码如下。

```
aa = [x for x in range(500)]
plt.figure(figsize=(25, 10))
plt.plot(aa, inv_y[:500], marker='.', label="actual")
plt.plot(aa, inv_yhat[:500], 'r', label="prediction")
plt.ylabel(df.columns[0], size=15)
plt.xlabel('Time step for first 500 hours', size=15)
plt.legend(fontsize=15)
```

```
plt.show()
aa = [x for x in range(1000)]
plt.figure(figsize=(25, 10))
plt.plot(aa, inv_y[20000:21000], marker='.', label="actual")
plt.plot(aa, inv_yhat[20000:21000], 'r', label="prediction")
plt.ylabel(df.columns[0], size=15)
plt.xlabel('Time step for 1000 hours from 20,000 to 21,000', size=15)
plt.legend(fontsize=15)
plt.show()
```

Global_active_power 在 1～500 小时时段和 20000～21000 小时时段的预测值与真实值对比分别如图 12-6 和图 12-7 所示。

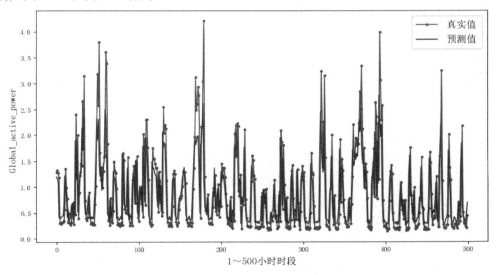

图 12-6　Global_active_power 在 1～500 小时时段的预测值与真实值对比

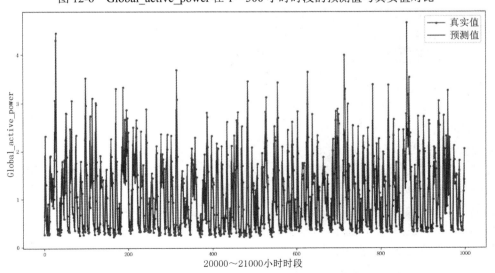

图 12-7　Global_active_power 在 20000～21000 小时时段的预测值与真实值对比

以上是基于 LSTM 模型对 Global_active_power 的值进行预测的步骤。为了缩短计算时间并快速获得一些结果，我们在每小时重抽样的数据基础上来训练模型，将其余数据用于测试模型，并建立了一个非常简单的 LSTM 模型。此外，为了平衡模型精度和计算成本，此处采用了 30%的数据进行训练，其余数据用于模型验证。读者可在此基础上调整数据集的划分比例，同时可以建立不同的 LSTM 模型架构，以测试预测效果。

12.2 基于 Stacking 融合方法的电网负荷预测

12.2.1 案例描述

在电力行业中，预测电网负荷有助于电网调度的科学规划，从而促进电网的稳定运行。现代电网以系统运行的经济性为首要目标，加之电能不能大量存储的特点，因此对电力系统的负荷预测非常重要，尤其是在迎峰度夏和迎峰度冬阶段，电网负荷的精准预测尤为迫切。本案例通过建立 Stacking 模型，实现对电网负荷的预测。

12.2.2 Stacking 融合方法

对于单个模型来说，很难拟合复杂的数据，而且单个模型的抗干扰能力较低，通过集成多个模型，可以结合多个模型的优点提高模型的泛化能力。集成学习一般有两种方法：第一种是 Boosting 架构，利用基学习器之间串行的方法构造强学习器；第二种是 Bagging 架构，首先构造多个独立的基学习器，然后通过选举或加权的方法构造强学习器。Stacking 融合方法结合了 Boosting 和 Bagging 两种集成学习方法，首先利用多个基学习器学习原始数据，然后将这几个基学习器学习得到的模型交给第二层模型进行拟合。Stacking 也被称为堆叠泛化，利用来自多个基础模型的预测来构建元模型，用于生成最终预测，如图 12-8 所示。

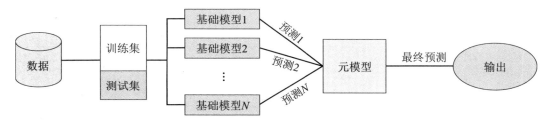

图 12-8　Stacking 模型

Stacking 模型的应用步骤如下。

步骤 1：数据集划分。

把原始数据集划分成训练集与测试集，训练集部分用来训练 Stacking 模型，测试集部分用来测试 Stacking 模型。

步骤 2：基础模型训练。

Stacking 模型是基于 K 折交叉验证的，把训练集分成 K 个部分（K 折），训练 K 次，每一次选取一个没有选取过的部分作为验证集，通过基础模型得到 K 个预测结果，这些预测结果合并在一起变成一个新的训练集。基础模型 1 的训练过程如图 12-9 所示。

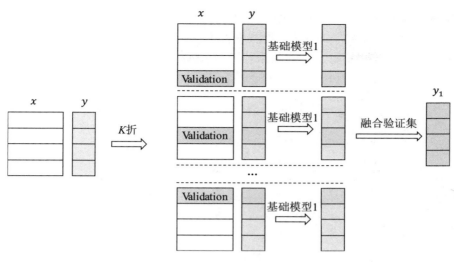

图 12-9　基础模型 1 的训练过程

步骤 3：元模型训练。

将 N 个基础模型的输出值按照列的方式进行堆叠，就形成了新的样本数据，将新的样本数据作为特征 x，新数据的标签仍然为原始数据的标签 y，将新数据的 x 和 y 交给元模型进行训练，这个模型就融合了前一轮的 N 个模型结果。

步骤 4：测试集结果输出。

在每个基础模型训练完成后，使用训练后的模型对测试集进行预测（这一步在步骤 2 之后完成），这样每个基础模型均产生一个测试集的预测结果。同样按照列的方式进行堆叠，将测试集的真实标签作为标签，使用步骤 3 的元模型训练 Stacking 模型，输出测试集的预测结果，从而验证 Stacking 模型的学习效果。

12.2.3　电网负荷数据集

案例数据集为西班牙 2015—2018 年的电网负荷数据，其中包含每小时的电网负荷数据，共 35065 条记录，可用于电网负荷的预测，数据取自 Kaggle。数据集主要包含"generation biomass""generation fossil brown coal/lignite""generation fossil gas""generation fossil hard coal""generation fossil oil""generation hydro pumped storage consumption""generation hydro run-of-river and poundage""generation hydro water reservoir""generation nuclear""generation other""generation other renewable""generation solar""generation waste""generation wind onshore"共 14 个输入变量，输出变量为"total load actual"。

12.2.4　Stacking 模型的应用与实现

本节通过建立基于 XGBoost、决策树和 LSTM 方法的 Stacking 模型，实现对电网负荷的预测，具体步骤和程序实现如下。

1）数据预处理

首先，导入 pandas 库、sklearn 库相关模块，其中 MinMaxScaler 和 StandardScaler 是从 sklearn 库导入的类，用于特征缩放。使用 pandas 库读取名为"energy_dataset.csv"的 CSV 文

件，df.dropna 用于删除数据集中包含空值的行。split_rate=0.8 说明数据集划分比例为 0.8，意味着 80%的数据将用于训练，20%的数据将用于测试。split_point 用于计算将数据集分成训练集和测试集的索引点。它使用 split_rate 来确定用于训练的数据比例。在划分数据集后，从训练集和测试集中分离出特征和标签，代码如下。

```python
import pandas as pd
from sklearn.preprocessing import MinMaxScaler
from sklearn.preprocessing import StandardScaler
df= pd.read_csv('energy_dataset.csv',encoding='utf-8')
df = df.dropna(subset=['total load actual', 'generation biomass', 'generation fossil brown coal/lignite',
                       'generation fossil gas', 'generation fossil hard coal', 'generation fossil oil',
                       'generation hydro pumped storage consumption', 'generation hydro run-of-river and poundage', 'generation hydro water reservoir', 'generation nuclear', 'generation other', 'generation other renewable', 'generation solar', 'generation waste', 'generation wind onshore'])
label_df = df
encoder = StandardScaler()
dataset = label_df
raw_data = dataset.copy()
split_rate = 0.8
split_point = int(len(raw_data) * split_rate)
train_data = raw_data[:split_point]
test_data = raw_data[split_point:]
feature = ['generation biomass', 'generation fossil brown coal/lignite', 'generation fossil gas',
           'generation fossil hard coal', 'generation fossil oil', 'generation hydro pumped storage consumption', 'generation hydro run-of-river and poundage', 'generation hydro water reservoir', 'generation nuclear', 'generation other', 'generation other renewable', 'generation solar', 'generation waste', 'generation wind onshore', ]
predict_class = "total load actual"
```

然后，根据方差阈值（0.5）进行特征选择。创建 VarianceThreshold 对象 variance_selector 并使用训练集中的特征进行拟合。使用 get_support()方法获取经过方差阈值筛选后的特征列，更新 feature 变量，将其设置为经过方差阈值筛选后的特征，将训练集中的特征和标签分开。接着，初始化两个 MinMaxScaler 对象 feature_scaler 和 label_scaler，用于对特征和标签进行归一化处理。对训练集中的特征和标签执行 fit_transform 方法，以在归一化的同时学习数据的最大值和最小值。这样模型可以在一个规范的数值范围内学习特征和标签的模式。最后，使用 feature_scaler 对象的 transform 方法对测试集中的特征进行归一化处理，代码如下。

```python
from sklearn.feature_selection import VarianceThreshold
threshold = 0.5
variance_selector = VarianceThreshold(threshold=threshold)
```

```
variance_selector.fit(train_data[feature])

variance_support = variance_selector.get_support()

variance_feature = train_data[feature].loc[:, variance_support].columns.tolist()

feature = variance_feature

train_features = train_data[feature]

train_labels = train_data[predict_class]

test_features = test_data[feature]

test_labels = test_data[predict_class]

feature_scaler = MinMaxScaler()

label_scaler = MinMaxScaler()

train_features_normalized = feature_scaler.fit_transform(train_features)

train_labels_normalized = label_scaler.fit_transform(train_labels.
values.reshape(-1, 1))

test_features_normalized = feature_scaler.transform(test_features)

test_labels_normalized = label_scaler.transform(test_labels.values.
reshape(-1, 1))
```

2）建立基础模型

首先从 torch 库、sklearn 库等库中导入所需的模块，然后定义 LSTMModel 类和 PyTorchRegressor 类，LSTMModel 类是一个自定义的 PyTorch 模型类，用于定义一个包含 3 个 LSTM 层和 1 个 Dense 层的循环神经网络模型。构造函数__init__，初始化 3 个 LSTM 层和 1 个 Dense 层，每个 LSTM 层的输入维度和隐藏层维度逐渐减小，这个模型用于接收输入序列数据并输出回归值。forward 方法定义了模型的前向传播逻辑，首先初始化 LSTM 层的初始隐藏状态和神经元状态（这里都初始化为 0），然后依次经过 3 个 LSTM 层，最后通过 Dense 层将最终时间步的输出转换为回归值。

```
class LSTMModel(nn.Module):
    def __init__(self, input_dim):
        super(LSTMModel, self).__init__()
        self.lstm1 = nn.LSTM(input_dim, 100, batch_first=True)
        self.lstm2 = nn.LSTM(100, 50, batch_first=True)
        self.lstm3 = nn.LSTM(50, 25, batch_first=True)
        self.fc = nn.Linear(25, 1)
    def forward(self, x):
        h_0 = torch.zeros(1, x.size(0), 100)
        c_0 = torch.zeros(1, x.size(0), 100)
        out, _ = self.lstm1(x, (h_0, c_0))
        h_1 = torch.zeros(1, x.size(0), 50)
        c_1 = torch.zeros(1, x.size(0), 50)
        out, _ = self.lstm2(out, (h_1, c_1))
        h_2 = torch.zeros(1, x.size(0), 25)
        c_2 = torch.zeros(1, x.size(0), 25)
```

```
    out, _ = self.lstm3(out, (h_2, c_2))
    out = self.fc(out[:, -1, :])
    return out
```

PyTorchRegressor 类是一个自定义的回归器类，它继承自 sklearn 库中的 BaseEstimator 类和 RegressorMixin 类，以便与 sklearn 库的模型接口兼容。fit 方法用于训练模型，它接收输入特征 x 和目标标签 y，首先将它们转换为 PyTorch 张量（x_tensor 和 y_tensor），然后进行多轮训练。在每个训练轮次中，模型首先前向传播，计算损失，然后反向传播和优化参数。predict 方法用于进行模型预测，它首先将输入特征 x 转换为 PyTorch 张量，然后使用训练好的模型进行前向传播，得到模型的预测输出，相关代码如下。

```
class PyTorchRegressor(BaseEstimator, RegressorMixin):
    def __init__(self, model, epochs=100, batch_size=512):
        self.model = model
        self.epochs = epochs
        self.batch_size = batch_size
        self.optimizer = torch.optim.Adam(self.model.parameters())
        self.criterion = nn.MSELoss()
    def fit(self, x, y):
        x_tensor = torch.tensor(x, dtype=torch.float32).unsqueeze(1)
        y_tensor = torch.tensor(y, dtype=torch.float32).view(-1, 1)
        for epoch in range(self.epochs):
            self.model.train()
            self.optimizer.zero_grad()
            outputs = self.model(x_tensor)
            loss = self.criterion(outputs, y_tensor)
            print(f"This is epoch {epoch}/{self.epochs}, Loss is {loss.item()}")
            loss.backward()
            self.optimizer.step()
        return self
    def predict(self, x):
        self.model.eval()
        with torch.no_grad():
            x_tensor = torch.tensor(x, dtype=torch.float32).unsqueeze(1)
            outputs = self.model(x_tensor)
        return outputs.numpy().flatten()
```

3）建立 Stacking 模型

首先初始化基础模型，包括三个模型：XGBoost 模型、决策树模型及上文建立的 LSTM 模型，这些模型将会用来进行预测。使用线性回归模型（LinearRegression）作为元模型，元模型用来组合基础模型的预测结果。然后建立 Stacking 模型（StackingRegressor），Stacking 模型会训练基础模型，并使用基础模型的预测结果来训练元模型。这里使用训练数据训练堆叠回归模型，其中 train_features_normalized 是经过归一化处理的训练特征数据，train_labels_normalized.ravel()是经过归一化处理并展平的训练标签数据。最后使用 K 折交叉验证来预测目标值。cross_val_predict 函数会对模型进行 K 折交叉验证，返回 K 折交叉验证的预测结果，代码如下。

```
lstm_model = LSTMModel(train_features.shape[1])
base_learners = [
    ('xgb', xgb.XGBRegressor(n_estimators=500, max_depth=7, learning_rate=0.005)),
    ('dt', DecisionTreeRegressor(max_depth=10, min_samples_split=2,
                             min_samples_leaf=2, random_state=0)),
    ('lstm', PyTorchRegressor(lstm_model))]
meta_learner = LinearRegression()
stacking_regressor = StackingRegressor(estimators=base_learners,
final_estimator=meta_learner)
stacking_regressor.fit(train_features_normalized, train_labels_normalized.ravel())
y_pred = cross_val_predict(stacking_regressor,
train_features_normalized, train_labels_normalized.ravel(), cv=5)
```

4）模型预测与结果

首先对测试特征数据进行归一化处理，然后使用训练好的 Stacking 模型来预测测试特征数据的目标值，最后通过逆转之前应用的标签归一化来得到实际的预测值。这里将预测值转换为一个序列，其中索引使用测试集的日期，这样可以更方便地进行后续的分析和可视化操作。将运行结果可视化处理并输出 MAE 及 R^2。

```
import matplotlib.pyplot as plt
from sklearn.metrics import mean_absolute_error, r2_score
test_predictions_normalized = \
    stacking_regressor.predict(test_features_normalized)
test_predictions = \
    label_scaler.inverse_transform(test_predictions_normalized.reshape(-1, 1))
test_predictions_series = \
    pd.Series(test_predictions.flatten(), index=test_labels.index)
plt.figure(figsize=(10,6))
plt.plot(test_labels.index, test_labels.values, label='True Values')
plt.plot(test_predictions_series.index, test_predictions_series.values,
        label='Predictions', linestyle='dashed')
plt.xlabel('Date')
plt.ylabel('Value')
plt.title('True Values and Predictions Over Time')
plt.legend()
plt.grid(True)
plt.show()
mae = mean_absolute_error(test_labels, test_predictions)
```

```
print(f'Mean Absolute Error: {mae}')
r2 = r2_score(test_labels, test_predictions)
print(f"R-squared Value: {r2}")
```

真实值与预测值的对比如图 12-10 所示，MAE 为 0.0558，R^2 为 0.868，真实值与预测值之间能够实现较好的拟合效果。

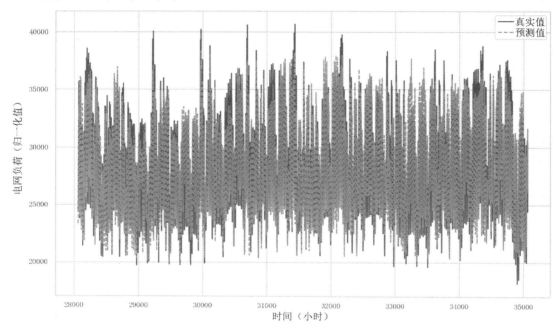

图 12-10　真实值与预测值的对比

反侵权盗版声明

　　电子工业出版社依法对本作品享有专有出版权。任何未经权利人书面许可，复制、销售或通过信息网络传播本作品的行为；歪曲、篡改、剽窃本作品的行为，均违反《中华人民共和国著作权法》，其行为人应承担相应的民事责任和行政责任，构成犯罪的，将被依法追究刑事责任。

　　为了维护市场秩序，保护权利人的合法权益，我社将依法查处和打击侵权盗版的单位和个人。欢迎社会各界人士积极举报侵权盗版行为，本社将奖励举报有功人员，并保证举报人的信息不被泄露。

举报电话：（010）88254396；（010）88258888

传　　真：（010）88254397

E-mail：dbqq@phei.com.cn

通信地址：北京市万寿路 173 信箱
　　　　　电子工业出版社总编办公室

邮　　编：100036